高素质农民培育
——系列读本——

乡村振兴
通用知识读本

青岛市新型职业农民教育中心　主编

中国农业出版社
北京

编写人员

主　　编：王荣祯　　马秀珍　　孙凤娟

副 主 编：陈炳强　　焦修伟　　鹿淑梅　　胡增娟

　　　　　周庆强　　于建磊　　江玉萍　　祝贵华

参编人员：孙加梅　　兰　岚　　李海波　　马　鑫

　　　　　宋红春　　王东红　　李　静　　彭令奇

　　　　　蒲洪浩　　董　科　　傅景敏　　董佩谕

目　录

第二章　新型农业经营主体与规模经营

第三章　现代农业产业

第五章　村级组织体系与乡村治理

第六章 乡村振兴惠农政策

第一章

总 论

第一节 乡村振兴战略决策部署

一、乡村振兴上升为国家战略

党的十八大以来，以习近平同志为核心的党中央坚持把解决好"三农"问题作为全党工作重中之重，取消农业税，持续加大强农惠农富农政策力度，全面深化农村改革，建立健全农村基本经营制度，积极推进土地确权颁证和"三权分置"改革，推进农村管理体制和农产品流通体制改革，"三农"工作取得举世瞩目的成就，农村面貌发生了翻天覆地的变化。但是，城乡二元结构没有根本改变，城乡发展差距不断拉大趋势没有根本扭转。城乡发展不平衡不协调，是我国经济社会发展存在的突出矛盾。主要表现在：农产品阶段性供过于求和供给不足并存，农民适应生产力发展和市场竞争的能力不足，农村基础设施和民生领域欠账较多，农村环境和生态问题比较突出，乡村发展整体水平亟待提升。

党的十九大把乡村振兴战略与科教兴国战略、人才强国战略、创新驱动发展战略、区域协调发展战略、可持续发展战略、军民融合发展战略并列为党和国家未来发展的"七大战略"，对实施乡村振兴战略作出了部署。农业农村农民问题是关系国计民生的根本性问题，必须始终把解决好"三农"问题作为全党工作重中之重。要坚持农业农村优先发展，按照产业兴旺、生态宜居、乡风文明、治理有效、生活富裕的总要求，建立健全城乡融合发展体制机制和政策体系，加快推进农业农村现代化。巩固和完善农村基本经营制度，深化农村土地制度改革，完善承包地"三权分置"制度。保持土地承包关系稳定并长久不变，第二轮土地承包到期后再延长三十年。深化农村集体产权制度改革，保障农民财产权益，壮大集体经济。确保国家粮食安全，把中国人的饭碗牢牢端在自己手中。构建现代农业产业体系、生产体系、经营体系，完善农业支持保护制度，发展多种形式适度规模经营，培育新型农业经营主体，健全农业社会化服务体系，实现小农户和现代农业发展有机衔接。促进农村一二三产业融合发展，支持和鼓励农民就业创业，拓宽增收渠道。加强农村基层基础工作，健全自治、法治、德治相结合的乡村治理体系。培养造就一支懂农业、爱农村、爱农民的"三农"工作队伍。

"三农"问题是全面建成小康社会、加快推进社会主义现代化必须解决的重大问题，是关系国计民生的根本性问题。农业强不强、农村美不美、农民富不富，决定着亿万农民的获得感和幸福感，决定着我国全面小康社会的成色和社会主义现代化的质量。党的十九大把乡村振兴提升到国家战略高度，史无前例地把这个战略写入党章，是党中央着眼于全面建成小康社会、全面建设社会主义现代化国家作出的重大战略部署，是解决人民日益增长的美好生活需要和不平衡不充分的发展之间矛盾的必然要求，是实现"两个一百年"奋斗目标的必然要求，是实现全体人民共同富裕的必然要求。

实施乡村振兴战略，是着眼于解决我国社会主要矛盾提出来的。我国社会主要矛盾已经转化为人民日益增长的美好生活需要和不平衡不充分的发展之间的矛盾。我国发展最大的不平衡是城乡发展不平衡，最大的不充分是农村发展不充分。改变农业是

"四化同步"短腿、农村是全面建成小康社会短板状况，根本途径是加快农村发展。实施乡村振兴战略，就是为了从全局和战略高度来把握和处理工农关系、城乡关系，协调推进农村经济建设、政治建设、文化建设、社会建设、生态文明建设和党的建设，促进乡村全面发展。

实施乡村振兴战略，是着眼于实现"两个一百年"奋斗目标提出来的。小康不小康，关键看老乡。如期实现第一个百年奋斗目标并向第二个百年奋斗目标迈进，最艰巨最繁重的任务在农村，最广泛最深厚的基础在农村，最大的潜力和后劲也在农村。2020 年全面建成小康社会，最突出的短板在"三农"，必须打赢脱贫攻坚战，加快农业农村发展，让广大农民同全国人民一道迈入全面小康社会。2035 年基本实现社会主义现代化，大头重头在"三农"，必须向农村全面发展进步聚焦发力，推动农业农村农民与国家同步基本实现现代化。2050 年把我国建成社会主义现代化强国，基础在"三农"，必须让亿万农民在共同富裕的道路上赶上来，让美丽乡村成为现代化强国的标志、美丽中国的底色。实施乡村振兴战略，就是要从实现"两个一百年"奋斗目标全局出发，加快补齐"三农"短板，夯实"三农"基础，确保"三农"跟上全面建成小康社会、全面建设社会主义现代化国家新征程的步伐。

实施乡村振兴战略，是着眼于实现党的使命提出来的。我们党成立以后就一直把依靠农民、为亿万农民谋幸福作为重要使命。新民主主义革命时期，我们党领导农民"打土豪、分田地"，带领亿万农民求解放；社会主义革命和建设时期，我们党领导农民开展互助合作，发展集体经济，大兴农田水利，大办农村教育和合作医疗；改革开放以来，我们党领导农民实行家庭承包经营为基础、统分结合的双层经营体制，推动发展乡镇企业、农民进城务工，废除农业税，改善农村基础设施，发展农村社会事业，等等，都是为了让广大农民不断得到实实在在的利益。但同快速推进的工业化、城镇化相比，我国农业农村发展步伐还跟不上。如果在现代化进程中把农村4亿多人落下，这不符合我们党的执政宗旨，也不符合社会主义的本质要求。我们要牢记亿万农民对革命、建设、改革作出的巨大贡献，把乡村建设好，让亿万农民有更多获得感，充分调动亿万农民的积极性、主动性、创造性。

实施乡村振兴战略，是着眼于为全球解决乡村问题贡献中国智慧和中国方案提出来的。从世界范围看，在现代化过程中，乡村往往要经历一场痛苦的蜕变和重生。有的国家由于没有处理好工农关系、城乡关系，不仅乡村和乡村经济走向凋敝，而且工业化和城镇化也走入困境，甚至造成社会动荡，最终陷入"中等收入陷阱"。迄今为止，还没有哪个发展中大国能够解决好农业农村农民现代化问题。经过多年努力，我国农村发展成就举世瞩目，很多方面对发展中国家具有借鉴意义。我们正在探索一条中国特色社会主义乡村振兴道路，我国干好乡村振兴事业，本身就是对全球的重大贡献。

二、乡村振兴战略的根本遵循

习近平总书记多次就乡村振兴战略发表重要讲话，作出重要指示批示，主持研究实施乡村振兴战略的意见，审议乡村振兴战略规划，为乡村振兴战略谋篇布局、顶层设计，擘画了农业农村现代化的宏伟蓝图。

（一）坚持把实施乡村振兴战略作为新时代"三农"工作总抓手

坚持农业农村优先发展，按照产业兴旺、生态宜居、乡风文明、治理有效、生活富裕的总要求，建立健全城乡融合发展体制机制和政策体系，加快推进农业农村现代化。农业农村现代化是实施乡村振兴战略的总目标，坚持农业农村优先发展是总方针，产业兴旺、生态宜居、乡风文明、治理有效、生活富裕是总要求，建立健全城乡融合发展体制机制和政策体系是制度保障。

（二）新时代"三农"工作必须围绕农业农村现代化这个总目标来推进

农村现代化既包括"物"的现代化，也包括"人"的现代化，还包括乡村治理体系和治理能力的现代化。我们要坚持农业现代化和农村现代化一体设计、一并推进，实现农业大国向农业强国跨越。

（三）坚持农业农村优先发展的总方针，就是要始终把解决好"三农"问题作为全党工作重中之重

在资金投入、要素配置、公共服务、干部配备等方面采取有力举措，加快补齐农业农村发展短板，不断缩小城乡差距，让农业成为有奔头的产业，让农民成为有吸引力的职业，让农村成为安居乐业的家园。

（四）产业兴旺、生态宜居、乡风文明、治理有效、生活富裕，"二十个字"的总要求，反映了乡村振兴战略的丰富内涵

产业兴旺，是解决农村一切问题的前提，反映了农业农村经济适应市场需求变化、加快优化升级、促进产业融合的新要求。生态宜居，是乡村振兴的内在要求，反映了农村生态文明建设质的提升，体现了广大农民群众对建设美丽家园的追求。乡风文明，是乡村振兴的紧迫任务，重点是弘扬社会主义核心价值观，保护和传承农村优秀传统文化，加强农村公共文化建设，开展移风易俗，改善农民精神风貌，提高乡村社会文明程度。治理有效，是乡村振兴的重要保障，是要推进乡村治理能力和治理水平现代化，让农村既充满活力又和谐有序。生活富裕，是乡村振兴的主要目的，反映了广大农民群众日益增长的美好生活需要。

乡村振兴是包括产业振兴、人才振兴、文化振兴、生态振兴、组织振兴的全面振兴，是"五位一体"总体布局、"四个全面"战略布局在"三农"工作的体现。我们要统筹推进农村经济建设、政治建设、文化建设、社会建设、生态文明建设和党的建设，促进农业全面升级、农村全面进步、农民全面发展。

（五）坚持走中国特色乡村振兴之路

实施乡村振兴战略，首先要按规律办事。在我们这样一个拥有近 14 亿人口的大国，实现乡村振兴是前无古人、后无来者的伟大创举，没有现成的、可照抄照搬的经验。我国乡村振兴道路怎么走，只能靠我们自己去探索。

（六）要把乡村振兴战略这篇大文章做好，必须走城乡融合发展之路

城镇化目的就是促进城乡融合。要向改革要动力，加快建立健全城乡融合发展体制机制和政策体系。要健全多元投入保障机制，增加对农业农村基础设施建设投入，加快城乡基础设施互联互通，推动人才、土地、资本等要素在城乡间双向流动。要建立健全城乡基本公共服务均等化的体制机制，推动公共服务向农村延伸、社会事业向农村覆盖。要深化户籍制度改革，强化常住人口基本公共服务，维护进城落户农民的土地承包权、宅基地使用权、集体收益分配权，加快农业转移人口市民化。

三、乡村振兴战略部署实施

2018 年 1 月中共中央、国务院印发了《关于实施乡村振兴战略的意见》，描绘了加快推进农业农村现代化，走中国特色社会主义乡村振兴道路的宏伟政策蓝图。实施乡村振兴战略，是解决人民日益增长的美好生活需要和不平衡不充分的发展之间矛盾的必然要求，是实现"两个一百年"奋斗目标的必然要求，是实现全体人民共同富裕的必然要求。实施乡村振兴战略的总体要求和主要任务概括为"五个新"和"一个增强"，即以产业兴旺为重点，提升农业发展质量，培育乡村发展新动能；以生态宜居为关键，推进乡村绿色发展，打造人与自然和谐共生发展新格局；

以乡风文明为保障，繁荣兴盛农村文化，焕发乡风文明新气象；以治理有效为基础，加强农村基层基础工作，构建乡村治理新体系；以生活富裕为根本，提高农村民生保障水平，塑造美丽乡村新风貌；以摆脱贫困为前提，打好精准脱贫攻坚战，增强贫困群众获得感。

（一）产业兴旺是重点

要加快构建现代农业产业体系、生产体系、经营体系，提高农业创新力、竞争力和全要素生产率。

1. 夯实农业生产能力基础　加快划定和建设粮食生产功能区、重要农产品生产保护区，完善支持政策；大规模推进农村土地整治和高标准农田建设；加强农田水利建设；加快建设国家农业科技创新体系；加快发展现代农作物、畜禽、水产、林木种业；推进我国农机装备产业转型升级；加快建设知识型、技能型、创新型农业经营者队伍；大力发展数字农业智慧农业。

2. 实施质量兴农战略　推进特色农产品优势区创建，建设现代农业产业园、农业科技园；实施产业兴村强县行动，推行标准化生产，培育农产品品牌；加快发展现代高效林业；加强植物病虫害、动物疫病防控体系建设；发展绿色生态健康养殖；建设现代化海洋牧场；实施食品安全战略。

3. 构建农村一二三产业融合发展体系　实施农产品加工业提升行动；建设现代化农产品冷链仓储物流体系，打造农产品销售公共服务平台；实施休闲农业和乡村旅游精品工程，建设休闲观光园区、森林人家、康养基地、乡村民宿、特色小镇。

4. 构建农业对外开放新格局　实施特色优势农产品出口提升行动，扩大高附加值农产品出口。

5. 促进小农户和现代农业发展有机衔接　培育各类专业化市场化服务组织，推进农业生产全程社会化服务。发展多样化的联合与合作，提升小农户组织化程度，帮助小农户对接市场，改善小农户生产设施条件。

（二）生态宜居是关键

良好生态环境是农村最大优势和宝贵财富。必须尊重自然、顺应自然、保护自然，推动乡村自然资本加快增值，实现百姓富、生态美的统一。重点是统筹山水林田湖草系统治理；扩大耕地轮作休耕制度试点；开展河湖水系连通和农村河塘清淤整治；开展退耕还湿；扩大退耕还林还草、退牧还草；加强农村突出环境问题综合治理；加强农业面源污染防治，开展农业绿色发展行动，实现投入品减量化、生产清洁化、废弃物资源化、产业模式生态化；推进有机肥替代化肥、畜禽粪污处理、农作物秸秆综合利用、废弃农膜回收、病虫害绿色防控；加强农村水环境治理和农村饮用水水源保护，实施农村生态清洁小流域建设。

（三）乡风文明是保障

坚持物质文明和精神文明一起抓，提升农民精神风貌，培育文明乡风、良好家风、淳朴民风，不断提高乡村社会文明程度。

1. 加强农村思想道德建设　以社会主义核心价值观为引领，深化中国特色社会主义和中国梦宣传教育，大力弘扬民族精神和时代精神。加强爱国主义、集体主义、社会主义教育，深化民族团结进步教育，推进社会公德、职业道德、家庭美德、个人品德建设。推进诚信建设，强化农民的社会责任意识、规则意识、集体意识、主人翁意识。传承发展提升农村优秀传统文化。

2. 加强农村公共文化建设　健全乡村公共文化服务体系，深入推进文化惠民，公共文化资源要重点向乡村倾斜，提供更多更好的农村公共文化产品和服务。

3. 开展移风易俗行动　广泛开展文明村镇、星级文明户、文明家庭等群众性精神文明创建活动。遏制大操大办、厚葬薄养、人情攀比等陈规陋习。加强无神论宣传教育，丰富农民群众精神文化生活，抵制封建迷信活动。深化农村殡葬改革。加强农村科普工作，提高农民科学文化素养。

（四）治理有效是基础

必须把夯实基层基础作为固本之策，建立健全党委领导、政府负责、社会协同、公众参与、法治保障的现代乡村社会治理体制，坚持自治、法治、德治相结合，确保乡村社会充满活力、和谐有序。

1. 加强农村基层党组织建设 扎实推进抓党建促乡村振兴，突出政治功能，提升组织力，抓乡促村，把农村基层党组织建成坚强战斗堡垒。强化农村基层党组织领导核心地位，创新组织设置和活动方式，持续整顿软弱涣散村党组织，稳妥有序开展不合格党员处置工作，着力引导农村党员发挥先锋模范作用。建立选派第一书记工作长效机制，全面向贫困村、软弱涣散村和集体经济薄弱村党组织派出第一书记。实施农村带头人队伍整体优化提升行动，选优配强村党组织书记。全面落实村级组织运转经费保障政策。推行村级小微权力清单制度，加大基层小微权力腐败惩处力度。严厉整治惠农补贴、集体资产管理、土地征收等领域侵害农民利益的不正之风和腐败问题。

2. 深化村民自治实践 坚持自治为基，加强农村群众性自治组织建设，健全和创新村党组织领导的充满活力的村民自治机制。推动村党组织书记通过选举担任村委会主任。发挥自治章程、村规民约的积极作用。全面建立健全村务监督委员会，推行村级事务阳光工程。依托村民会议、村民代表会议、村民议事会、村民理事会、村民监事会等，形成民事民议、民事民办、民事民管的多层次基层协商格局。维护村民委员会、农村集体经济组织、农村合作经济组织的特别法人地位和权利。

3. 建设法治乡村 强化法律在维护农民权益、规范市场运行、农业支持保护、生态环境治理、化解农村社会矛盾等方面的权威地位。增强基层干部法治观念、法治为民意识，将政府涉农各项工作纳入法治化轨道。

4. 提升乡村德治水平　强化道德教化作用，引导农民向上向善、孝老爱亲、重义守信、勤俭持家；建立道德激励约束机制，引导农民自我管理、自我教育、自我服务、自我提高，实现家庭和睦、邻里和谐、干群融洽。

5. 建设平安乡村　深入开展扫黑除恶专项斗争，严厉打击农村黑恶势力、宗族恶势力，严厉打击黄赌毒盗拐骗等违法犯罪。依法加大对农村非法宗教活动和境外渗透活动打击力度，依法制止利用宗教干预农村公共事务，继续整治农村乱建庙宇、滥塑宗教造像。

（五）生活富裕是根本

要坚持人人尽责、人人享有，按照抓重点、补短板、强弱项的要求，围绕农民群众最关心最直接最现实的利益问题，一件事情接着一件事情办，一年接着一年干，把乡村建设成为幸福美丽新家园。

1. 优先发展农村教育事业　全面改善薄弱学校基本办学条件，加强寄宿制学校建设；实施农村义务教育学生营养改善计划；分类推进中等职业教育免除学杂费；健全学生资助制度，使绝大多数农村新增劳动力接受高中阶段教育、更多接受高等教育。

2. 促进农村劳动力转移就业和农民增收　大规模开展职业技能培训，促进农民工多渠道转移就业；促进有条件、有意愿、在城镇有稳定就业和住所的农业转移人口在城镇有序落户，依法平等享受城镇公共服务；实施乡村就业创业促进行动；拓宽农民增收渠道，保持农村居民收入增速快于城镇居民。

3. 推动农村基础设施提档升级　加快农村公路、供水、供气、环保、电网、物流、信息、广播电视等基础设施建设，推动城乡基础设施互联互通。

4. 加强农村社会保障体系建设 完善统一的城乡居民基本医疗保险制度和大病保险制度，做好农民重特大疾病救助工作；巩固城乡居民医保全国异地就医联网直接结算；完善城乡居民基本养老保险制度，建立城乡居民基本养老保险待遇确定和基础养老金标准正常调整机制；统筹城乡社会救助体系，完善最低生活保障制度，做好农村社会救助兜底工作；将进城落户农业转移人口全部纳入城镇住房保障体系；构建多层次农村养老保障体系，创新多元化照料服务模式；健全农村留守儿童和妇女、老年人以及困境儿童关爱服务体系；加强和改善农村残疾人服务。

5. 推进健康乡村建设 强化农村公共卫生服务，加强慢性病综合防控，大力推进农村地区精神卫生、职业病和重大传染病防治。完善基本公共卫生服务项目补助政策，加强基层医疗卫生服务体系建设，支持乡镇卫生院和村卫生室改善条件；加强乡村中医药服务；开展和规范家庭医生签约服务，加强妇幼、老人、残疾人等重点人群健康服务；倡导优生优育；深入开展乡村爱国卫生运动。

6. 持续改善农村人居环境 以农村垃圾、污水治理和村容村貌提升为主攻方向，实施农村人居环境整治三年行动计划；推进农村"厕所革命"；深入推进农村环境综合整治；推进北方地区农村散煤替代；逐步建立农村低收入群体安全住房保障机制；强化新建农房规划管控，加强"空心村"服务管理和改造；保护保留乡村风貌，开展田园建筑示范，培养乡村传统建筑名匠；实施乡村绿化行动，全面保护古树名木；持续推进宜居宜业的美丽乡村建设。

（六）摆脱贫困是前提

坚持精准扶贫、精准脱贫，把提高脱贫质量放在首位，既不降低扶贫标准，也不吊高胃口，采取更加有力的举措、更加集中的支持、更加精细的工作，坚决打好精准脱贫这场对全面建成小康社会具有决定性意义的攻坚战。

瞄准贫困人口精准帮扶。对不同贫困群体精准实施产业和就业扶持、易地扶贫搬迁，保障性扶贫；把符合条件的贫困人口全部纳入最低生活保障范围；加大资金项目、金融投入、建设用地指标保障，聚焦深度贫困地区集中发力；全面改善贫困地区生产生活条件，着力改善深度贫困地区发展条件，重点攻克深度贫困地区脱贫任务；激发贫困人口内生动力，更多采用生产奖补、劳务补助、以工代赈等机制，推动贫困群众通过自己的辛勤劳动脱贫致富。

（七）强化制度供给

以完善产权制度和要素市场化配置为重点，激活主体、激活要素、激活市场，着力增强改革的系统性、整体性、协同性。

1. 巩固和完善农村基本经营制度 落实农村土地承包关系稳定并长久不变政策，衔接落实好第二轮土地承包到期后再延长30年的政策。全面完成土地承包经营权确权登记颁证工作，完善农村承包地"三权分置"制度。实施新型农业经营主体培育工程，培育发展家庭农场、合作社、龙头企业、社会化服务组织和农业产业化联合体，发展多种形式适度规模经营。

2. 深化农村土地制度改革 推进房地一体的农村集体建设用地和宅基地使用权确权登记颁证，探索宅基地所有权、资格权、使用权"三权分置"，落实宅基地集体所有权，保障宅基地农户资格权和农民房屋财产权。

3. 深入推进农村集体产权制度改革 全面开展农村集体资产清产核资、集体成员身份确认，加快推进集体经营性资产股份合作制改革。推动资源变资产、资金变股金、农民变股东，探索农村集体经济新的实现形式和运行机制。维护进城落户农民土地承包权、宅基地使用权、集体收益分配权。

4. 完善农业支持保护制度 加快建立新型农业支持保护政

策体系；深化农产品收储制度和价格形成机制改革，加快培育多元市场购销主体，改革完善中央储备粮管理体制；通过完善拍卖机制、定向销售、包干销售等，加快消化政策性粮食库存；落实和完善对农民直接补贴制度，提高补贴效能；健全粮食主产区利益补偿机制；探索开展稻谷、小麦、玉米三大粮食作物完全成本保险和收入保险试点，加快建立多层次农业保险体系。

（八）强化人才支撑

实施乡村振兴战略，必须破解人才瓶颈制约。要把人力资本开发放在首要位置，畅通智力、技术、管理下乡通道，造就更多乡土人才，聚天下人才而用之。要做好两个方面的工作：一方面要培养造就一支懂农业、爱农村、爱农民的"三农"工作队伍，要培育新型职业农民和乡土人才；另一方面，要以更加开放的胸襟引来人才，用更加优惠的政策留住人才，用共建共享的机制用好人才，掀起新时代"上山下乡"的新热潮。

（九）强化投入保障

实施乡村振兴战略，必须解决钱从哪里来的问题。要加快形成财政优先保障、金融重点倾斜、社会积极参与的多元投入格局，确保投入力度不断增强，总量不断增加。

确保公共财政更大力度向"三农"倾斜。公共财政首先得给力，要加快建立涉农资金整合的长效机制，发挥财政资金"四两拨千斤"作用，通过财政资金撬动更多金融资金和社会资金投向乡村振兴。这一方面需要说明的是，要规范地方政府举债融资行为，不得借乡村振兴之名违规违法变相举债。

健全符合农业农村特点的农村金融服务体系，农村金融机构要为乡村振兴提供多元化、多样化的金融服务，要把金融资源配置到农村经济社会发展的关键领域和薄弱环节。

拓宽资金筹措渠道。创新政策机制，把土地增值收益这块"蛋糕"切出更大的一块用于支持脱贫攻坚和乡村振兴；集中力量推动高标准农田建设，建立高标准农田等新增耕地指标和城乡建设用地增减挂钩节余指标跨省域调剂机制，将所得收益全部用于支持脱贫攻坚和乡村振兴。

四、乡村振兴战略规划

2018年9月，中共中央、国务院印发《乡村振兴战略规划（2018—2022年）》。规划以习近平总书记关于"三农"工作的重要论述为指导，按照产业兴旺、生态宜居、乡风文明、治理有效、生活富裕的总要求，对实施乡村振兴战略作出阶段性谋划，分别明确至2020年全面建成小康社会和2022年召开党的二十大时的目标任务，细化实化工作重点和政策措施，确保乡村振兴战略落实落地，是指导各地区各部门分类有序推进乡村振兴的重要依据。

（一）构建乡村振兴新格局

规划从城乡融合发展和优化乡村内部生产生活生态空间两个方面，明确了国家经济社会发展过程中乡村的新定位，提出了重塑城乡关系、促进农村全面进步的新路径和新要求。一是统筹城乡发展空间，加快形成城乡融合发展的空间格局。二是优化乡村发展布局，坚持人口资源环境相均衡、经济社会生态效益相统一，延续人与自然有机融合的乡村空间关系。三是完善城乡融合发展政策体系，推动城乡要素自由流动、平等交换，为乡村振兴注入新动能。四是把打好精准脱贫攻坚战作为优先任务，把提高脱贫质量放在首位，推动脱贫攻坚与乡村振兴有机结合相互促进。

（二）加快农业现代化步伐

坚持质量兴农、品牌强农，深化农业供给侧结构性改革，构建现代农业产业体系、生产体系、经营体系，推动农业发展质量变革、效率变革、动力变革，持续提高农业创新力、竞争力和全要素生产率。其中，要深入实施藏粮于地、藏粮于技战略，加强耕地保护和建设，提高农业综合生产能力，保障国家粮食安全和重要农产品有效供给。坚持家庭经营在农业中的基础性地位，构建家庭经营、集体经营、合作经营、企业经营等共同发展的新型农业经营体系，发展多种形式适度规模经营，发展壮大农村集体经济，提高农业的集约化、专业化、组织化、社会化水平，有效带动小农户发展。

（三）发展壮大乡村产业

以完善利益联结机制为核心，以制度、技术和商业模式创新为动力，推进农村一二三产业交叉融合，加快发展根植于农业农村、由当地农民主办、彰显地域特色和乡村价值的产业体系，推动乡村产业全面振兴。其中，要推进农业循环经济试点示范和田园综合体试点建设，加快培育一批"农字号"特色小镇，在有条件的地区建设培育特色商贸小镇，推动农村产业发展与新型城镇化相结合。鼓励农民以土地、林权、资金、劳动、技术、产品为纽带，开展多种形式的合作与联合。引导农村集体经济组织挖掘集体土地、房屋、设施等资源和资产潜力，依法通过股份制、合作制、股份合作制、租赁等形式，积极参与产业融合发展。加快推广"订单收购＋分红""土地流转＋优先雇用＋社会保障""农民入股＋保底收益＋按股分红"等多种利益联结方式，让农户分享加工、销售环节收益。适当放宽返乡创业园用电用水用地标准，吸引更多返乡人员入园创业。各地年度新增建设用地计划指标，要确定一定比例用于支持农村新产业新业态发展。

（四）建设生态宜居的美丽乡村

牢固树立和践行绿水青山就是金山银山的理念，坚持尊重自然、顺应自然、保护自然，统筹山水林田湖草系统治理，强化资源保护与节约利用，加快转变生产生活方式，推动乡村生态振兴。其中，要严格控制未利用地开垦，落实和完善耕地占补平衡制度。实施农用地分类管理，切实加大优先保护类耕地保护力度。降低耕地开发利用强度，扩大轮作休耕制度试点。强化渔业资源管控与养护，实施海洋渔业资源总量管理、海洋渔船"双控"和休禁渔制度，科学划定江河湖海限捕、禁捕区域，修复和完善生态廊道，建设健康稳定田园生态系统。深入实施土壤污染防治行动计划，开展土壤污染状况详查，积极推进重金属污染耕地等受污染耕地分类管理和安全利用，有序推进治理与修复。加强重有色金属矿区污染综合整治。全面完成县域乡村建设规划编制或修编，推进实用性村庄规划编制实施，加强乡村建设规划许可管理。

第二节　乡村振兴战略全面开局

地方各级党委政府以习近平新时代中国特色社会主义思想为指导，把实施乡村振兴战略作为"三农"工作的总抓手，出台乡村振兴战略的政策制度、意见方案、规划计划，坚持农业农村优先发展，推动农业全面升级、农村全面进步、农民全面发展。

山东省坚持规划先行，谋定而后动，针对全省农业农村发展实际制定了乡村振兴战略规划和 5 个专项工作方案。围绕打造乡村振兴的齐鲁样板，坚持高起点谋划，拿出符合山东实际的乡村振兴推进标准。严格功能区定位，牢固树立绿水青山就是金山银山的理念，坚定不移走绿色发展之路；因地制宜推进产业振兴，宜粮则粮、宜经则经、宜林则林、宜牧则牧、宜渔则渔；以多样化为美，保持乡村固有的历史、文化、风俗、风貌等，使乡村振兴各具特色，让人们记得住乡愁。

青岛市深入贯彻习近平总书记关于实施乡村振兴战略的重要论述和视察山东重要讲话、重要指示批示精神，组织实施好乡村振兴攻势，开创乡村振兴新局面，推动青岛乡村振兴走在前列，为打造乡村振兴齐鲁样板贡献青岛力量。青岛市乡村振兴攻势以习近平新时代中国特色社会主义思想为指导，牢固树立新发展理念，坚持城乡融合发展，聚焦乡村振兴的重点难点痛点堵点，高点站位、对标先进，攻坚克难、奋勇争先，部署了6场攻坚战91个作战任务。

一、乡村产业转型升级攻坚战

到2022年，以土地规模化、组织企业化、技术现代化、服务专业化、经营市场化为引领的都市现代农业实现新突破，现代农业适度规模经营率达到75%，过亿元农业产业化龙头企业达到120家，建设20个田园综合体，主要农作物耕种收综合机械化率达到90%，现代农业社会化服务组织达到3 000家，地产农产品（畜产品、水产品）合格率达到98%以上，创建50个省级以上知名农产品品牌。

1. 提升土地规模化 开展镇村整建制土地规模化经营，搭建土地流转服务平台，推广"公司＋合作社＋村集体＋农户"模式。建设300万亩*高效粮食生产功能区，加快推进高标准农田建设。推进100万亩特色农业优势区建设，建设大沽河沿岸50万亩绿色蔬菜生产基地、北部山区30万亩优质果品生产基地、滨海一线和大小珠山20万亩优质果茶花卉生产基地。建设高端生态畜牧业发展区。建设现代海洋渔业发展区。新建现代农业园区150个、现代化国家级海洋牧场5个。创建农业"新六产"综合示范区，推进田园综合体建设，促进"农业＋"旅游、文化、创意、康养等融合发展。

2. 提升组织企业化 实施农业全产业链提升工程，做优农副食品加工千亿级产业链，做强粮食、油料、果蔬、饲料、生

---

* 亩为非法定计量单位，1亩≈667米²。——编者注

猪、禽类、水产品等 7 条百亿级产业链，做大葡萄、蓝莓、茶叶等 15 条十亿级特色农业产业链。实施农业龙头企业"强壮工程"，市级及以上龙头企业达到 320 家。实施新型农业经营主体提升工程，每年培育 100 家市级示范合作社、100 家示范家庭农场。

3. 提升技术现代化，争创国家级农业科创中心 加快建设青岛国际种都核心区，支持蔬菜、果树、畜禽等优势品种科创中心建设，引进培育一批"育繁推"一体化种业企业。实施农业科技入户工程，统筹推进种养结合，主推水肥一体化、畜禽粪污资源化利用等十大关键集成技术，建设节水农业 100 万亩。创建全国主要农作物生产全程机械化示范市，提升蔬菜、果茶等经济作物综合机械化水平。推进省级智慧农业示范区建设，推广农业农村大数据应用，培育 100 个农业物联网应用示范园区。

4. 提升服务专业化 制定促进小农户和现代农业发展有机衔接的措施。开展政府购买农业社会化服务机制创新试点，探索多种形式的农业社会化服务。培育农业社会化服务组织，推广"全程机械化＋综合农事"、生产供销信用"三位一体"服务新模式。

5. 提升经营市场化 推进中国供销·青岛平度农产品物流园、中国北方（青岛）国际水产品交易中心和冷链物流基地等建设，构建"中心市场＋专业市场＋田头市场"农产品流通网络。加快"互联网＋现代农业"发展，实施农村电商示范镇村创建工程，开展信息进村入户行动，实现村级益农信息社全覆盖。实施质量品牌提升工程，完善农产品原产地可追溯制度和认证标识制度，落实农产品产地准出和食用农产品合格证管理制度。加大农产品品牌宣传推介力度，打造"青岛农品"区域公用品牌集群。实施农产品出口促进行动，深化"一带一路"农业对外合作。

二、基层党组织振兴攻坚战

到 2022 年，农村基层党组织政治功能和组织力全面增强，形成以新型社区为中心的村庄新布局，乡村治理体系进一步完善，培育基层党建示范镇（街道）20 个、基层党建示范农村社区 60 个、基层党建示范村 120 个，村集体经济收入全部达到 5 万元以上。

1. 全面构建区域化农村党组织工作新格局　优化农村基层党组织体系，建强镇（街道）党（工）委，强化镇（街道）乡村振兴主体责任；建强农村社区党委，加强农村社区党委标准化建设，构建"镇党委—农村社区党委—村党组织—网格党支部（小组）—党员中心户"的组织链条。实施思想武装、村党组织带头人队伍建设、党支部标准化规范化建设、党员队伍建设、基层党建工作示范引领、基层组织服务等六大质量提升工程，开展软弱涣散村党组织集中整顿行动，建立村干部"小微权力"清单。健全区（市）党委"抓乡促村"责任制；健全以财政投入为主的村级组织运转经费保障制度，全面落实村干部报酬待遇和村级组织办公经费，建立正常增长机制；健全从优秀村（社区）党组织书记中选拔镇领导干部、考录镇机关公务员、招聘镇事业编制人员的常态化机制。开展"头雁培育"行动，从本村政治觉悟高、有本事的"能人"中培养一批带头人；从涉农区（市）、镇（街道）机关干部和退休干部中选派一批带头人；从退役军人、农民工、回乡创业人员中选拔一批带头人。开展行政村规模调整优化试点，依法推动"多村一社区"体制改革，稳妥有序推进组织融合、服务融合、产业融合、居住融合、经济融合、文化融合，农村社区党群服务中心覆盖率达到 100％。

2. 完善党组织领导的乡村治理体系　健全党组织领导的自治机制，完善村民自治章程、村规民约，落实"四议两公开"制度，建立健全村务监督委员会。健全党组织领导的法治机制，健全矛盾纠纷调处化解机制，落实"一村一法律顾问"，推进网格化服务管理体系。健全党组织领导的德治机制，完善乡村信用体系，发挥道德模范引领作用。创建乡村治理示范镇、示范村。

3. 实施村级集体经济壮大工程 每年重点支持 150 个村增加集体收入。推广"三资""四制"发展模式，推行"飞地"投资或入股产业园建设模式，促进村集体增收，支持多村联合或镇（街道）村抱团发展集体经济。全面建立村级集体经济组织，支持村级集体经济组织领办土地股份合作社。建立部门、企业对口帮扶机制，增加村级集体经济收入。

4. 加快推进城乡公共服务均等化 完善城乡统一的义务教育经费保障机制，改善农村义务教育学校办学条件，开展普惠性幼儿园建设。实施健康乡村工程，加强基层医疗卫生机构标准化建设，涉农区（市）人民医院达到三级医院水平。实施养老服务进村工程，建设农村区域性养老服务中心，建立城乡居民基本养老待遇确定和基础养老金正常调整机制，完善农村留守儿童、妇女、老人关爱服务体系。完善城乡统筹的最低生活保障制度，逐步缩小城乡差别。

三、乡村生态宜居攻坚战

到 2022 年，农村生态宜居环境显著改善，农村基础设施水平明显提升，创建 100 个省级美丽乡村示范村，村庄规划实现应编尽编，垃圾分类收集覆盖率达到 100%，生活污水处理率达到 55% 以上，畜禽粪污综合利用率达到 86% 以上。

1. 提升农村规划和基础设施水平 统筹城乡国土空间布局，编制多规合一的实用性村庄规划，优化乡村生产生活生态空间。突破平度市、莱西市乡村振兴交通设施瓶颈，加快推进潍莱高速铁路、新机场高速工程、济青高速改扩建工程等重点项目建设，深入推进"四好农村路"建设，全市实施农村公路新改建和养护工程 860 千米。

2. 加快推进农村人居环境整治三年行动 推进乡村基础设

施扩面提档,基本完成村庄道路"户户通",推进城乡供水同网、同源、同质,完成新一轮农村电网改造提升工程。编制农村生活污水治理专项规划,统筹城乡污水处理基础设施建设,构建城乡污水共治体系。健全城乡环卫一体化垃圾收运处理长效运行机制,推进垃圾分类和资源化利用。建立完善厕所维修、粪渣粪液清运和利用处理机制。开展"洁净乡村"行动,创建卫生城镇和森林乡镇、森林村居。

3. 提升美丽乡村品质 每年创建 10 个农村新型示范社区、100 个美丽乡村示范村和 1 000 个达标提升村。坚持片区化规划、标准化建设、生态化提升、景区化发展,建设 10 条美丽乡村精品线。推进美丽村居、美丽庭院建设。建立健全政府支持、市场化运作与村民自治相结合的村庄管护长效机制。

4. 加强农业面源污染防治 规模化养殖场全部配建畜禽粪污处理设施并正常运转,工厂化水产养殖(育苗)和池塘养殖主产区实现尾水达标排放。实施化肥农药减量增效工程,严格落实高毒农药定点经营和实名购买制度,推广专业化统防统治、有机肥替代化肥。开展农田残留地膜回收和可降解地膜试验,完善农药包装废弃物回收和集中处理体系。推进农作物秸秆、蔬菜尾菜无害化处理和资源化利用。

四、乡村人才集聚攻坚战

到 2022 年,构建起城镇各类人才"到乡村去"的激励机制,农村实用人才达到 25 万人、新型职业农民达到 10 万人。

1. 壮大新型职业农民队伍 完善职业农民技能提升、乡土人才培育示范、乡村人才定向培养等制度;实施新型农业经营主体带头人轮训计划和现代青年农场主培养计划;实施农村实用人才培养工程,培养一批农业职业经理人、经纪人、乡村工匠、文化能人等乡土人才。

2. 壮大乡村专业人才队伍　建立"政产学研推用"六位一体的农技推广机制，支持乡村特色企业开展技能培训，鼓励乡村技能人才参加技能领军人才评选；健全城市医生、教师、科技和文化人员等定期服务基层机制；加大农业科技领军人才引进培养力度，完善科技特派员制度。

3. 壮大农村创新创业人才队伍　制定城市专业人才、高校毕业生、公职人员多种形式参与乡村振兴的政策；实施"三乡工程"，支持人才下乡，鼓励能人回乡，引导企业兴乡；搭建农村"双创"平台，建成国家级"星创天地"35 个；推进巾帼乡村人才培育集聚行动，实施"村村都有好青年"选培计划。

五、乡村文化兴盛攻坚战

到 2022 年，乡村社会文明程度显著提高，新时代文明实践活动覆盖率达到 100%，县级及以上文明村镇达标率达到 80%以上。

1. 培育农村新时代新风尚　推进新时代文明实践中心建设，拓展新时代文明实践分中心、站（所）覆盖面。深化文明村镇创建工作，开展文明村镇、文明家庭、最美家庭等评选活动。深入推进移风易俗，健全农村红白理事会、道德评议会等群众自治组织，深化农村殡葬改革。

2. 建好农村公共文化阵地　开展村镇文体设施标准化创建，建设网上图书馆、网上文化馆、网上博物馆，完成基层综合性文化服务中心建设提升任务。实施文化惠民工程，全市农村年均组织文化活动突破 5 万场次。创建乡村文化发展示范基地，将乡村文化创意产业纳入全市文创产业"百亿信贷计划"。开展安全文化教育进乡村，提升农村居民综合安全意识。

3. 弘扬农村优秀传统文化　实施"乡村记忆"工程，建成10 个"乡村记忆"村落、20 个"乡村记忆"博物馆。传承发展乡村优秀传统文化,保护农耕文化遗产,推进县及县以下历史文化展示工程,深入挖掘红色文化资源。传承发展非物质文化遗产,创建非物质文化遗产数据库,市级非遗代表性项目达到 190 项。

六、农村改革创新攻坚战

到 2022 年,全面完成农村集体产权制度改革任务,农村承包地、宅基地"三权分置"改革实现新突破,农村土地经营权抵押贷款总额突破 20 亿元,农村集体资产产权交易突破 30 亿元。

1. 深化农村土地制度改革 开展土地资源整理和农村闲散土地综合整治;完善农村承包地"三权分置"办法,提高土地经营权抵押贷款规模和质量;稳妥推进农村宅基地"三权分置"改革试点;探索乡村产业发展"点供"用地,年度新增建设用地计划指标明确一定比例用于支持乡村振兴。

2. 深化农村集体产权制度改革 健全农村集体资产管理制度,完善农村集体产权权能,开展集体资产股权质押贷款和农村"政经分离"试点。健全完善农村产权交易市场体系和交易规则,推进交易信息平台和产权登记备案平台联网一体化。

3. 深化农村金融支农制度改革 制定工商资本、社会资本投资农业农村的激励政策;推进农业政策性保险扩面、增品、提标,开展农产品价格指数保险,探索"保险＋期货"业务模式;稳步推进农民专业合作社信用互助业务试点,稳妥发展村镇银行、小额贷款公司;探索"政银担"合作机制,推动厂房、生产订单、农业保单等质押业务,县域新增贷款主要用于支持乡村振兴。

第三节 打赢脱贫攻坚战

党的十八大以来,以习近平同志为核心的党中央把脱贫攻坚工作纳入"五位一体"总体布局和"四个全面"战略布局,作为实现第一个百年奋斗目标的重点任务，作出一系列重大部署和安排，全面打响脱贫攻坚战。为了确保到 2020 年农村贫困人口实现脱贫，2015 年 11 月《中共中央国务院关于打赢脱贫攻坚战的决定》发布。党的十九大明确把精准脱贫作为决胜全面建成小康社会必须打好的三大攻坚战之一，作出了新的部署。2018 年 6 月又出台了《中共中央国务院关于打赢脱贫攻坚战三年行动的指导意见》。2020 年中央 1 号文件进一步强调，做好 2020 年"三农"工作总的要求是，集中力量完成打赢脱贫攻坚战和补上在全面建成小康社会中"三农"领域存在的突出短板两大重点任务，确保脱贫攻坚战圆满收官，确保农村同步全面建成小康社会。

一、打赢脱贫攻坚战的任务目标

到 2020 年，巩固脱贫成果，通过发展生产脱贫一批，易地搬迁脱贫一批，生态补偿脱贫一批，发展教育脱贫一批，社会保障兜底一批，因地制宜综合施策，确保现行标准下农村贫困人口实现脱贫，消除绝对贫困；确保贫困县全部摘帽，解决区域性整体贫困。实现贫困地区农民人均可支配收入增长幅度高于全国平均水平。实现贫困地区基本公共服务主要领域指标接近全国平均水平，主要有：贫困地区具备条件的乡镇和建制村通硬化路，贫困村全部实现通动力电，全面解决贫困人口住房和饮水安全问题，贫困村达到人居环境干净整洁的基本要求，切实解决义务教育学生因贫失学辍学问题，基本养老保险和基本医疗保险、大病保险实现贫困人口全覆盖，最低生活保障实现应保尽保。集中连片特困地区和革命老区、民族地区、边疆地区发展环境明显改善，深度贫困地区如期完成全面脱贫任务。

打赢脱贫攻坚战坚持严格执行现行扶贫标准。严格按照"两不愁、三保障"要求，确保贫困人口不愁吃、不愁穿；保障贫困家庭孩子接受九年义务教育，确保有学上、上得起学；保障贫困人口基本医疗需求，确保大病和慢性病得到有效救治和保障；保障贫困人口基本居住条件，确保住上安全住房。要量力而行，既不能降低标准，也不能擅自拔高标准、提不切实际的目标，避免陷入"福利陷阱"，防止产生贫困村和非贫困村、贫困户和非贫困户待遇的"悬崖效应"，留下后遗症。

二、脱贫攻坚基本方略

实施精准扶贫、精准脱贫，核心是做到"六个精准"（扶持对象精准、项目安排精准、资金使用精准、措施到户精准、因村派人精准、脱贫成效精准），实施"五个一批"（发展产业脱贫一批、易地搬迁脱贫一批、生态补偿脱贫一批、发展教育脱贫一批、社会保障兜底一批），还要实施劳务输出、健康、资产收益扶贫等，解决"四个问题"（扶持谁、谁来扶、怎么扶、如何退）。

三、脱贫攻坚制度体系

加强党对脱贫攻坚工作的全面领导，建立各负其责、各司其职的责任体系，精准识别、精准脱贫的工作体系，上下联动、统一协调的政策体系，保障资金、强化人力的投入体系，因地制宜、因村因户因人施策的帮扶体系，广泛参与、合力攻坚的社会动员体系，多渠道全方位的监督体系和最严格的考核评估体系。按照党中央、国务院决策部署，我国从上到下建立了脱贫攻坚责任、政策、投入、动员、监督、考核六大体系，为打赢脱贫攻坚战提供制度保障。

1. 责任体系　按照"中央统筹、省负总责、市县抓落实"体制机制，出台脱贫攻坚责任制实施办法，构建各负其责、合力攻坚的责任体系；明确了中央国家机关76个有关部门任务分工；中西部22个省份党政主要负责同志向中央签署脱贫攻坚责任书，立下军令状；贫困县党政正职攻坚期内保持稳定。

2. 政策体系 根据《关于打赢脱贫攻坚战的决定》，中办、国办出台了 12 个《决定》配套文件，各部门出台 173 个政策文件或实施方案，各地也相继出台和完善"1＋N"的脱贫攻坚系列文件，涉及产业扶贫、易地扶贫搬迁、劳务输出扶贫、交通扶贫、水利扶贫、教育扶贫、健康扶贫、金融扶贫、农村危房改造、土地增减挂钩指标、资产收益扶贫等，很多"老大难"问题都有了针对性措施。

3. 投入体系 坚持政府投入的主体和主导作用，增加金融资金投放，确保扶贫投入力度与打赢脱贫攻坚战要求相适应。2016—2020 年，中央财政专项扶贫资金连续 5 年每年新增安排 200 亿元，2020 年达到 1 461 亿元。

4. 动员体系 发挥社会主义制度集中力量办大事的优势，动员各方面力量合力攻坚。

5. 监督体系 把全面从严治党要求贯穿脱贫攻坚全过程各环节。中央出台脱贫攻坚督查巡查工作办法，对各地落实中央决策，部署开展督查巡查。中央巡视把脱贫攻坚作为重要内容。

6. 考核体系 为确保脱贫成效真实，得到社会和群众认可、经得起实践和历史检验，中央出台省级党委和政府扶贫开发工作成效考核办法，实行最严格的考核评估制度。

四、全面推进精准扶贫精准脱贫

（一）开展建档立卡，摸准贫困底数

建档立卡使我国贫困数据第一次实现了到村到户到人，为中央制定精准扶贫政策措施、实行最严格考核制度和保证脱贫质量打下了基础。完善动态管理，把已经稳定脱贫的贫困户标注排除，把符合条件遗漏在外的贫困人口和返贫的人口纳入进来，确保应扶尽扶。

（二）强化驻村帮扶，增强基层力量

每个贫困村都要派驻村工作队，每个贫困户都要有帮扶

责任人，实现全覆盖。选派干部驻村帮扶，开展抓党建促脱贫攻坚工作，选派优秀干部到贫困村和基层党组织薄弱涣散村担任第一书记。第一书记和驻村干部积极帮助群众出主意干实事，推动扶贫政策措施落地落实，打通精准扶贫"最后一公里"。

（三）落实"五个一批"，推进分类施策

按照因地制宜、因人因户因村施策的工作要求，突出产业扶贫、易地扶贫搬迁，实施劳务输出扶贫、教育扶贫和健康扶贫，探索生态保护脱贫、电商扶贫、旅游扶贫。

（四）聚焦重点区域，改善发展环境

以集中连片特困地区、革命老区、民族地区、边疆地区为脱贫攻坚重点区域，强化基础设施和基本公共服务建设，从政策制定、规划编制、资金安排和项目布局等方面予以倾斜支持，打破瓶颈制约。推出脱贫攻坚重大工程包，积极开展交通、水利、电力等扶贫行动，调整农村危房改造政策，提高中央补助标准，集中解决建档立卡贫困户等四类重点对象的基本住房安全问题。

（五）强化资金监管，提高使用效益

及时修改完善财政专项扶贫资金管理办法，提高资金使用精准度。

（六）规范贫困退出，确保脱贫质量

建立贫困退出机制，明确规定贫困县、贫困人口退出的标准、程序和后续政策，实施贫困县和贫困村有序退出。对贫困退出开展考核评估检查，防止数字脱贫、虚假脱贫，确保脱贫质量。

五、坚决打赢脱贫攻坚战

2020 年 10 月在第七个国家扶贫日到来之际，习近平总书记

对脱贫攻坚工作作出重要指示强调，2020 年是决胜全面建成小康社会、决战脱贫攻坚之年。面对新冠肺炎疫情和严重洪涝灾害的考验，党中央坚定如期完成脱贫攻坚目标决心不动摇，全党全社会勠力同心，真抓实干，贫困地区广大干部群众顽强奋斗，攻坚克难，脱贫攻坚取得决定性成就。现在脱贫攻坚到了最后阶段，各级党委和政府务必保持攻坚态势，善始善终，善作善成，不获全胜决不收兵。习近平指出，各地区各部门要总结脱贫攻坚经验，发挥脱贫攻坚体制机制作用，接续推进巩固拓展攻坚成果同乡村振兴有效衔接，保持脱贫攻坚政策总体稳定，多措并举巩固脱贫成果。要激发贫困地区贫困人口内生动力，激励有劳动能力的低收入人口勤劳致富，向着逐步实现全体人民共同富裕的目标继续前进。

（一）打赢脱贫攻坚战要全面完成脱贫任务

脱贫攻坚已经取得决定性成就，绝大多数贫困人口已经脱贫，现在到了攻城拔寨、全面收官的阶段。要坚持精准扶贫，以更加有力的举措、更加精细的工作，在普遍实现"两不愁"基础上，全面解决"三保障"和饮水安全问题，确保剩余贫困人口如期脱贫。进一步聚焦"三区三州"等深度贫困地区，瞄准突出问题和薄弱环节集中发力，狠抓政策落实。对深度贫困地区贫困人口多、贫困发生率高、脱贫难度大的县和行政村，要组织精锐力量强力帮扶、挂牌督战。对特殊贫困群体，要落实落细低保、医保、养老保险、特困人员救助供养、临时救助等综合社会保障政策，实现应保尽保。各级财政要继续增加专项扶贫资金，中央财政新增部分主要用于"三区三州"等深度贫困地区。优化城乡建设用地增减挂钩、扶贫小额信贷等支持政策。深入推进抓党建促脱贫攻坚。

（二）打赢脱贫攻坚战要巩固脱贫成果防止返贫

各地要对已脱贫人口开展全面排查，认真查找漏洞缺项，一项一项整改清零，一户一户对账销号。总结推广各地经验做法，健全监测预警机制，加强对不稳定脱贫户、边缘户的动态监测，将返贫人口和新发生贫困人口及时纳入帮扶，为巩固脱贫成果提供制度保障。强化产业扶贫、就业扶贫，深入开展消费扶贫，加大易地扶贫搬迁后续扶持力度。扩大贫困地区退耕还林还草规模。深化扶志扶智，激发贫困人口内生动力。

(三) 打赢脱贫攻坚战要做好考核验收和宣传工作

严把贫困退出关，严格执行贫困退出标准和程序，坚决杜绝数字脱贫、虚假脱贫，确保脱贫成果经得起历史检验。加强常态化督导，及时发现问题、督促整改。开展脱贫攻坚普查。扎实做好脱贫攻坚宣传工作，全面展现新时代扶贫脱贫壮阔实践，全面宣传扶贫事业历史性成就，深刻揭示脱贫攻坚伟大成就背后的制度优势，向世界讲好中国减贫生动故事。

(四) 打赢脱贫攻坚战要保持脱贫攻坚政策总体稳定

坚持贫困县摘帽不摘责任、不摘政策、不摘帮扶、不摘监管。强化脱贫攻坚责任落实，继续执行对贫困县的主要扶持政策，进一步加大东西部扶贫协作、对口支援、定点扶贫、社会扶贫力度，稳定扶贫工作队伍，强化基层帮扶力量。持续开展扶贫领域腐败和作风问题专项治理。对已实现稳定脱贫的县，各省（自治区、直辖市）可以根据实际情况统筹安排专项扶贫资金，支持非贫困县、非贫困村贫困人口脱贫。

(五) 打赢脱贫攻坚战要研究接续推进减贫工作

脱贫攻坚任务完成后，我国贫困状况将发生重大变化，扶贫工作重心转向解决相对贫困，扶贫工作方式由集中作战调整为常态推进。要研究建立解决相对贫困的长效机制，推动减贫战略和工作体系平稳转型；加强解决相对贫困问题顶层设计，纳入实施乡村振兴战略统筹安排；抓紧研究制定脱贫攻坚与实施乡村振兴战略有机衔接的意见。

第四节　全面推进乡村振兴加快农业农村现代化

2020 年，我国全面建成小康社会取得伟大历史性成就，决战脱贫攻坚取得决定性胜利。"十四五"时期是我国全面建成小康社会、实现第一个百年奋斗目标之后，乘势而上开启全面建设社会主义现代化国家新征程、向第二个百年奋斗目标进军的第一个五年。2020 年 10 月 29 日党的十九届五中全议审议通过了《中共中央关于制定国民经济和社会发展第十四个五年规划和二○三五年远景目标的建议》，作出了优先发展农业农村，全面推进乡村振兴的决策部署。

2020 年 12 月 28—29 日，中央农村工作会议在北京召开。中共中央总书记习近平出席会议并发表重要讲话，深刻指出，在向第二个百年奋斗目标迈进的历史关口，巩固和拓展脱贫攻坚成果，全面推进乡村振兴，加快农业农村现代化，是需要全党高度重视的一个关系大局的重大问题。全党务必充分认识新发展阶段做好"三农"工作的重要性和紧迫性，坚持把解决好"三农"问题作为全党工作重中之重，举全党全社会之力推动乡村振兴，促进农业高质高效、乡村宜居宜业、农民富裕富足。

一、脱贫攻坚取得胜利后，要全面推进乡村振兴

脱贫攻坚取得胜利后，要全面推进乡村振兴，这是"三农"工作重心的历史性转移。要坚决守住脱贫攻坚成果，做好巩固拓展脱贫攻坚成果同乡村振兴有效衔接，工作不留空档，政策不留空白。要健全防止返贫动态监测和帮扶机制，对易返贫致贫人口实施常态化监测，重点监测收入水平变化和"两不愁、三保障"巩固情况，继续精准施策。对脱贫地区产业帮扶还要继续，补上

技术、设施、营销等短板，促进产业提档升级。要强化易地搬迁后续扶持，多渠道促进就业，加强配套基础设施和公共服务，搞好社会管理，确保搬迁群众稳得住、有就业、逐步能致富。党中央决定，脱贫攻坚目标任务完成后，对摆脱贫困的县，从脱贫之日起设立 5 年过渡期。过渡期内要保持主要帮扶政策总体稳定。对现有帮扶政策逐项分类优化调整，合理把握调整节奏、力度、时限，逐步实现由集中资源支持脱贫攻坚向全面推进乡村振兴平稳过渡。

二、牢牢把住粮食安全主动权，粮食生产年年要抓紧

要牢牢把住粮食安全主动权，粮食生产年年要抓紧。要严防死守18亿亩耕地红线，采取坚决措施，落实最严格的耕地保护制度。要建设高标准农田，真正实现旱涝保收、高产稳产。要把黑土地保护作为一件大事来抓，把黑土地用好养好。要坚持农业科技自立自强，加快推进农业关键核心技术攻关。要调动农民种粮积极性，稳定和加强种粮农民补贴，提升收储调控能力，坚持完善最低收购价政策，扩大完全成本和收入保险范围。地方各级党委和政府要扛起粮食安全的政治责任，实行党政同责，"米袋子"省长要负责，书记也要负责。要深入推进农业供给侧结构性改革，推动品种培优、品质提升、品牌打造和标准化生产。要继续抓好生猪生产恢复，促进产业稳定发展。要支持企业走出去。要坚持不懈制止餐饮浪费。

三、加强顶层设计，以更有力的举措、汇聚更强大的力量推进乡村振兴

全面实施乡村振兴战略的深度、广度、难度都不亚于脱贫攻坚，必须加强顶层设计，以更有力的举措、汇聚更强大的力量来推进。一是要加快发展乡村产业，顺应产业发展规律，立足当地

特色资源，推动乡村产业发展壮大，优化产业布局，完善利益联结机制，让农民更多分享产业增值收益。二是要加强社会主义精神文明建设，加强农村思想道德建设，弘扬和践行社会主义核心价值观，普及科学知识，推进农村移风易俗，推动形成文明乡风、良好家风、淳朴民风。三是要加强农村生态文明建设，保持战略定力，以钉钉子精神推进农业面源污染防治，加强土壤污染、地下水超采、水土流失等治理和修复。四是要深化农村改革，加快推进农村重点领域和关键环节改革，激发农村资源要素活力，完善农业支持保护制度，尊重基层和群众创造，推动改革不断取得新突破。五是要实施乡村建设行动，继续把公共基础设施建设的重点放在农村，在推进城乡基本公共服务均等化上持续发力，注重加强普惠性、兜底性、基础性民生建设。要继续推进农村人居环境整治提升行动，重点抓好改厕和污水、垃圾处理。要合理确定村庄布局分类，注重保护传统村落和乡村特色风貌，加强分类指导。六是要推动城乡融合发展见实效，健全城乡融合发展体制机制，促进农业转移人口市民化。要把县域作为城乡融合发展的重要切入点，赋予县级更多资源整合使用的自主权，强化县城综合服务能力。七是要加强和改进乡村治理，加快构建党组织领导的乡村治理体系，深入推进平安乡村建设，创新乡村治理方式，提高乡村善治水平。

四、加强党对"三农"工作的全面领导

要加强党对"三农"工作的全面领导。各级党委要扛起政治责任，落实农业农村优先发展的方针，以更大力度推动乡村振兴。县委书记要把主要精力放在"三农"工作上，当好乡村振兴的"一线总指挥"。要选优配强乡镇领导班子、村"两委"成员特别是村党支部书记。要突出抓基层、强基础、固基本的工作导向，推动各类资源向基层下沉，为基层干事创业创造更好条件。

要建设一支政治过硬、本领过硬、作风过硬的乡村振兴干部队伍，选派一批优秀干部到乡村振兴一线岗位，把乡村振兴作为培养锻炼干部的广阔舞台。要吸引各类人才在乡村振兴中建功立业，激发广大农民群众积极性、主动性、创造性。

第五节　积极投身乡村振兴

2018 年 9 月 22 日，在第一个中国农民丰收节到来之际，习近平总书记向全国亿万农民致以节日的问候和良好的祝愿，习近平强调，我国是农业大国，重农固本是安民之基、治国之要。广大农民在我国革命、建设、改革等各个历史时期都作出了重大贡献。今年是农村改革 40 周年，40 年来我国农业农村发展取得历史性成就、发生历史性变革。希望广大农民和社会各界积极参与中国农民丰收节活动，营造全社会关注农业、关心农村、关爱农民的浓厚氛围，调动亿万农民重农务农的积极性、主动性、创造性，全面实施乡村振兴战略、打赢脱贫攻坚战、加快推进农业农村现代化，在促进乡村全面振兴、实现"两个一百年"奋斗目标新征程中谱写我国农业农村改革发展新的华彩乐章！

经过 40 多年改革开放大潮洗礼，中国农民进入了新时代。新时代的中国农民作为现代农业的主力军、美丽乡村的建设者、乡村文明的创造者，在乡村振兴中既是建设主体也是受益主体。乡村振兴战略坚持以人民为中心的发展思想，坚持农民主体地位，充分尊重农民意愿，把农民对美好生活的向往化为推动乡村振兴的动力，把维护广大农民根本利益、促进广大农民共同富裕作为出发点和落脚点。广大农民群众应当积极投身乡村振兴创新创业，在发展现代农业、培育乡风文明和建设美丽乡村等方面发挥主体作用，把乡村振兴的美好蓝图一步步变为现实。

一、提升素质能力

新时代的中国农民，应当自觉以习近平新时代中国特色社会主义思想武装头脑，不断学习新理念、新知识、新技能，跟上时代步伐，接受时代挑战，使自己真正成为知识型、技能型、创新型劳动者，成为有文化、懂技术、善经营、会管理的高素质农民，在乡村振兴和农业农村现代化的进程中奋发作为。参加政府部门举办的公益性培训是提升素质能力的有效方式，农民朋友可以根据自己的情况和意愿参加学习。

（一）高职扩招培养高素质农民

农业农村部、教育部组织实施百万高素质农民学历提升行动计划，5 年培养 100 万名接受学历职业教育、具备市场开拓意识、能推动农业农村发展、带领农民增收致富的高素质农民，形成一支留得住、用得上、干得好、带得动的"永久牌"乡村振兴带头人队伍。

1. 培养对象　重点培养现职农村"两委"班子成员、新型农业经营主体、乡村社会服务组织带头人、农业技术人员、乡村致富带头人、退役军人、返乡农民工等；优先招录具有培训证书、职业技能等级证书、职业资格证书、农民职称的农民和农业广播电视学校学员在内的中职毕业生。各地可结合实际，制定具体的招生办法，鼓励贫困地区符合条件的考生积极报考。

2. 培养目标　培养具有高度社会责任感和良好职业道德、较高科学文化素养和自我发展能力，掌握现代农业生产、经营、管理、服务等先进知识、先进技术，能从事专业化、标准化、规模化农业生产经营管理，爱农村、懂技术、善经营的高素质农民。

3. 培养方式　按照"标准不降、模式多元、学制灵活"的原则，采取全日制学习形式，施行弹性学制和灵活多元教学模式，提高人才培养的针对性、适应性和实效性。

（1）创新人才培养模式。针对高素质农民和乡村干部的实际现状，遵循农民特点和成人教育规律，采取"农学结合、工学交替"的人才培养模式。农闲季节以专业理论教学为主，农忙季节以生产实践教学为主，按季节循环组织教学，使教学环节与农业生产环节紧密结合。

（2）采取灵活多样的教学模式。创新教学组织形式，坚持送教上门，教学重心下移，采取集中教学与分散教学相结合，农忙季节与教学环节相结合，线上教学与线下教学相结合，理论教学与实践教学相结合，分阶段完成学业。

（3）改革考核评价方式。综合运用考试、素质评价、技能测试等多种方式对农民学习成果进行考核。对学习培训经历、职业技能、从业经历等，按地方或学校有关规定和程序认定为学历教育相关课程学分，探索实现职业技能等级证书与学历证书互通衔接。

（4）落实扩招相关政策。落实高职扩招相关经费、生均拨款制度，支持农民学员按照现行规定享受奖助学金以及相关资助政策；支持有条件的地方出台农民学生减免学费的相关政策。加强培养院校条件建设投入，落实就业创业扶持激励政策措施，引导社会资源共同参与。对入学后的农民学生，在土地流转、产业政策、金融信贷等方面给予倾斜支持。

报考具体事项请向招生的高职院校，以及当地教育考试部门、农业农村部门咨询。

（二）高素质农民培育

农业农村部举办高素质农民培育，以促进现代农业高质量发展为导向，以满足农民理念知识技能需求为核心，以提升培育质量效能为关键，每年培育农业经理人等经营管理型、种养大户等专业生产型和从事生产经营性服务的技能服务型高素质农民100

万人。

根据乡村人才振兴需求和现代农业发展进程，统筹推进新型农业经营主体和服务主体、返乡下乡创新创业者和专业种养加能手等培养行动。聚焦家庭农场、农民合作社和农业社会化服务组织发展需求，培养新型农业经营主体和服务主体、农业经理人等具有较强示范带动作用的带头人队伍，提升主体从业者生产经营能力。深入开展返乡下乡创业培训，推动农村创新创业高质量发展，特别要加强受新冠肺炎疫情影响的留乡人员培训，帮助其就地就近就业。以种植业、养殖业、农产品加工业大户为重点，围绕复工复产、保粮保供，加大专项技术技能培训，提升产业效益，促进农民增收。

有意参加培训的农民朋友可以登录中国农村远程教育网（www.ngx.net.cn）"农民教育培训申报系统"，或手机下载"云上智农"APP，在线提交申报。具体事项请向当地农业农村主管部门咨询。

（三）生产技能培训

青岛市把农民技能培训列为市办实事，重点面向农业新型经营主体、农村社会化服务人员、小农户，运用实践教学、集中授课、网络课堂、观摩研讨、送科技下乡等多种方式，开展现代农业生产、经营、服务技能培训，农民朋友可以根据自己的产业参加相应的培训。

（四）创业培训

国家农业农村、人力资源和社会保障等部门联合实施返乡入乡创业带头人培养计划，对具有发展潜力和带头示范作用的返乡入乡创业人员，依托普通高校、职业院校、优质培训机构、公共职业技能培训平台等开展创业培训，并将农村创新创业带头人纳入创业培训重点对象，支持有意愿人员参加创业培训。符合条件的，按规定纳入职业培训补贴范围。

二、积极创新创业

农业农村领域创新创业是乡村振兴的重要动能。近年来，农村创新创业环境不断改善，涌现了一批农村创新创业带头人，成为引领乡村产业发展的重要力量。一大批饱含乡土情怀的农村创新创业带头人，具有超前眼光、充满创业激情、富有奉献精神，带动农村经济发展和农民就业增收。要引导有资金积累、技术专长、市场信息和经营头脑的返乡农民工在农村创新创业。

农业农村领域创新创业是一个系统工程，创业者既要有一定的创业资金和基本条件，又要有相应的技术专长和经营能力，既要有创业情怀、创业激情，又要周密规划、稳打稳扎。创业培训是培育劳动者创新精神、提高劳动者创业能力、实现个人发展和创造自身价值的重要途径，创业人员可以参加返乡创业培训行动计划、农村青年创业致富"领头雁"计划、贫困村创业致富带头人培训工程、农村妇女创业创新培训等创业培训项目，学习"创办和改善你的企业"（SIYB）、"创业模拟实训"等创业课程，提高创业的心理、管理、经营等素质，增强参与市场竞争和驾驭市场的应变能力，成功实现农业农村领域创新创业。

农业农村领域创新创业，应当结合自身优势和特长，根据市场需求和当地资源禀赋，利用新理念、新技术和新渠道，开发农业农村资源，发展优势特色产业，繁荣农村经济。返乡农民工，可以发展特色种植业、规模养殖业、加工流通业、乡村服务业、休闲旅游业、劳动密集型制造业；大中专毕业生、退役军人、科技人员等入乡创业，可以发挥自身专长，应用新技术、开发新产品、开拓新市场，引入智创、文创、农创，丰富乡村产业发展类型，带动更多农民学技术、闯市场、创品牌，提升乡村产业的层次水平；"田秀才""土专家""乡创客"等乡土人才，以及乡村工匠、文化能人、手工艺人等能工巧匠，可以创办家庭工场、手工作坊、乡村车间，创响"乡"字号、"土"字号乡土特色产品，保护传统手工艺，发掘乡村非物质文化遗产资源，带动农民就业增收。

农业农村领域创新创业，应当按照法律法规和政策规定，通过承包、租赁、入股、合作等多种形式土地流转发展规模经营，创办领办家庭农场林场、农民合作社、农业企业、农业社会化服务组织等新型农业经营主体。聘用管理技术人才组建创业团队，与其他经营主体合作组建现代企业、企业集团或产业联盟，共同开辟创业空间。通过发展农村电商平台，利用互联网思维和技术，实施"互联网＋"现代农业行动，开展网上创业。通过合作制、股份合作制、股份制等形式，培育产权清晰、利益共享、机制灵活的创业创新共同体。

农业农村领域创新创业，应当积极开发农业多种功能，按照全产业链、全价值链的现代产业组织方式，建立合理稳定的利益联结机制，推进农村一二三产业融合发展；以农牧（农林、农渔）结合、循环发展为导向，发展优质高效绿色农业；实行产加销一体化运作，延长农业产业链条；推进农业与旅游、教育、文化、健康养老等产业深度融合，提升农业价值链；引导返乡下乡人员创业创新向特色小城镇和产业园区等集中，培育产业集群和产业融合先导区。

三、发展现代农业

发展多种形式适度规模经营，培育新型农业经营主体，是增加农民收入、提高农业竞争力的有效途径，是建设现代农业的前进方向和必由之路。国家支持各类在乡、返乡、下乡人员按照法律法规和政策规定，通过承包、租赁、入股、合作等多种形式，创办领办家庭农场林场、农民合作社、农业企业、农业社会化服务组织等新型农业经营主体。发展特色种植业、规模养殖业、加工流通业、乡村服务业、休闲旅游业、劳动密集型制造业等，吸纳更多农村劳动力就地就近就业。应用新技术、开发新产品、开拓新市场，引入智创、文创、农创，丰富乡村产业发展类型，带动更多农民学技术、闯市场、创品牌，提升乡村产业的层次水平。

我国人多地少，各地农业资源禀赋条件差异很大，很多丘陵山区地块零散，不是短时间内能全面实行规模化经营，也不是所有地方都能实现集中连片规模经营。当前和今后很长一个时期，小农户家庭经营将是我国农业的主要经营方式。小农户是乡村发展和治理的基础，亿万农民群众是实施乡村振兴战略的主体。走出一条生产技术先进、经营规模适度、市场竞争力强、生态环境可持续的中国特色新型农业现代化道路，就是要在稳定家庭承包经营制度基础上，通过创新农业生产组织方式，以农民为主体发展现代农业和农业产业化经营，使组织起来的农民真正成为建设主体和受益主体，使现代农业发展的过程成为农民增收致富奔小康的过程。坚持以农民为主体，并不是说发展现代农业和农业产业化经营不需要引进和培育龙头企业，而是引导工商资本到乡村投资兴办农民参与度高、受益面广的乡村产业，支持发展适合规模化集约化经营的种养业。

坚持小农户家庭经营为基础与多种形式适度规模经营为引领相协调，坚持农业生产经营规模宜大则大、宜小则小，充分发挥小农户在乡村振兴中的作用，按照服务小农户、提高小农户、富裕小农户的要求，加快构建扶持小农户发展的政策体系，加强农业社会化服务，提高小农户生产经营能力，提升小农户组织化程度，改善小农户生产设施条件，拓宽小农户增收空间，维护小农户合法权益，促进传统小农户向现代小农户转变，让小农户共享改革发展成果，实现小农户与现代农业发展有机衔接，加快推进农业农村现代化。

四、建设文明乡风

乡村文明是中华文明史的主体，村庄是乡村文明的载体，耕读文明是我们的软实力。农民群众是文明乡风建设的主体，农民群众应当增强主人翁意识，有效发挥村民自治的重要作用，真正成为文明新风的制定者、执行者、评议者和受益者，做到自我管理、自我约束、自我提高。

共建共享乡风文明，要以习近平新时代中国特色社会主义思想为指导，坚定中国特色社会主义道路自信、理论自信、制度自信、文化自信，爱党爱国、向上向善、孝老爱亲、重义守信、勤俭持家；以社会主义核心价值观为引领，深化中国特色社会主义和中国梦学习教育，加强爱国主义教育和民族团结进步教育，树立进步的思想意识与道德观念；建好用好新时代文明实践站，形成文明、健康、科学、绿色的乡村社会生态。

共建共享乡风文明，要积极参与制定或修订村规民约，把喜事新办、丧事简办、弘扬孝道、尊老爱幼、扶残助残、和谐敦睦等内容纳入村规民约；以法律法规为依据，规范完善村规民约，确保制定过程、条文内容合法合规；要自觉遵守村规民约，对违背村规民约的行为规劝和批评。

共建共享乡风文明，要弘扬崇德向善、扶危济困、扶弱助残等传统美德，培育淳朴民风；开展好家风建设，传承传播优良家训；自觉推行移风易俗，抵制农村婚丧大操大办、高额彩礼、铺张浪费、厚葬薄养等不良习俗。

共建共享乡风文明，要在物质生活不断改善的同时，思想、文化、道德水平上不断得到提高，树立适应于农业农村现代化的思想境界、理念和意识，养成科学、合理、文明和健康的生活方式，不断地改变生活面貌，提高自身素质，形成崇尚文明、崇尚科学的社会良好风气，优化乡村文化的环境，以达到农村各项公共事业全面提升的效果。

五、参与乡村治理

村民自治是中国特色社会主义制度的重要内容，是乡村治理体系的主体。在新时代，面对乡村政治结构、经济结构、社会结构的深刻变革，乡村治理的经济基础、政治基础、社会基础及思想基础显著改变。构建乡村治理体系，关键是整合乡村治理资源，搭建参与平台，强化村民自治管理体系建设，进一步提升农民群众自我管理、自我服务水平。一是尊重农民的主体性，提升农民参与乡村治理的积极性。在乡村治理实践中，将农民群体的主体性权利置于乡村社会治理逻辑中，从农民的主体性需求出发改善当前乡村治理的困境，是确保国家与农民、农民与基层政权之良性互动关系的基本前提，也是构建乡村社会治理体系的必要条件。二是加强农村自治组织建设和管理。面对乡村公共空心化、农民个体化、社会组织松散化的困境，应当重视乡村社会中自下而上的内生性自治组织的培育，并通过自治组织的建设，来提升乡村社会的治理能力、重建乡村社会团结。在当前，重点是整合现代乡贤和宗族组织，凝聚乡民对于乡村社会的认同感和归属感，达到传统与现代的连接，重构乡村社会伦理，最终实现乡村治理和谐有序进行。三要培育社会组织，发挥社会组织的作用。要加大社会组织培育和管理体制改革力度，激活社会组织活力，发挥社会组织的群众动员优势，尤其在乡村基础设施建设、矛盾纠纷化解、公共服务等方面，发挥社会组织的作用，使社会组织能够成为乡村基层政府的有力帮手。

专栏

乡村振兴创新创业典型案例

2020 年 1 月，青岛田瑞集团董事长曲田桂被评为青岛市乡村振兴工作先进个人。这是一位长期扎根农村、立足农业，从生产养鸡设备起步，做大做强绿色生态养殖产业链，致富不忘乡亲，发挥产业优势带动脱贫攻坚，以实际行动投身乡村振兴的新时代农民企业家。

1986年，在改革开放的滚滚洪流中，出生于青岛市崂山脚下小山村的曲田桂，办起了养鸡笼网作坊，开启了艰苦创业之路。1993年，他承包了一家经营困难的养鸡场，走向养鸡生产和设备研制协调发展之路。20世纪初，曲田桂带领公司完成了从粗放型生产向集约型生产的变革，成功研发出具有自主知识产权的蛋鸡笼养设备，创立了国内领先的蛋鸡自动化养殖新模式。

针对传统养殖交叉污染、疫病频发、药物滥用等问题，曲田桂采用先进技术和人性化思维，不断改善养殖环境，与中国畜牧业协会签订无抗养殖承诺，率先践行"福利养殖"和"无抗养殖"理念。田瑞集团生产的鸡蛋，摆上奥运会、上合组织峰会这样高端会议的餐桌。他所生产的"田瑞鸡蛋"成为山东省知名农产品品牌、山东省著名商标。田瑞集团先后高标准完成了2008年奥运会、2018年上合组织青岛峰会、2019年中国海军70周年活动的畜产品专供保障任务，田瑞鸡场也被评为国家级标准化蛋鸡示范场，通过了ISO9001国际质量体系认证，为国家高新技术企业，逐步成为畜牧行业领航者。

作为一代农民，曲田桂虽然致富了，但他始终没有忘记父老乡亲，多年来，不断投身公益，以实际行动践行新时代农民的担当，先后与贫困村即墨区槐树沟村、店东村、广西隆林各族自治县水洞村签订了帮扶协议。曲田桂积极发挥产业优势，带动脱贫攻坚，与周边7 500余户农民签订玉米种植协议，以市场价110%的价格收购，每年收购玉米14 600吨，结算资金 2 920 万元，直接增收 292 万元；同时每年可消耗周边村庄废弃秸秆近 4 000 吨，帮助农民增收 230 多万元，增加就业 200 余人，拉动周边旅游服务行业增收 300 万元。

2020 年新冠肺炎疫情期间，曲田桂从正月初二开始始终坚守工作一线，分别向武汉及青岛市一线防疫人员捐助了鸡蛋 5 万枚，赢得了社会高度认可。在田瑞集团创立 33 周年之际，曲田桂满怀对政府、对社会、对员工的感恩，谈及未来的发展，将深入探索三产融合发展路径，打造现代高效农业新模式，做畜牧产业领航者。

第二章
新型农业经营主体与规模经营

　　改革开放以来，我国坚持和完善以家庭承包经营为基础，统分结合双层经营的农村基本经营制度，使农户获得充分的经营自主权，极大地调动农民的积极性，解放和发展了农村生产力。伴随我国工业化、信息化、城镇化和农业现代化进程，农村劳动力大量转移，农业物质技术装备水平不断提高，农户承包土地的经营权流转明显加快，出现了多种形式的适度规模经营，家庭农场、专业大户、农民专业合作社、农业产业化龙头企业、农业社会化服务组织等新型农业经营主体蓬勃发展。加快推进农业现代化，必须以发展多种形式的适度规模经营为核心，切实转变农业发展方式。

　　纵观德国、日本、美国等农业发达国家的经验，无不是通过农业的规模经营，以工厂化、企业化的方式推进农业现代化的发展。为此，必须提高农业生产的组织化水平，改变过去传统的一家一户家庭式生产经营方式，加快培育新型农业生产经营主体，大力发展多种形式的规模经营，以组织引导推动农业生产规模化、机械化、品牌化，进而实现农业的现代化。

　　新型农业经营主体是在坚持家庭承包经营基础上，按照市场化、专业化、规模化、集约化发展方向从事农业生产、经营和服务的市场主体，主要包括专业大户、家庭农场、农民专业合作社、农业产业化龙头企业和农业社会化服务组织。坚持和完善家庭承包经营，加快培育新型农业经营主体，发展农业适度规模经营是推动传统农业向现代农业转型升级的迫切要求和必然趋势。

专业大户。专业大户是以家庭为基本生产经营单位，以家庭成员为主要劳动力，从事种植、养殖业或其他与农业相关的经营服务达到一定规模，且具有较强经营管理能力的专业化农户。包括种植大户、养殖大户和农机大户等。

家庭农场。家庭农场以家庭成员为主要劳动力，以家庭为基本经营单元，从事农业规模化、标准化、集约化生产经营，是现代农业的主要经营方式。

农民专业合作社。是指在农村家庭承包经营基础上，农产品的生产经营者或者农业生产经营服务的提供者、利用者，自愿联合、民主管理的互助性经济组织。

农业产业化龙头企业。是指以农产品生产、加工或流通为主业，通过建立合同、合作、股份合作等利益联结方式直接与农户紧密联系，使农产品生产、加工、销售有机结合、相互促进，在规模和经营指标上达到规定标准并经全国农业产业化联席会议认定的农业企业。

农业社会化服务组织。是指着眼满足普通农户和新型农业经营主体的生产经营需要，立足服务农业生产产前、产中、产后全过程，开展专业化农业生产性服务的组织。通过统一服务连接千家万户，连片种植、规模饲养，形成服务型规模经营。

第一节　家庭农场

家庭农场是指以家庭为主投资和经营，以家庭成员为主要劳动力，以农业为主要收入来源，从事专业化、集约化、规模化、商品化农业生产的新型农业经营主体。家庭农场保留了农户家庭经营的内核，坚持了家庭经营的基础性地位，是引领农业适度规模经营、发展现代农业的有生力量。

一、创办家庭农场

以家庭或家庭成员为主要投资者和经营者，通过经营自有或租赁他人承包的耕地、林地、山地、滩涂、水域等，从事适度规模化、集约化、商品化农、林、牧、渔业生产经营的，可以依法登记为家庭农场。国家鼓励乡村本土能人、有返乡创业意愿和回报家乡愿望的外出农民工、优秀农村生源大中专毕业生以及科技人员等人才创办家庭农场。

家庭农场申请登记应符合相应的条件，以家庭成员为主要劳动力或生产经营者；以农业收入为家庭收入主要来源；经营规模相对稳定，土地承包或流转合同期限应在 5 年以上，土地经营规模达到当地种植、养殖的适度规模要求。

创办家庭农场应当注册登记。家庭农场可以依法登记为个体工商户、个人独资企业、合资企业、公司等，申请人可以根据自己的条件和愿景自愿选择组织形式，按照相应组织形式要求的注册条件、提交文件和程序办理设立登记。可通过在线政务服务平台或当地行政审批服务大厅办理。

二、争创示范家庭农场

当前我国家庭农场仍处于发展阶段，运行质量不高、带动能力不强，还面临政策体系不健全、管理制度不规范、服务体系不完善等问题。县级以上农业农村主管部门组织实施示范家庭农场创建活动，就是要加快培育出一大批规模适度、生产集约、管理先进、效益明显的家庭农场。家庭农场创办者应当树立诚信守法、规范经营理念，积极参与县级、市级、省级示范家庭农场的创建活动，在发展适度规模经营、应用先进技术、实施标准化生产、纵向延伸农业产业链价值链以及带动小农户发展等方面发挥示范作用。各级农业农村主管部门组织开展示范家庭农场创建会制定相应的条件标准和申报程序，家庭农场经营管理应朝着以下标准和要求努力。

（一）基本要求

1. 主体规范　完成工商登记，依法开展经营活动，无违法不良记录；未被工商行政管理（市场监管）部门列入异常名录或异常状态。

2. 场所齐备　种植、养殖等产地环境良好，相对集中，布局合理，符合相关规定。经营土地规模相对稳定，租期或承包期在 5 年以上（含 5 年）。有必要的厂房场地和办公设备，有独立的银行账户，有醒目的家庭农场标识。

3. 设施配套　有基本的生产配套设施和必要的生产机械。废弃物处理设施齐全，污染物排放达到环保要求。

4. 人员素质高　主要经营者接受过农业技能培训或新型职业农民培训，掌握所从事农业产业较先进的生产、管理技能，熟悉并能运用现代信息技术提高经营管理水平。

（二）生产管理

1. 生产组织标准化　按照国家、行业规定的质量标准和生产技术规程组织生产，标准化生产率达到 100%。建立生产记录制度，实现产地准出、原产地可追溯。无生产或产品质量安全事故、行业通报批评、媒体曝光问题等不良记录。在省级农产品质量监测中，产品合格率 100%。

2. 生产过程机械化　通过自有设备或与农业社会化服务组织建立稳定的协作关系，基本实现主要生产环节机械化，生产手段达到该领域的先进水平。

3. 主要产品品牌化　主要产品通过绿色食品、有机农产品或农产品地理标志认证。所销售产品实行品牌化经营，鼓励拥有注册商标。

4. 产品销售订单化　市场营销手段和方法便捷有效，纳入了农商、农超、农社对接等营销网络，产品销售渠道稳定，基本实现了生产与销售订单化。

（三）生产规模

符合当地政府部门规定的适度规模经营标准，可参考以下标准。

1. 种植业　从事大田种植的，粮食作物种植面积 100～500 亩（果树、茶叶、观光园、采摘园在 100 亩左右）；从事设施种植的，连片面积在 50 亩以上。

2. 畜牧业　生猪年出栏达到 500 头以上，或能繁母猪 30 头以上；羊年出栏达到 500 只以上，或能繁母羊 50 只以上；肉牛年出栏达到 100 头以上，或能繁母牛 20 头以上，奶牛年存栏 50 头以上；肉禽年出栏 10 万羽以上，蛋禽年存栏 1 万羽以上；兔年出栏 15 万只以上，或存栏母兔 500 只以上；貂狐貉等特种养殖年出栏 1 500 只以上，或存栏母畜 500 只以上；蜂 100 箱以上；其他特色养殖的，年收入 20 万元以上。

3. 种养结合　主要产业规模达到上述标准下限的 70% 以上。

（四）生产效益

1. 经济效益好　亩均产量高于本县（市、区）平均产量 10% 以上，或年人均纯收入高于本县（市、区）农民人均纯收入 30% 以上。

2. 带动能力强　在科技运用、农业装备、生产技能、经营模式、管理水平等方面对周边农户具有较强的示范效应，并带动当地农民增收。

3. 生态效益好　按照绿色生态、循环高效的原则开展生产经营活动，生产过程严格按标准使用农业投入品，规范使用化肥、农药，农业资源利用率高，农业废弃物实行无害化处理，农业生态环境良好，农业可持续发展能力强。

三、家庭农场培育计划

为了切实发挥家庭农场引领农业适度规模经营、发展现代农业的作用，2019 年 8 月中央农村工作领导小组办公室、农业农村部、国家发展改革委、财政部等部门和单位联合印发《关于实施家庭农场培育计划的指导意见》，加快培育规模适度、生产集约、管理先进、效益明显的家庭农场。

（一）完善登记和名录管理制度

1. 合理确定经营规模 以县（市、区）为单位，综合考虑当地资源条件、行业特征、农产品品种特点等，引导本地区家庭农场适度规模经营，取得最佳规模效益。把符合条件的种养大户、专业大户纳入家庭农场范围。

2. 优化登记注册服务 市场监管部门加强指导，提供优质高效的登记注册服务，按照自愿原则依法开展家庭农场登记。建立市场监管部门与农业农村部门家庭农场数据信息共享机制。

3. 健全家庭农场名录系统 完善家庭农场名录信息，把农林牧渔等各类家庭农场纳入名录并动态更新，逐步规范数据采集、示范评定、运行分析等工作，为指导家庭农场发展提供支持和服务。

（二）强化示范创建引领

1. 加强示范家庭农场创建 各地要按照"自愿申报、择优推荐、逐级审核、动态管理"的原则，健全工作机制，开展示范家庭农场创建，引导其在发展适度规模经营、应用先进技术、实施标准化生产、纵向延伸农业产业链价值链以及带动小农户发展等方面发挥示范作用。

2. 开展家庭农场示范县创建 依托乡村振兴示范县、农业绿色发展先行区、现代农业示范区等，支持有条件的地方开展家庭农场示范县创建，探索系统推进家庭农场发展的政策体系和工作机制，促进家庭农场培育工作整县推进，整体提升家庭农场发展水平。

3. 强化典型引领带动 及时总结推广各地培育家庭农场的

好经验好模式，按照可学习、易推广、能复制的要求，树立一批家庭农场发展范例。鼓励各地结合实际发展种养结合、生态循环、机农一体、产业融合等多种模式和农林牧渔等多种类型的家庭农场。按照国家有关规定，对为家庭农场发展作出突出贡献的单位、个人进行表彰。

4. 鼓励各类人才创办家庭农场 总结各地经验，鼓励乡村本土能人、有返乡创业意愿和回报家乡愿望的外出农民工、优秀农村生源大中专毕业生以及科技人员等人才创办家庭农场。实施青年农场主培养计划，对青年农场主进行重点培养和创业支持。

5. 积极引导家庭农场发展合作经营 积极引导家庭农场领办或加入农民合作社，开展统一生产经营。探索推广家庭农场与龙头企业、社会化服务组织的合作方式，创新利益联结机制。鼓励组建家庭农场协会或联盟。

（三）建立健全政策支持体系

1. 依法保障家庭农场土地经营权 健全土地经营权流转服务体系，鼓励土地经营权有序向家庭农场流转。推广使用统一土地流转合同示范文本。健全县乡两级土地流转服务平台，做好政策咨询、信息发布、价格评估、合同签订等服务工作。健全纠纷调解仲裁体系，有效化解土地流转纠纷。依法保护土地流转双方权利，引导土地流转双方合理确定租金水平，稳定土地流转关系，有效防范家庭农场租地风险。家庭农场通过流转取得的土地经营权，经承包方书面同意并向发包方备案，可以向金融机构融资担保。

2. 加强基础设施建设 鼓励家庭农场参与粮食生产功能区、重要农产品生产保护区、特色农产品优势区和现代农业产业园建设。支持家庭农场开展农产品产地初加工、精深加工、主食加工和综合利用加工，自建或与其他农业经营主体共建集中育秧、仓储、烘干、晾晒以及保鲜库、冷链运输、农机库棚、畜禽养殖等农业设施，开展田头市场建设。支持家庭农场参与高标准农田建设，促进集中连片经营。

3. 健全面向家庭农场的社会化服务 公益性服务机构要把家庭农场作为重点，提供技术推广、质量检测检验、疫病防控等公益性服务。鼓励农业科研人员、农技推广人员通过技术培训、定向帮扶等方式，为家庭农场提供先进适用技术。支持各类社会化服务组织为家庭农场提供耕种防收等生产性服务。鼓励和支持供销合作社发挥自身组织优势，通过多种形式服务家庭农场。探索发展农业专业化人力资源中介服务组织，解决家庭农场临时性用工需求。

4. 健全家庭农场经营者培训制度 国家和省级农业农村部门要编制培训规划，县级农业农村部门要制定培训计划，使家庭农场经营者至少每三年轮训一次。在农村实用人才带头人等相关涉农培训中加大对家庭农场经营者培训力度。支持各地依托涉农院校和科研院所、农业产业化龙头企业、各类农业科技和产业园区等，采取田间学校等形式开展培训。

5. 强化用地保障 利用规划和标准引导家庭农场发展设施农业。鼓励各地通过多种方式加大对家庭农场建设仓储、晾晒场、保鲜库、农机库棚等设施用地支持。坚决查处违法违规在耕地上进行非农建设的行为。

6. 完善和落实财政税收政策 鼓励有条件的地方通过现有渠道安排资金，采取以奖代补等方式，积极扶持家庭农场发展，扩大家庭农场受益面。支持符合条件的家庭农场作为项目申报和实施主体参与涉农项目建设。支持家庭农场开展绿色食品、有机食品、地理标志农产品认证和品牌建设。对符合条件的家庭农场给予农业用水精准补贴和节水奖励。家庭农场生产经营活动按照规定享受相应的农业和小微企业减免税收政策。

7. 加强金融保险服务 鼓励金融机构针对家庭农场开发专

门的信贷产品，在商业可持续的基础上优化贷款审批流程，合理确定贷款的额度、利率和期限，拓宽抵质押物范围。开展家庭农场信用等级评价工作，鼓励金融机构对资信良好、资金周转量大的家庭农场发放信用贷款。全国农业信贷担保体系要在加强风险防控的前提下，加快对家庭农场的业务覆盖，增强家庭农场贷款的可得性。继续实施农业大灾保险、三大粮食作物完全成本保险和收入保险试点，探索开展中央财政对地方特色优势农产品保险以奖代补政策试点，有效满足家庭农场的风险保障需求。鼓励开展家庭农场综合保险试点。

8. 支持发展"互联网＋"家庭农场 提升家庭农场经营者互联网应用水平，推动电子商务平台通过降低入驻和促销费用等方式，支持家庭农场发展农村电子商务。鼓励市场主体开发适用的数据产品，为家庭农场提供专业化、精准化的信息服务。鼓励发展互联网云农场等模式，帮助家庭农场合理安排生产计划、优化配置生产要素。

9. 探索适合家庭农场的社会保障政策 鼓励有条件的地方引导家庭农场经营者参加城镇职工社会保险。有条件的地方可开展对自愿退出土地承包经营权的老年农民给予养老补助试点。

专栏

家庭农场典型案例

（一）即墨区地平线家庭农场

地平线家庭农场地处即墨区移风店镇，大沽河畔，这里水质甘醇，土地肥沃，是青岛优质蔬菜示范区。农场于2013年7月29日经工商部门注册，现有土地128亩，全部用于蔬菜种植和育苗加工。场所齐备，设施配套，主要以种植大白菜、甘蓝、芸豆、黄瓜、番茄为主；露天菜70亩，以马铃薯、大葱、白菜为主，年产蔬菜近100万千克。

农场现有家庭成员4人，掌握较先进的生产、管理技能，并能运用现代信息技术提高经营管理水平，生产经营规范，农忙时请人帮忙。办公区域200米^2，配备计算机、传真机等现代办公设备。经常聘请农业专家指导科学种菜，合理安排茬口，在蔬菜种植过程中严格按照绿色蔬菜生产操作规程进行生产，生产上采用秸秆生物反应堆技术等，增施有机肥，减少农药使用量，生产规范、安全，产品达到了绿色标准。并与荷兰瑞克斯旺、北京大象食品有限公司等建立产销关系，生产的蔬菜非常畅销。农场注重引进新品种、新技术、新农艺，通过试验取得了较好的收益，起到了较好的示范作用。通过农场的技术和品种传播，引导带动周边600多个种植户改用新品种，提高了菜农的积极性，促进了农民增收致富。

(二) 青岛海青龙泰茗家庭农场

青岛海青龙泰茗家庭农场成立于2015年，位于西海岸新区海青镇。法人代表李俊龙，2014年被评为海青镇"十佳致富带头人"，2015年被评为"青岛西海岸新区首批优秀青年科技人才"，2016年被评为青岛市"乡村之星"，2017年被评为山东省"齐鲁乡村之星"，是2018年度"全国百名杰出新型职业农民"资助项目人选，2020年被青岛市委市政府评为"乡村振兴工作先进个人"。

龙泰茗家庭农场年收购茶鲜叶5万千克，加工干茶1万千克，年销售收入200万元，辐射带动周边1000多位茶农，为茶农增收150万元，并帮扶周围村庄的贫困户种植茶叶，免费提供种子、技术，优先收购贫困户的茶鲜叶，带动帮助董家洼村、海青村、垧里村等30余贫困户脱贫致富。

李俊龙认为扶贫先扶智，要想永久脱贫，必须从思想上、技术上扶贫，让他们有勤劳致富的决心和技术。于是，在西海岸新区农村经济发展局的指导下，他创建了青岛龙泰茗茶叶专业合作社农民田间学校，聘请专家教授为农民上课，已连续举办了茶叶栽培加工技术培训、蔬菜及果树栽培管理技术培训、农药使用人员及农产品质量监管人员培训等培训班，培训人员 500 多名，为农民输送知识的口粮，使他们致富的思想得到了解放和充实，提高了技术并增加了收入。

下一步要继续搞好园区生态建设，使树绿茶盛花香水清，以园区生态建设带旅游，让旅游促销售，以生态建设保品质，靠品质打品牌，让消费者来到园区看茶舒心、采茶开心、品茶放心。要在园区建设面积达 1 500 米^2 的茶叶加工厂，增设红茶、绿茶两条自动化加工生产设备，使茶叶加工清洁化、不落地化、机械化、自动化。还要聘请专家进行企业形象和品牌策划，开好市区实体店，做好网上销售。

第二节 农民专业合作社

农民专业合作社，是指在农村家庭承包经营基础上，农产品的生产经营者或者农业生产经营服务的提供者、利用者，自愿联合、民主管理的互助性经济组织。农民专业合作社作为重要的新型农业生产经营主体和服务主体，既涉及农民的经济利益和民主权利，又关系到农业现代化建设、农村经济发展和社会稳定。2006 年《中华人民共和国农民专业合作社法》颁布，2017 年进行了修订。农民专业合作社在农业农村经济发展中发挥着重要作用。

一、创办农民专业合作社

农民专业合作社通过服务将原本分散经营的农户组织起来，

把生产同类产品的产前、产中、产后的相关环节链接起来，形成规模经济效应，解决千家万户生产与千变万化市场的有效对接问题。《农民专业合作社法》以法律形式对农民合作社进行了界定、规范，为农民专业合作社提供支持和服务。根据《农民专业合作社登记管理条例》，农民专业合作社应当经登记机关依法登记，取得农民专业合作社法人营业执照，并取得法人资格。

（一）设立条件

设立农民专业合作社，应当具备下列条件：

（1）有五名以上符合法律规定的成员。

（2）有符合本法规定的章程。

（3）有符合本法规定的组织机构。

（4）有符合法律、行政法规规定的名称和章程确定的住所。

（5）有符合章程规定的成员出资。

（二）设立文件

申请设立农民专业合作社，应当由全体设立人指定的代表或者委托的代理人向登记机关提交下列文件：

（1）设立登记申请书。

（2）全体设立人签名、盖章的设立大会纪要。

（3）全体设立人签名、盖章的章程。

（4）法定代表人、理事的任职文件和身份证明。

（5）载明成员的姓名或者名称、出资方式、出资额以及成员出资总额，并经全体出资成员签名、盖章予以确认的出资清单。

（6）载明成员的姓名或者名称、居民身份证号码或者登记证书号码和住所的成员名册，以及成员身份证明。

（7）能够证明农民专业合作社对其住所享有使用权的住所使用证明。

（8）全体设立人指定代表或者委托代理人的证明。

（三）注册登记

办理农民专业合作社注册登记，可以通过所在地行政审批服务大厅窗口办理，也可以通过电子政务网上服务平台办理。

二、创建农民专业合作社示范社

为了引导支持农民专业合作社加强内部制度建设，夯实产业发展基础，提高产品质量水平，增强市场竞争能力，促进农业稳定发展农民持续增收，我国依托部、省、市、县四级平台开展农民专业合作社示范社建设行动。

根据《国家农民合作社示范社评定及监测办法》，申报国家农民合作社示范社的农民合作社应当遵守法律法规，原则上应是省级示范社，并符合以下标准：

（一）依法登记设立

（1）依照《中华人民共和国农民专业合作社法》登记设立，运行 2 年以上。

（2）有固定的办公场所和独立的银行账号。

（3）根据本社实际情况并参照农业农村部《农民专业合作社示范章程》《农民专业合作社联合社示范章程》，制订本社章程。

（二）实行民主管理

（1）成员（代表）大会、理事会、监事会等组织机构健全，运转有效。依法设立成员代表大会的，成员代表人数一般为成员总人数的 10％，最低人数为 51 人。

（2）有完善的财务管理、社务公开、议事决策记录等制度。

（3）每年至少召开一次成员大会并对所议事项的决定作成会议记录，所有出席成员在会议记录上签名。

（4）成员大会选举和表决实行一人一票制；采取一人一票制加附加表决权办法的，附加表决权总票数不超过本社成员基本表决权总票数的 20％。

（三）财务管理规范

（1）配备必要的会计人员，按照财政部制定的相关财务会计制度规定，设置会计账簿，编制会计报表，或委托有关代理记账机构代理记账、核算。财务会计人员不得兼任监事。农民用水合作组织制定明确的水费征收和使用管理制度，资金、经营管理规范，用水经费使用公开透明。

（2）成员账户健全，成员的出资额、公积金量化份额、与本社的交易量（额）和返还盈余等记录准确清楚。

（3）可分配盈余主要按照成员与本社的交易量（额）比例返还，返还总额不低于可分配盈余的60％。

（4）国家财政直接补助形成的财产平均量化到成员账户。

（四）经济实力较强

（1）出资总额。农民合作社成员出资总额100万元以上，联合社成员出资总额300万元以上。

（2）固定资产。农民合作社固定资产为东部地区150万元以上，中部地区100万元以上，西部地区50万元以上；联合社固定资产为东部地区400万元以上，中部地区300万元以上，西部地区100万元以上。

（3）年经营收入。农民合作社年经营收入为东部地区400万元以上，中部地区300万元以上，西部地区150万元以上；联合社年经营收入为东部地区700万元以上，中部地区500万元以上，西部地区300万元以上。林业合作社以近两年经营收入的平均数计算年经营收入。

（4）农民用水合作组织规模。农民用水户达到100户以上，管理有效灌溉面积500亩以上。

（五）服务成效明显

（1）坚持服务成员的宗旨，农民成员占成员总数的80％以上。

（2）从事一般种养业合作社成员数量达到 100 人以上，从事特色农林种养业、牧民合作社的成员数量可适当放宽。企业、事业单位和社会组织成员不超过成员总数的 5%。联合社的成员社数量达到 5 个以上。

（3）农民用水合作组织在工程维护、分水配水、水费计收等方面成效明显，农业用水秩序良好。

（六）产品（服务）质量优

（1）实行标准化生产（服务），有生产（服务）技术操作规程，建立农产品生产记录，采用现代信息技术手段采集、留存生产（服务）记录、购销记录等生产经营（服务）信息。

（2）严格执行农药使用安全间隔期、兽药休药期等规定，生产的农产品符合农产品质量安全强制性标准等有关要求；鼓励农民合作社建立农产品质量安全追溯和食用农产品合格证等制度。

（七）社会声誉良好

（1）遵纪守法，社风清明，诚实守信，示范带动作用强。

（2）没有发生生产（质量）安全事故、生态破坏、环境污染、损害成员利益等严重事件，没有受到行业通报批评等造成不良社会影响，无不良信用记录，未涉及非法金融活动。

（3）按时报送年度报告并进行公示，没有被列入经营异常名录。

（4）没有被有关部门列入失信名单。

省、市、县农业农村主管部门会同有关部门分别制定省级、市级、县级示范社标准。农民合作社可以向所在地的县级农业农村主管部门及其他业务主管部门提出书面申请。创建农民专业合作社示范社，要着力加强规范化建设，提高民主管理水平；着力加强标准化生产，提高产品质量安全水平；着力加强品牌化建设，提高市场竞争能力。重点抓好以下工作：

一是加强规范化建设，建立健全内部规章制度，提高成员民主管理水平。农民专业合作社应当依法办社，按照法律规定实行民主选举、民主管理、民主决策、民主监督，结合实际建立健全成员（代表）大会、理事会、监事会等"三会"制度，充分保障全体成员对合作社内部各项事务的知情权、决策权、参与权和监督权，努力实现自我组建、自我管理、自我服务、自我受益的宗旨。农民专业合作社应当依章办事，按照《农民专业合作社示范章程》结合实际制定好本社章程，贯彻执行好章程的各项约定。农民专业合作社应当按照《农民专业合作社财务会计制度（试行）》规定，建立健全会计账簿、财务管理制度和盈余分配制度，为全体成员建立完整的个人账户，确保成员出资、公积金份额、与合作社交易情况、盈余分配等产权资料记录准确无误。引导农民专业合作社建立良好的内部积累和风险保障机制，保持资产状况良好，最大限度地增加成员收入。通过开展这一行动，切实提高成员民主管理水平，不断增强农民专业合作社可持续发展的内在活力。

二是加强标准化建设，建立健全农产品生产记录制度，提高农产品质量安全水平。农民专业合作社应当按照"有标采标、无标制标"的原则，率先实行标准化生产，严格遵守《中华人民共和国农产品质量安全法》和《中华人民共和国食品安全法》的规定，建立健全生产记录制度，统一质量安全标准和生产技术规程，统一农业投入品采购供应，统一产品和基地认证认定。对合作社成员开展农产品标准化生产和相关技术规程的培训，加强生产信息监管，使成员的标准化生产水平明显提高。全面提升产品质量安全水平，不断增强可持续发展的技术支撑能力。

三是加强品牌化建设，建立健全良好规范的信用管理制度，提高市场竞争能力。农民专业合作社应当遵守法律和行政法规、遵守社会公德和商业道德、诚实守信开展生产经营活动。建立健全规范的信用管理制度，树立诚信意识、风险意识和品牌意识，实施品牌化经营战略，加强品牌宣传和保护，以信誉和品牌赢得市场。

三、农民专业合作社联合社

农民专业合作社联合社是由三个以上的农民专业合作社，扩大生产经营和服务的规模，发展产业化经营，提高市场竞争力，在自愿的基础上出资设立的自愿联合、民主管理的互助性经济组织。

关于农民专业合作社联合社，《中华人民共和国农民专业合作社法》有以下规定：

（1）三个以上的农民专业合作社在自愿的基础上，可以出资设立农民专业合作社联合社。农民专业合作社联合社应当有自己的名称、组织机构和住所，由联合社全体成员制定并承认的章程，以及符合章程规定的成员出资。

（2）农民专业合作社联合社依照本法登记，取得法人资格，领取营业执照，登记类型为农民专业合作社联合社。

（3）农民专业合作社联合社以其全部财产对该社的债务承担责任；农民专业合作社联合社的成员以其出资额为限对农民专业合作社联合社承担责任。

（4）农民专业合作社联合社应当设立由全体成员参加的成员大会，其职权包括修改农民专业合作社联合社章程，选举和罢免农民专业合作社联合社理事长、理事和监事，决定农民专业合作社联合社的经营方案及盈余分配，决定对外投资和担保方案等重大事项；农民专业合作社联合社不设成员代表大会，可以根据需要设立理事会、监事会或者执行监事，理事长、理事应当由成员社选派的人员担任。

（5）农民专业合作社联合社的成员大会选举和表决，实行一社一票。

（6）农民专业合作社联合社可分配盈余的分配办法，按照本法规定的原则由农民专业合作社联合社章程规定。

（7）农民专业合作社联合社成员退社，应当在会计年度终了的六个月前以书面形式向理事会提出。退社成员的成员资格自会计年度终了时终止。

（8）本部分对农民专业合作社联合社没有规定的，适用于本法关于农民专业合作社的规定。

专栏

农民专业合作社典型案例

（一）青岛顺科农牧产销专业合作社

青岛顺科农牧产销专业合作社成立于2007年，是平度市第一家农民专业合作社。合作社成立以来，在"珍惜资源、保护环境"的发展方针指导下，将生态养殖与生态种植结合起来，按照"农产品废弃物—沼气—有机肥—绿色农产品"生产链的要求建立粪便、污水无害化处理设施，推动农业循环经济的发展。顺科牌胡萝卜、马铃薯、鸡蛋已通过中国绿色食品发展中心审核，被认定为绿色食品A级产品，2006年被评为"青岛市放心农产品""青岛市名牌农产品"。2008年顺科合作社通过青岛奥帆赛食品生产企业备案、山东出入境检验检疫局备案养殖场。2010年顺科鸡蛋被评为"青岛市名特优农产品"。2011年1月顺科鸡蛋在首届中国农产品品牌博览会上被评为"中国农产品品牌博览会优质农产品金奖"。2012年合作社被山东省工商局授予"山东省十佳外向型农民专业合作社"，被青岛市科学技术协会授予"青岛市科普示范基地"，被青岛农业大学合作社学院授予"产学研合作示范基地"，同年被中华人民共和国农业部授予"全国农民专业合作社示范社"称号。

（二）青岛旧店果品专业合作社

青岛旧店果品专业合作社成立于 2006 年，位于平度市旧店镇驻地，是集苹果种植、加工、贮藏、销售于一体的果品专业合作社。近年来合作社以生产标准化、产品品牌化、经营规模化和管理规范化为宗旨，加强合作社的自身建设，经营规模和经济实力不断壮大。合作社占地面积 17 020 米^2，共有 10 000 吨的果品冷藏保鲜库及加工车间仓库及配套设施等，拥有 2 400 亩绿色苹果生产基地、1 000 亩绿色食品苹果基地和 200 亩有机苹果基地，生产的苹果有早、中、晚熟 3 个系列 10 多个品种，主要品种有嘎啦、乔纳金、黄金帅、新红星、红富士等，年产绿色苹果、绿色食品苹果和有机苹果 13 000 余吨，苹果果形端正、色泽艳丽、甘爽多汁、香气浓郁。2007 年和 2008 年合作社生产的红富士苹果分别获评"青岛优质农产品""特优产品"称号和青岛市"一村一品"公信优质品牌食品。2009 年旧店苹果被农业部认证为绿色食品，同年获得了国家农产品地理标志保护认证，并于 2012 年 7 月被农业部评为"全国农民专业合作社示范社"，2015 年旧店苹果在第十三届中国国际农产品交易会上荣获金奖。

第三节　农业产业化龙头企业

农业产业化龙头企业（以下简称龙头企业）集成利用资本、技术、人才等生产要素，带动农户发展专业化、标准化、规模化、集约化生产，是构建现代农业产业体系的重要主体，是推进农业产业化经营的关键。我国实行农业产业化龙头企业认定制度，按照国家级、省级、市级、县级进行认定和运行监测管理。

一、国家重点龙头企业

国家重点龙头企业是指以农产品生产、加工或流通为主业，通过合同、合作、股份合作等利益联结方式直接与农户紧密联系，使农产品生产、加工和销售有机结合、相互促进，在规模和经营指标上达到规定标准并经全国农业产业化联席会议认定的农业企业。

申报国家重点龙头企业应符合以下基本标准：

1. 企业组织形式　依法设立的以农产品生产、加工或流通为主业、具有独立法人资格的企业。包括依照《公司法》设立的公司，其他形式的国有、集体、私营企业以及中外合资经营、中外合作经营、外商独资企业，直接在工商行政管理部门注册登记的农产品专业批发市场等。

2. 企业经营的产品　企业中农产品生产、加工、流通的销售收入（交易额）占总销售收入（总交易额）70％以上。

3. 生产、加工、流通企业规模　总资产规模：东部地区1.5亿元以上，中部地区1亿元以上，西部地区5 000万元以上。固定资产规模：东部地区5 000万元以上，中部地区3 000万元以上，西部地区2 000万元以上。年销售收入：东部地区2亿元以上，中部地区1.3亿元以上，西部地区6 000万元以上。

4. 农产品专业批发市场年交易规模　东部地区15亿元以上，中部地区10亿元以上，西部地区8亿元以上。

5. 企业效益　企业的总资产报酬率应高于现行一年期银行贷款基准利率；企业诚信守法经营，应按时发放工资、按时缴纳社会保险、按月计提固定资产折旧，无重大涉税违法行为，产销率达93％以上。

6. 企业负债与信用　企业资产负债率一般应低于60％；有银行贷款的企业，近2年内不得有不良信用记录。

7. 企业带动能力 鼓励龙头企业通过农民专业合作社、家庭农场等新型农业经营主体直接带动农户。通过建立合同、合作、股份合作等利益联结方式带动农户的数量一般应达到：东部地区4 000户以上，中部地区3 500户以上，西部地区1 500户以上。企业从事农产品生产、加工、流通过程中，通过合同、合作和股份合作方式从农民、新型农业经营主体或自建基地直接采购的原料或购进的货物占所需原料量或所销售货物量的70%以上。

8. 企业产品竞争力 在同行业中企业的产品质量、产品科技含量、新产品开发能力处于领先水平，企业有注册商标和品牌。产品符合国家产业政策、环保政策和绿色发展要求，并获得相关质量管理标准体系认证，近2年内没有发生产品质量安全事件。

9. 申报企业原则上是农业产业化省级重点龙头企业 符合对应要求的生产、加工、流通企业或农产品专业批发市场可以申报作为国家重点龙头企业。

国家重点龙头企业由申报企业直接向企业所在地的省（自治区、直辖市）农业产业化工作主管部门提出申请。省（自治区、直辖市）农业产业化工作主管部门对企业所报材料的真实性进行审核。省（自治区、直辖市）农业产业化工作主管部门充分征求农业、发改、财政、商务、人民银行、税务、证券监管、供销合作社等部门对申报企业的意见，形成会议纪要，并经省（自治区、直辖市）人民政府同意，按规定正式行文向农业农村部推荐，并附审核意见和相关材料。

国家重点龙头企业实行动态管理，每两年进行一次监测评估。监测合格的国家重点龙头企业，继续保留资格，享受有关优惠政策；监测不合格的，取消其国家重点龙头企业资格，不再享受有关优惠政策。

二、促进龙头企业发展

龙头企业对于提高农业组织化程度、加快转变农业发展方式、促进现代农业建设和农民就业增收具有十分重要的作用。为此，国家出台政策，加快发展农业产业化经营，做大做强龙头企业。

（一）加强标准化生产基地建设，保障农产品有效供给和质量安全

1. 强化基础设施建设 切实加大资金投入，强化龙头企业原料生产基地基础设施建设。支持符合条件的龙头企业开展中低产田改造、高标准基本农田、土地整治、粮食生产基地、标准化规模养殖基地等项目建设，切实改善生产设施条件。国家用于农业农村的生态环境等建设项目，要对符合条件的龙头企业原料生产基地予以适当支持。

2. 推动规模化集约化发展 支持龙头企业带动农户发展设施农业和规模养殖，开展多种形式的适度规模经营，充分发挥龙头企业示范引领作用。深入实施"一村一品"强村富民工程，支持专业示范村镇建设，为龙头企业提供优质、专用原料。支持符合条件的龙头企业申请"菜篮子"产品生产扶持资金。龙头企业直接用于或者服务于农业生产的设施用地，按农用地管理。鼓励龙头企业使用先进适用的农机具，提升农业机械化水平。

3. 实施标准化生产 龙头企业要大力推进标准化生产，建立健全投入品登记使用管理制度和生产操作规程，完善农产品质量安全全程控制和可追溯制度，提高农产品质量安全水平。鼓励龙头企业开展粮棉油糖示范基地、园艺作物标准园、畜禽养殖标准化示范场、水产健康养殖示范场等标准化生产基地建设。支持龙头企业开展质量管理体系和绿色食品、有机农产品认证。有关部门要建立健全农产品标准体系，鼓励龙头企业参与相关标准制订，推动行业健康有序发展。

（二）大力发展农产品加工，促进产业优化升级

1. 改善加工设施装备条件 鼓励龙头企业引进先进适用的生产加工设备，改造升级贮藏、保鲜、烘干、清选分级、包装等设施装备。对龙头企业符合条件的固定资产，按照法律法规规定，缩短折旧年限或者采取加速折旧的方法折旧。对龙头企业从事国家鼓励发展的农产品加工项目且进口具有国际先进水平的自用设备，在现行规定范围内免征进口关税。对龙头企业购置符合条件的环境保护、节能节水等专用设备，依法享受相关税收优惠政策。对龙头企业带动农户与农民专业合作社进行产地农产品初加工的设施建设和设备购置给予扶持。

2. 统筹协调发展农产品加工 鼓励龙头企业合理发展农产品精深加工，延长产业链条，提高产品附加值。在确保口粮、饲料用粮和种子用粮的前提下，适度发展粮食深加工。认真落实国家有关农产品初加工企业所得税优惠政策。保障龙头企业开展农产品加工的合理用地需求。

3. 发展农业循环经济 支持龙头企业以农林剩余物为原料的综合利用和开展农林废弃物资源化利用、节能、节水等项目建设，积极发展循环经济。研发和应用餐厨废弃物安全资源化利用技术。加大对畜禽粪便集中处理使之资源化的力度，发挥龙头企业在构建循环经济产业链中的作用。

（三）创新流通方式，完善农产品市场体系

1. 强化市场营销 支持大型农产品批发市场改造升级，鼓励和引导龙头企业参与农产品交易公共信息平台、现代物流中心建设，支持龙头企业建立健全农产品营销网络，促进高效畅通安全的现代流通体系建设。大力发展农超对接，积极开展直营直供。支持龙头企业参加各种形式的展示展销活动，促进产销有效对接。规范和降低超市和集贸市场收费，落实鲜活农产品运输"绿色通道"政策，结合实际完善适用品种范围，降低农产品物

流成本。铁道、交通运输部门要优先安排龙头企业大宗农产品和种子等农业生产资料运输。

2. 发展新型流通业态　鼓励龙头企业大力发展连锁店、直营店、配送中心和电子商务，研发和应用农产品物联网，推广流通标准化，提高流通效率。支持龙头企业改善农产品贮藏、加工、运输和配送等冷链设施与设备。支持符合条件的国家和省级重点龙头企业承担重要农产品收储业务。探索发展生猪等大宗农产品期货市场。鼓励龙头企业利用农产品期货市场开展套期保值，进行风险管理。

3. 加强品牌建设　鼓励和引导龙头企业创建知名品牌，提高企业竞争力。支持龙头企业申报和推介驰名商标、名牌产品、原产地标记、农产品地理标志，并给予适当奖励。整合同区域、同类产品的不同品牌，加强区域品牌的宣传和保护，严厉打击仿冒伪造品牌行为。

（四）推动龙头企业集聚，增强区域经济发展实力

1. 培育壮大龙头企业　龙头企业要完善法人治理结构，建立现代企业制度。落实《国务院关于促进企业兼并重组的意见》（国发〔2010〕27号）的相关优惠政策，支持龙头企业通过兼并、重组、收购、控股等方式，组建大型企业集团。支持符合条件的国家重点龙头企业上市融资、发行债券、在境外发行股票并上市，增强企业发展实力。积极有效利用外资，在符合世贸组织规则前提下加强对外商投资的管理，按照《国务院办公厅关于建立外国投资者并购境内企业安全审查制度的通知》（国办发〔2011〕6号）的规定，对外资并购境内龙头企业做好安全审查。

2. 推动龙头企业集群发展　积极创建农业产业化示范基地，支持农业产业化示范基地开展物流信息、质量检验检测等公共服务平台建设。引导龙头企业向优势产区集中，推动企业集群集聚，培育壮大区域主导产业，增强区域经济发展实力。

（五）加快技术创新，增强农业整体竞争力

1. 提高技术创新能力　鼓励龙头企业加大科技投入，建立研发机构，加强与科研院所和大专院校合作，培育一批市场竞争力强的科技型龙头企业。通过国家科技计划和专项等支持龙头企业开展农产品加工关键和共性技术研发。鼓励龙头企业开展新品种新技术新工艺研发，落实自主创新的各项税收优惠政策。鼓励龙头企业引进国外先进技术和设备，消化吸收关键技术和核心工艺，开展集成创新。发挥龙头企业在现代农业产业技术体系、国家农产品加工技术研发体系中的主体作用，承担相应创新和推广项目。

2. 加强技术推广应用　为龙头企业搭建技术转让和推广应用平台。农业技术推广机构要积极为龙头企业开展技术服务，引导龙头企业为农民开展技术指导、技术培训等服务。各类农业技术推广项目要将龙头企业作为重要的实施主体。

3. 强化人才培养　培养一大批具有世界眼光、经营管理水平高、熟悉农业产业政策、热心服务"三农"的新型龙头企业家。鼓励龙头企业采取多种形式培养业务骨干，积极引进高层次人才。加强对龙头企业经营管理和生产基地服务人员的培训。鼓励和引导高校毕业生到龙头企业就业。

（六）完善利益联结机制，带动农户增收致富

1. 大力发展订单农业　龙头企业要在平等互利的基础上，与农户、农民专业合作社签订农产品购销合同，协商合理的收购价格，确定合同收购底价，形成稳定的购销关系。规范合同文本，明确双方权责关系。要加强对订单农业的监管与服务，强化企业与农户的诚信意识，切实履行合同约定。鼓励龙头企业采取承贷承还、信贷担保等方式，缓解生产基地农户资金困难。鼓励龙头企业资助订单农户参加农业保险。支持龙头企业与农户建立风险保障机制，对龙头企业提取的风险保障金在实际发生支出时，依法在计算企业所得税前扣除。

2. 引导龙头企业与合作组织有效对接　引导龙头企业创办或领办各类专业合作组织，支持农民专业合作社和农户入股龙头企业，支持农民专业合作社兴办龙头企业，实现龙头企业与农民专业合作社深度融合。鼓励龙头企业采取股份分红、利润返还等形式，将加工、销售环节的部分收益让利给农户，共享农业产业化发展成果。

3. 开展社会化服务　充分发挥龙头企业在构建新型农业社会化服务体系中的重要作用，支持龙头企业围绕产前、产中、产后各环节，为基地农户积极开展农资供应、农机作业、技术指导、疫病防治、市场信息、产品营销等各类服务。

4. 强化社会责任意识　逐步建立龙头企业社会责任报告制度。龙头企业要依法经营，诚实守信，自觉维护市场秩序，保障农产品供应。强化生产全过程管理，确保产品质量安全。积极稳定农民工就业，大力开展农民工培训，引导企业建立人性化企业文化和营造良好的工作生活环境，保障农民工合法权益。加强节能减排，保护资源环境。积极参与农村教育、文化、卫生、基础设施等公益事业建设。龙头企业用于公益事业的捐赠支出，对符合法律法规规定的，在计算企业所得税前扣除。

专栏

龙头企业典型案例

（一）青岛九联集团股份有限公司

青岛九联集团股份有限公司位于山东省青岛市莱西市，是一个集种禽繁育、肉鸡养殖、饲料生产、屠宰冷藏、熟食品加工、印刷包装、出口贸易为一体的国家大型肉食鸡专业化一条龙生产企业，国家级农业产业化重点龙头企业。青岛九联集团下辖100多个生产企业，总资产75亿元，员工8 000余人。

九联集团自创建以来，秉承"为人类贡献安全健康食品，为员工幸福而不懈努力"的宗旨，在肉鸡养殖出现反复波动的情况下，始终坚持"肉鸡专业化生产不动摇、食品安全从源头抓起不动摇、走产品深加工道路不动摇"的原则，不断推进科技创新，狠抓产品质量源头控制和标准化建设，形成了以肉鸡养殖、鸡肉加工为核心，配套完善的产业链。

公司拥有父母代种鸡场23座，存栏肉种鸡158万套；孵化场1座，年孵化能力2亿只；饲料加工厂4座，年饲料加工能力80万吨。2001开始引进国际先进的自动化养殖生产线，率先全面建设了规模化、全封闭管理、与自属善宰厂完全配套的自养肉食鸡饲养基地。这一规模化、标准化、自养自宰的生产模式被青岛市政府命名为"九联模式"，并在全国进行推广，极大地推动了中国肉鸡业的快速发展。公司目前建有规模化、标准现代化肉鸡养殖场76座、1000余栋鸡舍，年出栏商品肉鸡1.8亿只，是中国主要的现代化肉鸡养殖基地、出口备案基地和优质鸡肉原料供应基地。

九联集团拥有肉鸡善宰加工厂3座，年善宰肉鸡1.8亿只，生产鸡肉产品40万吨；鸡肉熟食制品加工厂5座，年加工熟食制品10万吨。公司不断加大设备投入，近年来已先后投资10亿元，引进国际先进的肉鸡善宰加工流水线和熟食加工流水线。2019年，出口鸡肉熟食产品3.65万吨，出口创汇1.31亿美元，占全国对日、欧出口总量的近四分之一，连续十二年稳居全国首位。

2011年9月29日青岛九联集团与广西钦州市钦北区正式签署协议，建设肉食鸡养殖加工一条龙生产企业；2013年8月9日又在广东梅州兴宁市投资建立广东九联禽业养殖有限公司和广东三丰禽业食品有限公司。广西钦州九联和广东九联于 2015 年上半年相继正式投产，并于 2016 年末实现了产品供应中国香港，并销往南非、东南亚多个国家，标志着九联集团立足青岛向"沿海布局、沿江发展"战略迈出了坚实的一步。

九联集团以良好的企业信誉和卓越的产品质量，赢得了国内外官方的高度认可，同时也赢得了国内外客户和消费者的高度青睐。公司先后获得了出口日本、欧盟、美国、加拿大、智利、俄罗斯、南非、阿联酋、韩国、马来西亚、蒙古等国家和地区的注册认证，并与以上国家和地区的客户建立了稳定的业务关系。国内销售网络已辐射一百多个大中城市，与铭基食品、河南双汇、烟台中宠、上海大江等国内优秀的快餐公司、食品加工企业、超市、高校以及苏食集团五百多家优质经销商建立了良好的业务合作关系。随着国内外市场的深入拓展，公司一手抓产品质量，一手抓市场拓展和服务快速响应体系的建设，良好的产品质量和产品的安全保障赢得了广大消费者的赞誉。

公司先后获得过"农业产业化国家重点龙头企业""守合同重信用企业""中国 AAA 级信用企业""中国白羽肉鸡企业 20 强""中国轻工业百强企业""全国食品行业肉制品十强企业""国际农产品（鸡肉）产业化创新示范基地""中国肉类食品强势企业""中国畜牧业先进企业""中国民营企业 500 强""中国民营企业制造业 500 强""山东省质量诚信企业""山东省畜牧业发展最具影响力企业"等荣誉称号。九联牌鸡肉分割和调理食品荣获"山东清真食品行业十大品牌""中国名牌农产品""中国名牌"。"九联"商标被评为"中国驰名商标"。2018 年 6 月被指定为上海合作组织青岛峰会畜产品专供基地。2019 年，九联集团获得"海军节农产品专供基地""山东农业产业领军民营企业 10 强""民族团结进步先进集体""山东肉类好食材专供企业""第二届青年运动会运动员村优秀食材供应基地"等荣誉称号。

九联集团将进一步探索在肉鸡养殖、饲料加工、善宰冷藏、熟食品加工等方面的成功经验，真正实现"为人类贡献安全健康食品"的庄严承诺！

（二）青岛浩丰食品集团有限公司

青岛浩丰食品集团有限公司成立于 2006 年，是农业产业化国家重点龙头企业、美国联合新鲜产品协会会员。由青岛凯丰创新控股集团有限公司投资，并获得香港咏信注资。浩丰集团全面致力于现代农业科技研究、现代农产品生产基地建设、现代农业栽培模式构建、现代农产品加工技术研发与国内外产品销售。总部设在山东省青岛市莱西市，下设有 10 家国内分支机构。集团总部建筑面积 9 万米^2，主要产品为鲜切即食蔬菜、包装保鲜蔬菜水果及热厨系列产品，内外销比例约为 6∶4。可为农场、合作社等传统农业生产机构提供产、销一站式智慧数字农业升级方案。

1. 基地建设情况 目前浩丰集团在山东、上海、福建、河北等地建立了 12 处总面积 2 万余亩的自有基地，同时与农村合作社、家庭农场、种植大户等新型农业经营主体合作，建立协议合作基地 8 万余亩，带动 60 名创业老板、1 万多名农户从事标准化农业生产，助力 10 万多人共同致富。

利用基地所处经纬度的不同以及得天独厚的海拔优势，浩丰集团实现了多品种蔬菜 365 天周年均衡稳定供应，赢得了两大国际快餐巨头在中国 60% 的结球莴苣市场份额，成为美国百胜等数十家世界五百强企业在中国的合作伙伴。

浩丰集团旗下所有基地全部通过 GLOBALGAP 认证，企业通过 ISO9001 国际质量体系和 HACCP 认证。2008 年，浩丰基地成为北京奥运会、残奥会蔬菜专供基地，100％保质保量按时完成供应任务，受到北京奥组委的表彰。2012 年 5 月，浩丰被第三届亚洲沙滩运动会组委会指定为唯一蔬果供应商，并圆满完成任务，受到了组委会表彰。2018 年 6 月，浩丰集团成为"上海合作组织青岛峰会农产品专供基地"，有 3 个品类蔬菜被端上了国宴餐桌。

2. 现代化蔬果加工　2006 年，浩丰集团在莱西市投资 5 000 万元兴建了现代化鲜切加工厂，是国内第一个通过美国联合新鲜产品协会审核并成为其会员的单位，多项技术处于国内领先。2008 年创建的蔬果品牌"绿行者"，进入上海、青岛两地近百家超市、便利店销售。2010 年，公司通过全球最大的餐饮集团百胜餐饮的"全球供应商评估认可系统"审核，获得对其全球餐饮门店进行鲜切加工产品供应的资格认证。目前，产品已覆盖其整个山东片区的 400 余家肯德基餐厅和 100 余家必胜客餐厅。

2012 年公司投资 500 万元进行技术改造升级，引进国际先进的热厨加工设备和技术，主要生产蒸煮漂烫、速食酱汤类产品，将产业链扩展到热厨加工系列产品。同年投资 1 亿元在莱西工厂新增了现代化蔬果分拣加工仓储物流中心，新增农产品仓储冷库 7 289 米^2，年增加蔬果吞吐量 5 600 吨以上。项目安装了国际最前沿的气调冷库设施，同时还引进了国际先进的胡萝卜清洗设备以及水果光电分选加工设备。

2015 年，浩丰集团被评定为国家高新技术企业。2016 年，浩丰"绿行者"商标被评为山东省著名商标。2018 年，绿行者荣获中国果蔬食品行业领军品牌"金谱奖"，被授予山东省农产品知名品牌，并且连续三年成为青岛市民最喜爱农产品品牌。

3. 智慧农业转型 2013年11月，浩丰在青岛市即墨基地投资2000万元开始构建溯源物联网项目，这里成为浩丰集团全面从现代农业向数字智慧农业升级的试验田。

2017年，浩丰联合中国建材集团，建设完成了第1个全国单体面积最大的压延玻璃智慧温室。项目引进国际前沿的玻璃智慧温室生产设施和荷兰瓦赫宁根大学的种植技术，集互联网、云计算、大数据和物联网等前沿技术于一体，是科技兴农的一颗结晶。该温室占地面积105亩，投资约1.7亿元，智慧温室出产的"绿行者"番茄在2018年初全面上市，近半年销售额已经突破8000万元。2018年12月，第二个温室项目建成，总面积390亩，投资6.7亿元。

第四节 发展农业生产性服务业

农业生产性服务是指贯穿农业生产作业链条，直接完成或协助完成农业产前、产中、产后各环节作业的社会化服务。我国相当长时期内，在各类新型农业经营主体加快发展的同时，以普通农户为主的家庭经营仍是农业的基本经营方式。加快培育各类农业服务组织，大力开展面向广大农户的农业生产性服务，对于培育农业农村经济新业态，构建现代农业产业体系、生产体系、经营体系具有重要意义。

一、农业生产性服务领域

发展农业生产性服务业，要立足农业生产全过程的实际需求，着力解决农户和农业生产经营主体在生产中面临的突出困难和问题，立足服务农业生产产前、产中、产后全过程，大力发展多元化多层次多类型的农业生产性服务，推动多种形式适度规模经营发展。

（一）农业市场信息服务

围绕农户生产经营决策需要，健全市场信息采集、分析、发布和服务体系，用市场信息引导农户按市场需求调整优化种养结构、合理安排农业生产。定期发布重要农产品价格信息，增强价格信息的及时性和农民的可及性。加强国内外农产品市场供求形势研判，组织专家解读市场热点问题，充分利用各类媒体手段，及时预警市场运行风险，帮助农民识假辨假，防止生产盲目跟风和市场过度炒作。支持服务组织为农户和新型农业经营主体提供个性化市场信息定制服务，提高服务的精准性有效性。

（二）农资供应服务

支持服务组织与育繁推一体化种业企业加强合作，在良种研发、展示示范、集中育秧（苗）、标准化供种、用种技术指导等环节向农民和生产者提供全程服务。开发种子供求信息和品种评价、销售网点布局等信息在内的手机客户端，为农民科学选种、正确购种提供服务。支持服务组织开展种子种苗、畜种及水产苗种的保存、运输等物流服务。发展兽药、农药和肥料连锁经营、区域性集中配送等供应模式，方便农民购买。支持服务组织发展青贮饲草料收贮，积极推广优质饲草料收集、精准配方和配送服务。引导服务组织入驻渔港，发展冰、水、油、电等生产补给服务以及冷库、水产品运销等配套服务。

（三）农业绿色生产技术服务

鼓励服务组织开展绿色高效技术服务。支持服务组织开展深翻、深松、秸秆还田等田间作业服务，集成推广绿色高产高效技术模式。指导农户采用测土配方施肥、有机肥替代化肥等减量增效新技术，推进肥料统供统施服务，加快推广喷灌、滴灌、水肥一体化等农业节水技术。大力推广绿色防控产品、高效低风险农药和高效大中型施药机械，以及低容量喷雾、静电喷雾等先进施药技术，推进病虫害统防统治与全程绿色防控有机融合。鼓励动物防疫服务组织、畜禽水产养殖企业、兽药生产企业、动物诊疗机构和相关科研院所等各类主体，积极提供专业化动物疫病防治服务。

（四）农业废弃物资源化利用服务

鼓励大中城市通过政府购买服务的方式，支持专业服务组织收集处理病死畜禽。在养殖密集区推广分散收集、集中处理利用等模式，推动建立畜禽养殖废弃物收集、转化、利用三级服务网络，探索建立畜禽粪污处理和利用受益者付费机制。加快残膜捡拾、加工机械、残膜分离等技术和装备研发，积极探索生产者责任延伸制度，由地膜生产企业统一供膜、统一回收。推广秸秆青（黄）贮、秸秆膨化、裹包微贮、压块（颗粒）等饲料化技术，采取政府购买服务、政府与社会资本合作等方式，培育一批秸秆收储运社会化服务组织，发展一批生物质供热供汽、颗粒燃料、食用菌等可市场化运行的经营主体，促进秸秆资源循环利用。

（五）农机作业及维修服务

推进农机服务领域从粮棉油糖作物向特色作物、养殖业生产配套拓展，服务环节从耕种收为主向专业化植保、秸秆处理、产地烘干等农业生产全过程延伸，形成总量适宜、布局合理、经济便捷、专业高效的农机服务新局面。鼓励服务主体利用全国"农机直通车"信息平台提高跨区作业服务效率，加快推广应用基于北斗系统的作业监测、远程调度、维修诊断等大中型农机物联网技术。鼓励开展农机融资（金融）租赁业务。打造区域农机安全应急救援中心和维修中心，以农机合作社维修间和农机企业"三包"服务网点为重点，推动专业维修网点转型升级。在适宜地区支持农机服务主体以及农村集体经济组织等建设集中育秧、集中烘干、农机具存放等设施。在粮棉油糖作物主产区，依托农机服务主体探索建设一批"全程机械化＋综合农事"服务中心，为农户提供"一站式"田间服务。

(六) 农产品初加工服务

支持农产品加工流通企业和服务组织发展贮藏、烘干、清选分级、包装等初加工服务，提高商品化处理能力。加强农产品贮藏保鲜冷链体系建设，支持常温贮藏、机械冷藏、气调贮藏、减压贮藏等多种贮藏保鲜设施集中连片建设。支持服务组织加强贮藏保鲜技术培训，鼓励"一库多用"。因地制宜推广热风干燥、微波干燥及联合干燥等技术和设备，加大对燃煤烘干设施节能减排除尘技术的改造力度。在适宜地区鼓励推广高效节能环保的太阳能干燥、热泵干燥技术和装备，建设区域性智能化大型烘干中心。按照离产业园区近、离农产品交易中心近、离交通主干道近、离电源近的原则，支持有条件的地方集成农产品贮藏、烘干、清洗、分等分级、包装等初加工设施，建设粮油烘储中心、果菜茶加工中心，提供优质高效的初加工"一条龙"服务。

(七) 农产品营销服务

鼓励农产品批发市场积极提供农产品预选分级、加工配送、包装仓储、信息服务、标准化交易、电子结算、检验检测等服务。完善农产品物流服务，推进农超对接、农社对接，利用农业展会开展多种形式的产销衔接，拓宽农产品流通渠道。积极发展农产品电子商务，鼓励网上购销对接等多种交易方式，促进农产品流通线上线下有机结合。鼓励具有资质的服务组织开展农产品质量安全检验检测，推动农产品质量安全检测结果互认，为生产者和消费者提供准确、快捷的检测服务。推动基层农产品质量安全监管机构提供追溯服务，指导生产经营主体开展主体注册、信息采集、产品赋码、扫码交易、开具食用农产品合格证等业务。

二、大力培育农业生产性服务组织

加快发展农业生产性服务业，必须牵住培育服务组织的"牛鼻子"，按照主体多元、形式多样、服务专业、竞争充分的原则，加快培育各种类型的服务组织，鼓励各类服务组织加强联合合作，构建多元主体互动、功能互补、融合发展的现代化农业生产服务格局，为农业生产经营提供更加便利、更加高效的全方位服务。

（一）培育多元服务主体

按照主体多元、形式多样、服务专业、竞争充分的原则，加快培育各类服务组织，充分发挥不同服务主体各自的优势和功能。支持农村集体经济组织通过发展农业生产性服务，发挥其统一经营功能；鼓励农民合作社向社员提供各类生产经营服务，发挥其服务成员、引领农民对接市场的纽带作用；引导龙头企业通过基地建设和订单方式为农户提供全程服务，发挥其服务带动作用；支持各类专业服务公司发展，发挥其服务模式成熟、服务机制灵活、服务水平较高的优势。

（二）推动服务主体联合融合发展

鼓励各类服务组织加强联合合作，推动服务链条横向拓展、纵向延伸，促进各主体多元互动、功能互补、融合发展。引导各类服务主体围绕同一产业或同一产品的生产，以资金、技术、服务等要素为纽带，积极发展服务联合体、服务联盟等新型组织形式，打造一体化的服务组织体系。支持各类服务主体与新型农业经营主体开展多种形式的合作与联合，建立紧密的利益联结和分享机制，壮大农村一二三产业融合主体。引导各类服务主体积极与高等学校、职业院校、科研院所开展科研和人才合作，鼓励银行、保险、邮政等机构与服务主体深度合作。

发展农业生产性服务业，要积极培育服务市场，开拓服务领域，创新服务方式。当前我国正处于农业现代化加快发展的关键时期，这既对农业生产性服务发展提出了更多现实要求，也为农业生产性服务创新提供了广阔的实践空间。各类服务组织要始终把创新作为发展农业生产性服务业的生命力，积极创新完善服务机制和方式。从专业化专项服务到全方位综合服务，从单环节、多环节农业生产托管到全程农业生产托管，从农业技术推广到农业市场服务，只有牢固树立创新发展理念，深入推进服务机制和方式创新，才能不断提升农业生产性服务业的发展质量和水平。

专栏

农业生产性服务典型案例

青岛西寨农机专业合作社成立于 2012 年 6 月，注册资金100 万元，位于青岛市平度市田庄镇西寨村，主要从事农机田间作业、农业机械维修、农艺技术指导等社会化服务。合作社占地 5 336 米^2，其中办公室 72 米^2、农机库 720 米^2、维修车间 216 米^2、配件库 72 米^2、粮仓及水泥晒场 4 100 米^2，拥有大、中、小型农机具 200 余台（套），固定资产 300 万元。通过土地流转，建设了 3 200 亩机械化作业示范区，涉及8 个村庄 595 户，辐射农户 2 500 户。2018—2019 年，合作社累计完成社会化作业服务面积 10.59 万亩，各类经营收入近1 000 万元。

通过示范展示，推进生产社会化服务。合作社与 8 个村595 户签订了土地流转协议，对 3 200 亩土地实行统一管理、统一服务、统一经营，有效地带动了周边农机社会化服务的发展，把"单打独斗"的小农生产变为"联合作战"的大农业经营，实现了小农户与现代农业的有机衔接。二是开展定制订单作业，根据用户的特定需求提供个性化订单作业服务。2018年，合作社承接企业和养牛大户玉米秸秆回收利用订单，共组织秸秆机械化处理2 000吨；承接病虫草害防治订单，完成小麦玉米病虫草害机械化防治2.58万亩。三是开展关键技术示范作业。积极申报承担关键技术示范项目，大力推广有利于改善土壤微环境的深松技术、有利于抗旱保墒排涝的保护性耕作技术、有利于提高农药利用率降低残留的机械化植保技术，进一步提升了农业生产关键环节的机械化水平。2018年，共完成土地深松技术示范面积3 600亩、保护性耕作技术示范面积1 000亩、机械化植保技术示范面积1万亩；2019年，完成保护性耕作技术示范面积900亩。合作社还承担市农业农村局下达的农业生产社会化服务发展项目，为农户开展冬小麦收获、运输和玉米播种机械化作业，共完成机械作业面积6万亩。

合作社根据实际生产需要，围绕"人"这个核心，重点对农机手、种植户、财务人员等开展不定期培训，逐步打造了一支业务本领强、职业素质高的服务团队，辐射带动周边村镇农机手、种植户技艺水平不断提高。2019年累计举办各类培训班、现场会25期，参训、参会人员达900人次，现场进行技术指导20余次。

合作社建有一处农机维修服务中心，拥有专业维修人员6名，先后购置了农机维修计量器具11台、农机通用维修设备25台、手工工具71台、底盘电器维修设备5台、维修服务车辆1台及其他各类维修设备100余台。农忙时节，合作社组织维修人员到田间地头、进村入户进行维修服务，随叫随到、随到随修，服务辐射半径达50千米，覆盖明村、马戈庄、张舍、田庄、白埠等5个镇80多个村庄和社区。2018年，合作社共维修大中型机械450台次、联合收获机60台次、发电机120台次、其他种类农机具300台次，有效提高了平度西部地区农机维修能力，为现代化农业生产提供了有力保障。

2018年，合作社成功创建了基层农机物联网信息化示范点。先后在小麦玉米收获机、小麦玉米播种机、自走式喷杆喷雾机等机具上安装作业监控终端，采集作业数据，借助农机作业物联网监控平台，可以实时查看机具田间作业情况，宏观调度机具和人员，统筹安排作业计划。平台也为农机手、种植户提供线上预约下单、快速接单、评价反馈和费用结算便捷服务。同时，为了给农机手和农户提供作业及生产决策参考，合作社还建立了农情监测站，免费向服务对象提供耕地环境的降水、温度、湿度、风力及风向等信息。农机手和农户通过手机APP，可一键查询农情信息，改变了农机作业和生产的盲目性，减少了无效投入。

第五节　促进乡村产业振兴

产业兴旺是乡村振兴的重要基础，是解决农村一切问题的前提。乡村产业根植于县域，以农业农村资源为依托，以农民为主体，以农村一二三产业融合发展为路径，地域特色鲜明、创新创业活跃、业态类型丰富、利益联结紧密，是提升农业、繁荣农村、富裕农民的产业。发展乡村产业要因地制宜、突出特色。依托种养业、绿水青山、田园风光和乡土文化等，发展优势明显、特色鲜明的乡村产业，更好彰显地域特色，承载乡村价值，体现乡土气息。发展乡村产业要以市场为导向争取政府支持。充分发挥市场在资源配置中的决定性作用，激活要素、市场和各类经营主体，在各级政府指导下，形成以农民为主体、企业带动和社会参与相结合的乡村产业发展格局。发展乡村产业要注重融合发展、联农带农。加快全产业链、全价值链建设，健全利益联结机制，把以农业农村资源为依托的二三产业尽量留在农村，把农业产业链的增值收益、就业岗位尽量留给农民。发展乡村产业要坚持绿色引领、创新驱动。践行绿水青山就是金山银山理念，严守耕地和生态保护红线，节约资源，保护环境，促进农村生产生活生态协调发展。推动科技、业态和模式创新，提高乡村产业质量效益。

一、突出优势特色，培育壮大乡村产业

（一）做强现代种养业

创新产业组织方式，推动种养业向规模化、标准化、品牌化和绿色化方向发展，延伸拓展产业链，增加绿色优质产品供给，不断提高质量效益和竞争力。巩固提升粮食产能，全面落实永久基本农田特殊保护制度，加强高标准农田建设，加快划定粮食生产功能区和重要农产品生产保护区。加强生猪等畜禽产能建设，提升动物疫病防控能力，推进奶业振兴和渔业转型升级。发展经济林和林下经济。

（二）做精乡土特色产业

因地制宜发展小宗类、多样性特色种养，加强地方品种种质资源保护和开发。建设特色农产品优势区，推进特色农产品基地建设。支持建设规范化乡村工厂、生产车间，发展特色食品、制造、手工业和绿色建筑建材等乡土产业。充分挖掘农村各类非物质文化遗产资源，保护传统工艺，促进乡村特色文化产业发展。

（三）提升农产品加工流通业

支持粮食主产区和特色农产品优势区发展农产品加工业，建设一批农产品精深加工基地和加工强县。鼓励农民合作社和家庭农场发展农产品初加工，建设一批专业村镇。统筹农产品产地、集散地、销地批发市场建设，加强农产品物流骨干网络和冷链物

流体系建设。

（四）优化乡村休闲旅游业

实施休闲农业和乡村旅游精品工程，建设一批设施完备、功能多样的休闲观光园区、乡村民宿、森林人家和康养基地，培育一批美丽休闲乡村、乡村旅游重点村，建设一批休闲农业示范县。

（五）培育乡村新型服务业

支持供销、邮政、农业服务公司、农民合作社等开展农资供应、土地托管、代耕代种、统防统治、烘干收储等农业生产性服务业。改造农村传统小商业、小门店、小集市等，发展批发零售、养老托幼、环境卫生等农村生活性服务业。

（六）发展乡村信息产业

深入推进"互联网＋"现代农业，加快重要农产品全产业链大数据建设，加强国家数字农业农村系统建设。全面推进信息进村入户，实施"互联网＋"农产品出村进城工程。推动农村电子商务公共服务中心和快递物流园区发展。

二、科学合理布局，优化乡村产业空间结构

（一）强化县域统筹

在县域内统筹考虑城乡产业发展，合理规划乡村产业布局，形成县城、中心镇（乡）、中心村层级分工明显、功能有机衔接的格局。推进城镇基础设施和基本公共服务向乡村延伸，实现城乡基础设施互联互通、公共服务普惠共享。完善县城综合服务功能，搭建技术研发、人才培训和产品营销等平台。

（二）推进镇域产业聚集

发挥镇（乡）上连县、下连村的纽带作用，支持有条件的地方建设以镇（乡）所在地为中心的产业集群。支持农产品加工流通企业重心下沉，向有条件的镇（乡）和物流节点集中。引导特

色小镇立足产业基础，加快要素聚集和业态创新，辐射和带动周边地区产业发展。

（三）促进镇村联动发展

引导农业企业与农民合作社、农户联合建设原料基地、加工车间等，实现加工在镇、基地在村、增收在户。支持镇（乡）发展劳动密集型产业，引导有条件的村建设农工贸专业村。

（四）支持贫困地区产业发展

持续加大资金、技术、人才等要素投入，巩固和扩大产业扶贫成果。支持贫困地区特别是"三区三州"等深度贫困地区开发特色资源、发展特色产业，鼓励农业产业化龙头企业、农民合作社与贫困户建立多种形式的利益联结机制。引导大型加工流通、采购销售、投融资企业与贫困地区对接，开展招商引资，促进产品销售。鼓励农业产业化龙头企业与贫困地区合作创建绿色食品、有机农产品原料标准化生产基地，带动贫困户进入大市场。

三、促进产业融合发展，增强乡村产业聚合力

（一）培育多元融合主体

支持农业产业化龙头企业发展，引导其向粮食主产区和特色农产品优势区集聚。启动家庭农场培育计划，开展农民合作社规范提升行动。鼓励发展农业产业化龙头企业带动、农民合作社和家庭农场跟进、小农户参与的农业产业化联合体。支持发展县域范围内产业关联度高、辐射带动力强、多种主体参与的融合模式，实现优势互补、风险共担、利益共享。

（二）发展多类型融合业态

跨界配置农业和现代产业要素，促进产业深度交叉融合，形成"农业＋"多业态发展态势。推进规模种植与林牧渔融合，发

展稻渔共生、林下种养等。推进农业与加工流通业融合，发展中央厨房、直供直销、会员农业等。推进农业与文化、旅游、教育、康养等产业融合，发展创意农业、功能农业等。推进农业与信息产业融合，发展数字农业、智慧农业等。

（三）打造产业融合载体

立足县域资源禀赋，突出主导产业，建设一批现代农业产业园和农业产业强镇，创建一批农村产业融合发展示范园，形成多主体参与、多要素聚集、多业态发展格局。

（四）构建利益联结机制

引导农业企业与小农户建立契约型、分红型、股权型等合作方式，把利益分配重点向产业链上游倾斜，促进农民持续增收。完善农业股份合作制企业利润分配机制，推广"订单收购＋分红""农民入股＋保底收益＋按股分红"等模式。开展土地经营权入股从事农业产业化经营试点。

四、推进质量兴农绿色兴农，增强乡村产业持续增长力

（一）健全绿色质量标准体系

实施国家质量兴农战略规划，制修订农业投入品、农产品加工业、农村新业态等方面的国家和行业标准，建立统一的绿色农产品市场准入标准。积极参与国际标准制修订，推进农产品认证结果互认。引导和鼓励农业企业获得国际通行的农产品认证，拓展国际市场。

（二）大力推进标准化生产

引导各类农业经营主体建设标准化生产基地，在国家农产品质量安全县整县推进全程标准化生产。加强化肥、农药、兽药及饲料质量安全管理，推进废旧地膜和包装废弃物等回收处理，推行水产健康养殖。加快建立农产品质量分级及产地准出、市场准入制度，实现从田间到餐桌的全产业链监管。

(三) 培育提升农业品牌

实施农业品牌提升行动,建立农业品牌目录制度,加强农产品地理标志管理和农业品牌保护。鼓励地方培育品质优良、特色鲜明的区域公用品牌,引导企业与农户等共创企业品牌,培育一批"土字号""乡字号"产品品牌。

(四) 强化资源保护利用

大力发展节地节能节水等资源节约型产业。建设农业绿色发展先行区。国家明令淘汰的落后产能、列入国家禁止类产业目录的、污染环境的项目,不得进入乡村。推进种养循环一体化,支持秸秆和畜禽粪污资源化利用。推进加工副产物综合利用。

五、推动创新创业升级,增强乡村产业发展新动能

(一) 强化科技创新引领

大力培育乡村产业创新主体。建设国家农业高新技术产业示范区和国家农业科技园区。建立产学研用协同创新机制,联合攻克一批农业领域关键技术。支持种业育繁推一体化,培育一批竞争力强的大型种业企业集团。建设一批农产品加工技术集成基地。创新公益性农技推广服务方式。

(二) 促进农村创新创业

实施乡村就业创业促进行动,引导农民工、大中专毕业生、退役军人、科技人员等返乡入乡人员和"田秀才""土专家""乡创客"创新创业。创建农村创新创业和孵化实训基地,加强乡村工匠、文化能人、手工艺人和经营管理人才等创新创业主体培训,提高创业技能。

第六节　发展多种形式适度规模经营

发展多种形式适度规模经营,培育新型农业经营主体,是增

加农民收入、提高农业竞争力的有效途径，是建设现代农业的前进方向和必由之路。实践证明，土地流转和适度规模经营有利于优化土地资源配置和提高劳动生产率，有利于保障粮食安全和主要农产品供给，有利于促进农业技术推广应用和农业增效、农民增收。伴随我国工业化、信息化、城镇化和农业现代化进程，农村劳动力大量转移，农业物质技术装备水平不断提高，农户承包土地的经营权流转明显加快，各种形式的适度规模经营快速发展。

一、规范引导农村土地经营权有序流转

（一）鼓励创新土地流转形式

鼓励承包农户依法采取转包、出租、互换、转让及入股等方式流转承包地。鼓励有条件的地方制定扶持政策，引导农户长期流转承包地并促进其转移就业。鼓励农民在自愿前提下采取互换并地方式解决承包地细碎化问题。在同等条件下，本集体经济组织成员享有土地流转优先权。以转让方式流转承包地的，原则上应在本集体经济组织成员之间进行，且需经发包方同意。以其他形式流转的，应当依法报发包方备案。抓紧研究探索集体所有权、农户承包权、土地经营权在土地流转中的相互权利关系和具体实现形式。按照全国统一安排，稳步推进土地经营权抵押、担保试点，研究制定统一规范的实施办法，探索建立抵押资产处置机制。

（二）严格规范土地流转行为

土地承包经营权属于农民家庭，土地是否流转、价格如何确定、形式如何选择，应由承包农户自主决定，流转收益应归承包农户所有。流转期限应由流转双方在法律规定的范围内协商确定。没有农户的书面委托，农村基层组织无权以任何方式决定流转农户的承包地，更不能以少数服从多数的名义，将整村整组农户承包地集中对外招商经营。防止少数基层干部私相授受，谋取

私利。严禁通过定任务、下指标或将流转面积、流转比例纳入绩效考核等方式推动土地流转。

(三)加强土地流转管理和服务

有关部门要研究制定流转市场运行规范，加快发展多种形式的土地经营权流转市场。依托农村经营管理机构健全土地流转服务平台，完善县乡村三级服务和管理网络，建立土地流转监测制度，为流转双方提供信息发布、政策咨询等服务。土地流转服务主体可以开展信息沟通、委托流转等服务，但禁止层层转包从中牟利。土地流转给非本村（组）集体成员或村（组）集体受农户委托统一组织流转并利用集体资金改良土壤、提高地力的，可向本集体经济组织以外的流入方收取基础设施使用费和土地流转管理服务费，用于农田基本建设或其他公益性支出。引导承包农户与流入方签订书面流转合同，并使用统一的省级合同示范文本。依法保护流入方的土地经营权益，流转合同到期后流入方可在同等条件下优先续约。加强农村土地承包经营纠纷调解仲裁体系建设，健全纠纷调处机制，妥善化解土地承包经营流转纠纷。

(四)合理确定土地经营规模

各地要依据自然经济条件、农村劳动力转移情况、农业机械化水平等因素，研究确定本地区土地规模经营的适宜标准，防止脱离实际、违背农民意愿、片面追求超大规模经营的倾向。现阶段，对土地经营规模相当于当地户均承包地面积 10～15 倍、务农收入相当于当地二三产业务工收入的，应当给予重点扶持。创新规模经营方式，在引导土地资源适度集聚的同时，通过农民的合作与联合、开展社会化服务等多种形式，提升农业规模化经营水平。

(五)扶持粮食规模化生产

加大粮食生产支持力度，原有粮食直接补贴、良种补贴、农资综合补贴归属由承包农户与流入方协商确定，新增部分应向粮食生产规模经营主体倾斜。在有条件的地方开展按照实际粮食播种面积或产量对生产者补贴试点。对从事粮食规模化生产的农民合作社、家庭农场等经营主体，符合申报农机购置补贴条件的，要优先安排。探索选择运行规范的粮食生产规模经营主体开展目标价格保险试点。抓紧开展粮食生产规模经营主体营销贷款试点，允许用粮食作物、生产及配套辅助设施进行抵押融资。粮食品种保险要逐步实现粮食生产规模经营主体愿保尽保，并适当提高对产粮大县稻谷、小麦、玉米三大粮食品种保险的保费补贴比例。各地区各有关部门要研究制定相应配套办法，更好地为粮食生产规模经营主体提供支持服务。

（六）加强土地流转用途管制

坚持最严格的耕地保护制度，切实保护基本农田。严禁借土地流转之名违规搞非农建设。严禁在流转农地上建设或变相建设旅游度假村、高尔夫球场、别墅、私人会所等。严禁占用基本农田挖塘栽树及其他毁坏种植条件的行为。严禁破坏、污染、圈占闲置耕地和损毁农田基础设施。坚决查处通过"以租代征"违法违规进行非农建设的行为，坚决禁止擅自将耕地"非农化"。利用规划和标准引导设施农业发展，强化设施农用地的用途监管。采取措施保证流转土地用于农业生产，可以通过停发粮食直接补贴、良种补贴、农资综合补贴等办法遏制撂荒耕地的行为。在粮食主产区、粮食生产功能区、高产创建项目实施区，不符合产业规划的经营行为不再享受相关农业生产扶持政策。合理引导粮田流转价格，降低粮食生产成本，稳定粮食种植面积。

二、加快培育新型农业经营主体

（一）发挥家庭经营的基础作用

在相当长时期内，普通农户仍占大多数，要继续重视和扶持其发展农业生产。重点培育以家庭成员为主要劳动力、以农业为主要收入来源，从事专业化、集约化农业生产的家庭农场，使之成为引领适度规模经营、发展现代农业的有生力量。分级建立示范家庭农场名录，健全管理服务制度，加强示范引导。鼓励各地整合涉农资金建设连片高标准农田，并优先流向家庭农场、专业大户等规模经营农户。

（二）探索新的集体经营方式

集体经济组织要积极为承包农户开展多种形式的生产服务，通过统一服务降低生产成本、提高生产效率。有条件的地方根据农民意愿，可以统一连片整理耕地，将土地折股量化、确权到户，经营所得收益按股分配，也可以引导农民以承包地入股组建土地股份合作组织，通过自营或委托经营等方式发展农业规模经营。各地要结合实际不断探索和丰富集体经营的实现形式。

（三）加快发展农户间的合作经营

鼓励承包农户通过共同使用农业机械、开展联合营销等方式发展联户经营。鼓励发展多种形式的农民合作组织，深入推进示范社创建活动，促进农民合作社规范发展。在管理民主、运行规范、带动力强的农民合作社和供销合作社基础上，培育发展农村合作金融。引导发展农民专业合作社联合社，支持农民合作社开展农社对接。允许农民以承包经营权入股发展农业产业化经营。探索建立农户入股土地生产性能评价制度，按照耕地数量、质量，参照当地土地经营权流转价格计价折股。

（四）鼓励发展适合企业化经营的现代种养业

鼓励农业产业化龙头企业等涉农企业重点从事农产品加工流通和农业社会化服务，带动农户和农民合作社发展规模经营。引导工商资本发展良种种苗繁育、高标准设施农业、规模化养殖等适合企业化经营的现代种养业，开发农村"四荒"资源发展多种经营。支持农业企业与农户、农民合作社建立紧密的利益联结机制，实现合理分工、互利共赢。支持经济发达地区通过农业示范园区引导各类经营主体共同出资、相互持股，发展多种形式的农业混合所有制经济。

（五）加大对新型农业经营主体的扶持力度

鼓励地方扩大对家庭农场、专业大户、农民合作社、龙头企业、农业社会化服务组织的扶持资金规模。支持符合条件的新型农业经营主体优先承担涉农项目，新增农业补贴向新型农业经营主体倾斜。加快建立财政项目资金直接投向符合条件的合作社、财政补助形成的资产转交合作社持有和管护的管理制度。各省（自治区、直辖市）根据实际情况，在年度建设用地指标中可单列一定比例专门用于新型农业经营主体建设配套辅助设施，并按规定减免相关税费。综合运用货币和财税政策工具，引导金融机构建立健全针对新型农业经营主体的信贷、保险支持机制，创新金融产品和服务，加大信贷支持力度，分散规模经营风险。鼓励符合条件的农业产业化龙头企业通过发行短期融资券、中期票据、中小企业集合票据等多种方式，拓宽融资渠道。鼓励融资担保机构为新型农业经营主体提供融资担保服务，鼓励有条件的地方通过设立融资担保专项资金、担保风险补偿基金等加大扶持力度。落实和完善相关税收优惠政策，支持农民合作社发展农产品加工流通。

（六）加强对工商企业租赁农户承包地的监管和风险防范

各地对工商企业长时间、大面积租赁农户承包地要有明确的上限控制，建立健全资格审查、项目审核、风险保障金制度，对租地条件、经营范围和违规处罚等作出规定。工商企业租赁农户承包地要按面积实行分级备案，严格准入门槛，加强事中事后监管，防止浪费农地资源、损害农民土地权益，防范承包农户因流入方违约或经营不善遭受损失。定期对租赁土地企业的农业经营能力、土地用途和风险防范能力等开展监督检查，查验土地利用、合同履行等情况，及时查处纠正违法违规行为，对符合要求的可给予政策扶持。有关部门要抓紧制定管理办法，并加强对各地落实情况的监督检查。

三、建立健全农业社会化服务体系

（一）培育多元社会化服务组织

巩固乡镇涉农公共服务机构基础条件建设成果。鼓励农技推广、动植物防疫、农产品质量安全监管等公共服务机构围绕发展农业适度规模经营拓展服务范围。大力培育各类经营性服务组织，积极发展良种种苗繁育、统防统治、测土配方施肥、粪污集中处理等农业生产性服务业，大力发展农产品电子商务等现代流通服务业，支持建设粮食烘干、农机场库棚和仓储物流等配套基础设施。农产品初加工和农业灌溉用电执行农业生产用电价格。鼓励以县为单位开展农业社会化服务示范创建活动。开展政府购买农业公益性服务试点，鼓励向经营性服务组织购买易监管、可量化的公益性服务。研究制定政府购买农业公益性服务的指导性目录，建立健全购买服务的标准合同、规范程序和监督机制。积极推广既不改变农户承包关系，又保证地有人种的托管服务模式，鼓励种粮大户、农机大户和农机合作社开展全程托管或主要生产环节托管，实现统一耕作、规模化生产。

（二）健全面向小农户的社会化服务体系

1. 发展农业生产性服务业　大力培育适应小农户需求的多元化多层次农业生产性服务组织，促进专项服务与综合服务相互补充、协调发展，积极拓展服务领域，重点发展小农户急需的农资供应、绿色生产技术、农业废弃物资源化利用、农机作业、农产品初加工等服务领域。搭建区域农业生产性服务综合平台。创新农业技术推广服务机制，促进公益性农技推广机构与经营性服务组织融合发展，为小农户提供多形式技术指导服务。探索通过政府购买服务等方式，为小农户提供生产公益性服务。鼓励和支持农垦企业、供销合作社组织实施农业社会化服务惠农工程，发挥自身组织优势，通过多种方式服务小农户。

2. 加快推进农业生产托管服务　创新农业生产服务方式，适应不同地区不同产业小农户的农业作业环节需求，发展单环节托管、多环节托管、关键环节综合托管和全程托管等多种托管模式。支持农村集体经济组织、供销合作社专业化服务组织、服务型农民合作社等服务主体，面向从事粮棉油糖等大宗农产品生产的小农户开展托管服务。鼓励各地因地制宜选择本地优先支持的托管作业环节，不断提升农业生产托管对小农户服务的覆盖率。加强农业生产托管的服务标准建设、服务价格指导、服务质量监测、服务合同监管，促进农业生产托管规范发展。实施小农户生产托管服务促进工程。

3. 推进面向小农户产销服务　推进农超对接、农批对接、农社对接，支持各地开展多种形式的农产品产销对接活动，拓展小农户营销渠道。实施供销、邮政服务带动小农户工程。完善农产品物流服务，支持建设面向小农户的农产品贮藏保鲜设施、田头市场、批发市场等，加快建设农产品冷链运输、物流网络体系，建立产销密切衔接、长期稳定的农产品流通渠道。打造一批竞争力较强、知名度较高的特色农业品牌和区域公用品牌，让小农户分享品牌增值收益。加大对贫困地区农产品产销对接扶持力度，扩大贫困地区特色农产品营销促销。

4. 实施"互联网＋小农户"计划　加快农业大数据、物联网、移动互联网、人工智能等技术向小农户覆盖，提升小农户手机、互联网等应用技能，让小农户搭上信息化快车。推进信息进村入户工程，建设全国信息进村入户平台，为小农户提供便捷高效的信息服务。鼓励发展互联网云农场等模式，帮助小农户合理安排生产计划、优化配置生产要素。发展农村电子商务，鼓励小农户开展网络购销对接，促进农产品流通线上线下有机结合。深化电商扶贫频道建设，开展电商扶贫品牌推介活动，推动贫困地区农特产品与知名电商企业对接。支持培育一批面向小农户的信息综合服务企业和信息应用主体，为小农户提供定制化、专业化服务。

5. 提升小城镇服务小农户功能　实施以镇带村、以村促镇的镇村融合发展模式，将小农户生产逐步融入区域性产业链和生产网络。引导农产品加工等相关产业向小城镇、产业园区适度集中，强化规模经济效应，逐步形成带动小农户生产的现代农业产业集群。鼓励在小城镇建设返乡创业园、创业孵化基地等，为小农户创新创业提供多元化、高质量的空间载体。提升小城镇服务农资农技、农产品交易等功能，合理配置集贸市场、物流集散地、农村电商平台等设施。

土地问题涉及亿万农民切身利益，事关全局。各级党委和政府要充分认识引导农村土地经营权有序流转、发展农业适度规模经营的重要性、复杂性和长期性，切实加强组织领导，严格按照中央政策和国家法律法规办事，及时查处违纪违法行为。坚持从实际出发，加强调查研究，搞好分类指导，充分利用农村改革试验区、现代农业示范区等开展试点试验，认真总结基层和农民群众创造的好经验好做法。加大政策宣传力度，牢固树立政策观念，准确把握政策要求，营造良好的改革发展环境。加强农村经营管理体系建设，明确相应机构承担农村经管工作职责，确保事有人干、责有人负。各有关部门要按照职责分工，抓紧修订完善相关法律法规，建立工作指导和检查监督制度，健全齐抓共管的工作机制，引导农村土地经营权有序流转，促进农业适度规模经营健康发展。

专栏

多种形式规模经营典型案例

青岛市大力培育土地规模经营主体，创新经营模式，围绕发展农业适度规模经营进行了多种形式的有益探索，积累了丰富的实践经验，涌现出一大批多种形式规模经营成功案例。

（一）西海岸新区蓝莓全产业链规模经营

2000年，试水蓝莓栽培，开创国内人工栽培蓝莓的先河；2006年，引进龙头企业，带动全域蓝莓产业化进程；截止到2018年，西海岸蓝莓已发展到9.6万亩，可采摘面积7.9万亩，总产量约3.65万吨，年产值达11.67亿元，规模化种植基地和产业化基地均为全国最大。蓝莓已经发展成为西海岸新区农业产业升级与增收的引擎，成为青岛特色农产品矩阵中"龙头"产业。

佳沃蓝莓工程技术研究中心，是目前国内蓝莓领域规模最大、功能最全、水平最为领先的技术研究中心之一。该中心已完成国家、省部级项目6项；引进、推广蓝莓新品种6个；推广技术成果10项；创新（集成）栽培、加工技术体系或标准（规范）15套；开发了深加工产品9个、发明专利30余项；累计培训500余名蓝莓技术人员。

佳沃蓝莓青岛示范园，2013年建成，占地近千亩，已发展成为集生态农业示范、蓝莓采摘观光和农业科普教育于一体的现代农业精品示范园。从新西兰引入6条全自动生产线，日处理鲜果能力为60吨，是全国最大的蓝莓鲜果加工厂；运输环节建立了中国最先进的水果冷链配送网络和中国最大的

ERP（企业资源计划）智能管理系统，建立了农残检测室，全程确保水果健康、安全、无残留；销售环节上，佳沃鑫荣懋集团建立了40个水果分销中心，覆盖80多个城市，立足全国11大一线批发市场，直接服务5 000家商超门店、1万家水果专卖店，每天分销2 000吨高品质水果，为超过1 000万消费者提供新鲜安全的水果服务。一系列成功运作下，佳沃蓝莓率先在业内实现了"全球化布局、全产业链运营、全程可追溯"，树立了中国蓝莓行业标准。

西海岸新区现有蓝莓企业、合作社共70余家，其中自有基地500亩以上的蓝莓企业16家，合作社22家。新区大力发展和保护"黄岛蓝莓"区域公用品牌，不断扩大区域内蓝莓"三品一标"农产品认证范围，推动龙头企业做大企业品牌，以精品开拓市场，通过营业推广、人员推销等方式进行产品展示与宣传，推动蓝莓品牌迅速在全国打响，进一步提升品牌市场竞争力。

小蓝莓成就大产业，大产业带动深转型。截至目前，青岛西海岸已经初步形成了从品种引进、种苗繁育、基地种植、果品深加工及销售的整个蓝莓产业的全程产业链。随着蓝莓规模和产量的增长，龙头企业逐渐加大深加工的投入，已经生产出蓝莓果干、果脯、果脆、果酱、果汁、蜂蜜、蓝莓酒等系列产品，产品销往全国各大城市。

据统计，黄岛蓝莓进入盛果期后，每亩蓝莓年可用工140个，每个工按日平均80元计算，可使农民务工性收入达到1.12万元，全区9.3万亩蓝莓可带动农民务工性年收入10.4亿元；土地流转费用按每亩每年1 000元计算，全区种植蓝莓土地年流转收入可达1亿元，全区约4万农民从事蓝莓产业，直接带动农民年增收3.5亿元。

（二）马连庄镇搭建平台公司推进土地规模化

马连庄镇位于青岛市最北部，东靠莱阳，北依招远，总面积 143.6 千米^2，耕地 10.8 万亩，辖 77 个行政村，4.9 万人，是一个典型的农业乡镇。近年来，马连庄镇建立"镇农业公司＋村集体合作社＋农户＋经营主体"的四方土地流转新机制，推动了土地规模化经营，促进了农民群众和村集体双增收。

1. 成立平台公司　以镇级为主导、以村级为基础构建农业平台公司。2017 年，马连庄镇成立全资国有的青岛马连庄农业发展有限公司，作为镇一级政府平台公司，进行实体运营。村集体成立村农业公司，在依法自愿有偿的前提下，村民以经营权入股到村农业公司。镇、村两级农业公司签订合同，将分散的农户土地进行整合。目前，全镇通过平台公司流转土地 2.3 万亩，建设规模园区 16 个。

2. 完善利益机制　构建了镇、村、农户和投资企业新的分配机制，经营企业通过流转土地发展高效农业不断提高收益。农户享有土地租金和企业分红收益，村集体按农户租金 20% 获得所有权收益金及企业分红。股份分红实行干股分红方式，经营主体从投资运营的第八年开始，将利润 5% 分红给农户和村集体，分红数额不少于地租的 10%。农业公司通过土地议价权取得增值收益，并将政策性资金扶持项目，以固定资产方式入股经营主体项目，按照股份比例进行利润分成，促进企业更好发展。投资企业只对接政府公司就能获得大片可利用的土地，节约了时间和行政成本。新的分配机制将四者结成了真正的利益共同体，确保了农民和村集体"双增收"。2018 年，马连庄镇流转土地 7 500 余亩，引进项目 13 个，发展规模化园区 7 个，为 15 个村集体增收 100 余万元、农户增收 200 多万元，解决农民就业 1 000 多人。

3. 赋予平台权能 赋予平台公司土地整合、项目引进和品牌推广权能。通过签订合同、股份合作等形式，镇级平台公司将村级经济合作社土地及农民分散的土地集中到公司手中，拥有了大量一级土地资源，提高了土地议价能力。通过镇级公司统一对外推介，吸引质量高、规模大的优质项目入驻。仅 2019 年已先后引进山东贝琦科技研发中心暨青岛贝琦高新技术推广基地项目、金银花种植项目等农业项目 6 个、总投资 8 000 万元，将打造成为国内先进的瓜果大镇。

4. "转"出多重效益 一是有利于农户利益的实现。在新的流转中，农户不仅享有土地租金的保底收益，通过在公司打工获得务工收入，还享有企业的股份分红，较传统流转模式或者自己种植收益大幅提高。以格达村为例，以前流转给自己村种植户一亩只有 260 元，入股村集体合作社后每亩 500 元，并且以后还能享受干股分红，效益将近翻了一番。全镇共解决长期就业 50 人，季节性就业 1 000 余人，为农户增收 200 万元。二是有利于村集体利益的实现。村集体在流转中所有权收益金为农户承包租金的 20%，且还享有四荒地等土地租金及企业分红收益，每年为村集体增收 100 万元，走出了一条村集体稳步增收的途径，对村庄公益事业发展也是一种反哺。三是有利于土地流转方经营企业稳定发展。通过流转平台公司将镇、村、户、企四方打造成了一个利益共同体，在这个共同体中，经营企业的稳定、健康发展关乎其余三方的切身利益，有利于将各方打造成一个"命运共同体"，实现集聚发展。

（三）东石格庄村党支部领办土地股份合作社实现"四个提升"

东石格庄村位于莱西市南墅镇东北角，全村共有 156 户、

430口人，耕地1060亩。该村地处山区，位置相对偏僻，村庄经济一度发展缓慢。村党支部充分发挥基层党组织战斗堡垒作用，在复垦废弃矿坑的基础上，统一流转农户土地，成立土地股份专业合作社，实现了现代农业发展、村民脱贫致富、集体经济增收，村庄面貌焕然一新。

1. 党员干部带头，开展土地股份合作 2016年，村党支部成立青岛东石洪海农作物土地股份专业合作社，集聚村庄土地资源，带动农民共同发展，壮大集体经济。在土地流转之初，针对不少农户怕失去土地而不愿流转的思想顾虑，村"两委"一方面多次召开村民代表大会，到村民家里分析利弊、算经济账做思想工作；另一方面，村"两委"成员带头把承包地全部入股，义务参加果园劳动，为村民树立榜样，村"两委"和党员干部带头入股土地100亩。在村干部带动下，当年村民入股土地440亩，2019年已达到680亩。

2. 盘活闲置土地，发展果品特色产业 由于历史原因，村里有168亩铁矿废弃坑，村党支部积极争取土地整理和农业综合开发项目，将废弃矿坑复垦整理成耕地，入股到土地股份合作社。结合村庄土地条件和种植果树的传统，在农业农村部门指导下，采用矮砧集约栽培、水肥一体化、疏花疏果、避雨栽培等技术，发展苹果430亩、桃树160亩、葡萄80亩。合作社统一投入品采购、田间管护、质量标准及对外销售，降低了成本，保证了产品质量。2018年，果品产量达到75吨，销售收入25万元，2019年全年产量可达175吨。

3. 统筹兼顾三方，科学分配土地收益 采取"保底收益＋按股分红"的收益分配模式，即村民将手中土地流转至合作社，合作社每亩支付给社员510元保底收益。合作社盈利后，净利润按照"三三四"原则进行分红，即30%利润归土地流转户，30%利润用于合作社运营及扩大再生产，40%利润归村集体所有。除上述收益外，合作社成员还通过给果树施肥、浇水、喷药、摘果等获得劳动报酬。果园长年雇工10名左右，年终可获得2万元报酬；临时工人分时计酬，每人每天约120元报酬；村"两委"干部轮流坐班，从事记账、巡查等日常工作，每天按照临时工人报酬的一半计酬。

4. 土地规模经营，实现村庄"四个提升"　东石格庄村通过党支部领办土地股份合作社，整合土地资源发展林果业，实现了土地规模化经营，促进了现代农民发展、农民收入增加、集体经济壮大、人居环境改善。入股土地每亩保底收益510元，比村民之间相互流转高出200多元，仅此一项促进村民增收10多万元。到2022年，全部果树达到丰产期后，村集体收入有望突破100万元。村集体收入增加后，村里建起了敬老院，硬化了村内道路，修建了环村路，栽植了绿化苗木，村庄人居环境明显改善，群众幸福感大大增强。

第三章
现代农业产业

构建现代农业生产体系，做强现代种植养殖业，是乡村产业振兴的基础和支柱。发展现代农业生产，加快建设集中连片、旱涝保收、稳产高产、生态友好的高标准农田，优先建设口粮田。强化耕地质量保护与提升，开展土壤改良、地力培肥和养分平衡，防止耕地退化，提高地力水平。加强农业关键共性技术研究，在节本降耗、节水灌溉、农机装备、绿色投入品、重大生物灾害防治、秸秆综合利用等方面取得一批重大实用技术成果。切实加强农业地方技术规程的宣传、推广和应用，推进现代农业产业规模化、标准化和品牌化发展。

第一节　现代农业重点项目

党中央国务院谋划实施一批现代农业投资重大项目，扩大农业投资，加强现代农业设施建设。以粮食生产功能区和重要农产品生产保护区为重点加快推进高标准农田建设，完成大中型灌区续建配套与节水改造，提高防汛抗旱能力，加大农业节水力度，启动和开工一批重大水利工程和配套设施建设。启动农产品仓储保鲜冷链物流设施建设工程，支持建设一批骨干冷链物流基地。支持家庭农场、农民合作社、供销合作社、邮政（快递）企业、产业化龙头企业建设产地分拣包装、冷藏保鲜、仓储运输、初加工等设施，对其在农村建设的保鲜仓储设施用电实行农业生产用电价格。依托现有资源建设农业农村大数据中心，加快物联网、大数据、区块链、人工智能、第五代移动通信网络、智慧气象等现代信息技术在农业领域的应用。开展国家数字乡村试点。

一、粮食生产功能区建设

为了确保国家粮食安全和保障重要农产品有效供给，2017年中央一号文件提出，科学合理划定稻谷、小麦、玉米粮食生产功能区和大豆、棉花、油菜籽、糖料蔗、天然橡胶等重要农产品生产保护区。青岛市按照国务院和市政府统一部署，全面展开300万亩粮食生产功能区划定工作，完成划定任务，实现建档立卡，上图入库；用5年时间基本完成粮食生产功能区建设任务，形成布局合理、数量充足、设施完善、产能提升、管护到位、生产现代化的粮食生产功能区。

粮食生产功能区划定标准：水土资源条件较好，坡度在15°以下的永久基本农田；相对集中连片，原则上平原地区连片面积不低于500亩，丘陵地区连片面积不低于50亩；农田灌排工程等农业基础设施比较完备，生态环境良好，未列入退耕还林还草、还湖还湿、耕地休耕试点等范围；具有粮食种植传统，近三年播种面积基本稳定。

区域布局：平度南部粮食高产高效生产功能区、莱西南部—即墨北部粮食高产稳产生产功能区、莱西沽河流域高产高效生产功能区、胶州西北部粮食高产稳产生产功能区、胶州西南部—西海岸新区西北部旱作节水粮食生产功能区、西海岸新区西南部粮食高产稳产生产功能区。具体分布为，西海岸新区31万亩、胶州市47万亩、即墨区42万亩、平度市124万亩、莱西市56万亩。相关区（市）政府综合考虑当地资源禀赋、发展潜力、产销平衡等情况，将面积细化分解到镇（街道）、村。

根据"边划定、边建设"的要求，推进粮食生产功能区范围内的高标准农田、土地整治建设，强化小麦、玉米生产功能区耕地质量、节水灌溉、水肥一体化等工程建设。以粮食生产功能区为平台，重点发展种植大户、家庭农场、农村集体经济合作社、农民专业合作社等新型适度规模经营主体。着力构建覆盖全程、综合配套、便捷高效的农业社会化服务体系，提升农技推广和服务能力。

二、高标准农田建设

高标准农田是农业生产的重要物质基础。近年来，青岛市按照中央和省统一部署切实加强高标准农田建设，改善了农业生产条件，提高了农田抗灾减灾能力，夯实了粮食安全基础，取得明显成效。为切实加强青岛市高标准农田建设项目管理工作，实现投资目标，达到预期效益，青岛市制定了高标准农田建设工程技术要求，凡青岛市立项投资的高标准农田建设项目，均须按照本技术要求进行规划设计、施工建设和验收评价。

（一）综合标准

高标准农田，是指土地平整、集中连片、设施完善、农电配套、土壤肥沃、生态良好、抗灾能力强，与现代农业生产和经营方式相适应的旱涝保收、高产稳产、划定为基本农田实行永久保护的耕地。

1. 建设区域　建设区域应相对集中、土壤适合农作物生长、无潜在土壤污染和地质灾害，有相对完善的、能直接为建设区提供保障的基础设施。

高标准农田建设的重点区域包括：土地利用总体规划确定的基本农田保护区和基本农田整备区，《全国新增 1 000 亿斤粮食生产能力规划（2009—2020 年）》确定的粮食主产区、产粮大县，土地整治规划确定的土地整治重点区域、重大工程建设区域和高标准基本农田建设示范县，水利、农业、林业、农业综合开发等部门规划确定的重点区域，依据《农用地质量分等规程》（GB/T 28407—2012）评定成果确定的县域内等别较高耕地的集中分布区域。

高标准农田建设限制区域包括：水资源贫乏区域，水土流失易发区，海水入侵、倒灌区等生态脆弱区域，历史遗留的挖损、坍塌、压占等造成土地严重毁损且难以恢复的区域，易受自然灾害毁损的区域，沿海滩涂、内陆滩涂等区域。在前述区域开展高标准农田建设需提供国土、水利、环保等部门论证同意的证明材料。

高标准农田建设禁止区域包括：地面坡度大于 25° 的区域，土壤污染严重的区域，自然保护区的核心区和缓冲区，河流、湖泊、水库水面及其保护范围等区域。

2. 建设目标 项目区建成后应达到田地平整肥沃、水利设施配套、田间道路畅通、林网建设适宜、科技先进适用、优质高产高效的总体目标。

通过项目建设，解除制约项目区农业生产的关键障碍因素，抵御自然灾害能力显著增强，农业特别是粮食综合生产能力稳步提高，达到旱涝保收、高产稳产的目标；项目区农田基础设施要达到较高水平，田地平整肥沃，水利设施配套，田间道路畅通；项目区因地制宜推行节水灌溉和其他节本增效技术，农田林网适宜，生态环境改善，可持续发展能力明显增强；项目区要大力推广优良品种和先进适用技术，农业科技贡献率明显提高，主要农产品市场竞争力显著增强；项目区要达到优质高产高效的目标，取得较高的经济、社会和生态效益，实现农业增效、农民增收，为发展现代农业奠定基础，建成后项目区粮食综合生产能力每亩提高 10% 以上。

3. 规划和开发方式 项目区遵循自然和经济规律，密切结合实际需要，按灌区或流域进行统筹规划，集中连片进行规模开发治理，因地制宜地探索各具特色的开发模式。

按照适应现代农业发展的要求，采取水利、农业、林业和科技等综合配套措施，进行田水路林山综合治理。开发治理后，项目区与非项目区有明显区别，平地项目区达到田成方、林成网、渠相通、路相连、旱能灌、涝能排、渍能降，基本实现园田化；岭地、坡地项目区基本实现梯田化。

充分尊重项目区农民群众意愿，让农民有知情权、参与权、选择权和监督权；严格资金和项目管理，提高科学化、精细化管理水平；落实工程管护责任，健全管护机制，确保建成工程长期发挥效益。

（二）水利措施

各项水利措施建设标准应符合国家和水利部门制定的有关规程、规范和标准。

1. 灌溉工程　灌溉系统完善，灌溉用水有保证。项目区规划设计应明确灌溉水源来源、可供水量，灌溉水质符合标准，灌溉制度合理，灌水方法先进。

灌溉设计保证率应达到50%以上。

灌溉水利用系数：大型灌区不应低于0.5，中型灌区不应低于0.6，小型灌区不应低于0.7；井灌区不应低于0.8，喷灌区不应低于0.8，微喷灌区不应低于0.85，滴灌区不应低于0.9。

推行科学合理的灌溉模式，根据不同作物、生长季节、土壤墒情，确定灌溉适宜水量，严重缺水地区宜采用灌关键水等非充分灌溉模式。

新建、除险加固和更新改造的小型水库、塘坝及引水渠道等工程，符合国家和水利行业技术规范规定的设计标准和技术要求，要根据降雨、地形、耕地等条件，合理布设小型塘坝、蓄水池、拦河闸（坝）等工程，做到坚固耐用、使用方便；井灌工程做到地下水资源合理利用、采补平衡；机井和泵站建筑物、机电设备、输变电设施配套齐全，综合装置效率达到有关规范标准。

输水、配水渠系（管道），桥、涵、闸等建筑物和田间灌溉设施配套齐全，性能与技术指标达到规范标准。渠道衬砌应坚固耐用，抗冻性能好；合理设定管道输水的干、支两级固定管道长度，井、水泵、管道、出水口等综合配套，便民务实。

项目区应采取工程措施提高天然降水的利用率。工程节水措施包括积极推广管灌、滴灌、喷灌等先进节水技术，制定适宜的灌溉制度，提高项目区节水新技术的普及和应用。建设型蓄水工程、引调水工程，需根据降雨、地形、耕地等条件，合理布设小型塘坝、蓄水池、拦河闸（坝）等工程，做到坚固耐用、使用方便。

项目区水资源开发利用，宏观上实行总量控制，微观上实行用水定额管理。积极推行用水户参与灌溉管理模式，提高用水者的所有权、知情权、参与权；推行农业水价综合改革，配备计量设施，以管理促节水。

2. 排水工程 防洪设计标准应符合《防洪标准》（GB 50201—2014）等有关规定。

排涝设计标准：旱作区农田排水设计暴雨重现期宜采用 5～10 年一遇，1～3 天暴雨从作物受淹起 1～3 天排至田面无积水；水稻区农田排水设计暴雨重现期宜采用 10 年一遇，1～3 天暴雨 3～5 天排至作物耐淹水深。

合理利用天然沟谷作为排水沟道、排水沟系。排水系统健全，排水出路通畅，排水渠系断面及坡度设计合理，桥、涵、闸等建筑物配套，性能与技术指标达到有关规范要求；末级固定排水沟的深度和间距，符合当地机耕作业、农作物对地下水位的要求。

有渍害的旱作区，在设计暴雨形成的地面明水排除后，应在农作物耐渍时间内将地下水位降到耐渍深度。

（三）农业措施

1. 农田工程　平地田块，要以有林道路或较大沟渠为基准形成格田，因地制宜地确定格田面积（不大于 400 亩），以适应农业机械化和田间管理的要求。土地平整，集中连片，土壤活土层厚度不小于 50 厘米，因地制宜确定田块长度和宽度。

岭地及 15°以下坡耕地，按照有利于水土保持要求，建成等高水平梯田（地），地面平整，并构成反坡。土壤活土层厚度不小于 25 厘米，田面宽度达到 3 米以上，田（地）埂稳定牢固，修建好排水沟、泄洪沟。

2. 土壤改良　通过实施深耕深松、挖深垫浅等措施，优化土壤结构，增加土壤耕层厚度。平地田块土壤耕层厚度达到 30 厘米以上，岭地及坡地土壤耕层厚度达到 20 厘米以上。

改造瘠薄地块要采取深翻改土、秸秆还田等措施；改造沙浆黑土、盐土等地块，要清除沙浆卵石并掺和黏土，提高土壤的蓄水保肥能力，逐年降低土壤障碍因素。

通过科学施肥，增施农家肥、有机肥、微生物肥、土壤调理剂等措施，提升土壤有机质含量，调节土壤酸碱度。土壤有机质含量提高 0.1％以上；土壤 pH 保持在 5.5～7.5。

3. 农业机械化　项目区建设完成后要满足农机作业等生产活动的要求。平地项目区主要农作物耕种收机械化作业率达到 95％以上，岭地、坡地项目区机械化作业率在原有基础上有较大程度提高。

（四）田间道路

1. 布局合理，顺直通畅　田间道路建设分机耕路和生产路。机耕路要与镇、村公路连接，部分主干路段可实现硬质化，保证晴雨天畅通，能满足农产品运输和中型以上农业机械的通行；机耕路应与排水沟配套建设，并相应建设桥、涵和农机进出农田

（地）设施，便于农机田间作业和农产品运输。

2. 建设标准合理实用　田间道路建设要科学设计、突出节约土地，机耕路宽度一般为 3～6 米，生产路不超过 3 米，平原区机耕路网密度为每 1 000 米 1～2 条，丘陵区机耕路网密度为每 200～500 米 1～2 条。

（五）林业措施

1. 网格面积及网化标准　网格面积不超过 400 亩，3 米以内的生产路可在道路一侧栽植一行乔木。

2. 主要树种　以适合青岛生长的速生杂交杨、毛白杨、楸树、银杏、水杉等主干通直、冠幅偏窄、主根明显的深根性树种为主。

3. 苗木规格　速生杂交杨、毛白杨胸径 3 厘米以上；楸树、银杏、水杉等生长较慢的树种，胸径 5 厘米以上。

4. 栽植密度　道路植树，株距 5～6 米；沟渠、河流两侧，株行距 3 米×4 米或 3 米×5 米。

5. 造林成活率及网化率　当年造林成活率达到 95%，三年后保存率达到 90%，适宜植树的沟渠、河流两侧全部栽树。

（六）农田输配电

农田输配电工程指为泵站、机井以及信息化工程等提供电力保障所需的强电、弱电等各项措施，包括输电线路工程和变配电装置。

农田输配电工程布设应与田间道路、灌溉与排水等工程相结合，符合电力系统安装与运行相关标准，保证用电质量和安全。

高压输电线路宜采用钢芯铝绞线等高压电缆，一般输送 220 千伏以下的输电电压；低压输电线路宜采用低压电缆，一般输送 380 伏及以下的输电电压，采用三相五线制接法，并应设立相应标识。

变配电装置应采用适合的变台、变压器、配电箱（屏）、断路器、互感器、启动器、避雷器、接地装置等相关设施。

根据高标准农田现代化、信息化的建设和管理要求，可合理布设弱电设施。

（七）科技措施

1. 技术推广　在项目建设期间，推广 2 项以上先进适用技术，重点是耕地质量提升、蓄水保墒、节水灌溉、水肥一体化、秸秆还田、地膜覆盖、良种良法配套和标准化生产等方面的技术。鼓励采用经济适用的新材料、新工艺、新技术，提高工程建设质量。

高标准农田建成后，机械化耕、种、收综合作业水平应达到 95％以上，有条件的地方应推广保护性耕作技术。

加强地质灾害、土壤污染、地表沉陷等灾害防治的新技术应用，提高高标准农田的防灾减灾水平。

2. 良种繁育与推广　项目区要推广适应性强、耐旱、抗逆、优质高产品种，良种覆盖率达到 100％。

3. 技术培训　在项目建设期间，对项目区受益农户应积极开展先进适用技术培训。要加强对项目区镇村干部、技术员、财务人员和受益农户在农业政策、资金使用、项目管理等方面的培训，确保项目建设规范进行。

4. 农技社会化服务　充分发挥"一主多元"农技社会化服务体系的作用，项目区重点支持具有技术推广服务功能的农民专业合作经济组织，并依托其开展高标准农田建设基础性服务。鼓励发展农村粮食种植合作社、农村土地流转、土地委托经营等先进的农技、农业生产方式。

（八）管理要求

1. 土地权属调整　高标准农田建设前，应查清土地权属现状，做到四至界址清楚、地类面积准确、权属手续合法；调查了解土地权利人权属调整意愿，及时解决土地权属纠纷。

高标准农田建设中，涉及土地权属调整的，要在尊重权利人意愿的前提下，及时编制、公告和报批土地权属调整方案，组织签订权属调整协议。

高标准农田建成后，应根据权属调整方案和调整协议，依法进行土地确权，办理土地变更登记手续，发放土地权利证书，及时更新地籍档案资料。

2. 设置标识标牌 项目区应设置永久性标识标牌，根据不同项目种类设置相应规格标识标牌，力求统一、规范、简洁、实用。

3. 验收与考核 高标准农田建设项目竣工后，由项目主管部门按照相关项目现行管理规定组织验收。在各单项工程项目竣工验收的基础上，开展年度和规划期内的整体考核。

4. 信息化建设与档案管理 应采用信息化手段对高标准农田建设和利用的全过程进行管理，实现集中统一、全程全面、实时动态的管理目标。

应利用国土资源综合信息监管平台，定期全面报备建设信息，实现信息"上图入库"管理和部门信息共享。

应及时将与高标准农田建设相关的管理、技术等资料立卷归档，归档资料应真实、完整。

5. 监测与评价 应开展高标准农田建设绩效评价，对建设情况进行全面调查、分析和评价。

6. 工程管护 建立政府主导，农村集体经济组织管理，农户、专业管护人员以及专业协会等共同参与的管护体系。

按照谁受益、谁管护的原则，明确管护主体、管护责任和管护义务，办理移交手续，签订后期管护合同。管护主体应对各项工程设施进行经常性检查维护，确保长期有效稳定利用。

三、绿色循环优质高效特色农业促进项目

推进绿色循环优质高效特色农业发展是实施质量兴农、绿色

兴农战略的有效切入点，对深入推进农业供给侧结构性改革、提高我国农业综合效益和竞争力意义重大。以果菜茶等优势特色产业为重点，以增加绿色优质特色农产品供给为目标，以提高资源利用效率和生态环境保护为核心，以建设资源节约型环境友好型农业为方向，绿色循环优质高效特色农业促进项目以项目建设为载体，以县（市、区）为单位，完善农产品规模化、标准化生产和品牌化经营产业链，优化区域农业生产结构和产品结构，提升农产品质量效益和竞争力，促进产业兴旺、绿色发展和农民增收。

绿色循环优质高效特色农业促进项目主要支持以下内容：

1. 建设标准化生产示范基地　以水果、蔬菜、茶叶等优质特色农产品为重点，推进生产设施、示范技术、质量管理标准化，建设全程绿色标准化生产示范基地，广泛应用病虫害统防统治、绿色防控、生物防治等措施，推广有机肥替代化肥；推进品种改良、品质改进，筛选一批优质、抗病、适应性强、适销对路的优良品种，恢复一批传统特色当家品种，提升良种繁育能力。推广果沼畜、菜沼畜、茶沼畜、稻渔（鸭）综合种养等生产模式，推动种养加一体、农牧渔结合循环发展。鼓励发展订单农业，推进农业生产社会化服务，按照绿色优质标准，为普通农户提供生产、加工、销售服务，保障产品质量和稳定原料供给。

2. 延伸绿色优质特色农产品产业链　推进产加销、贸工农一体化发展，支持新型农业经营主体，强化绿色优质特色农产品产后薄弱环节和关键环节基础设施条件建设，建设一批田头市场，在产地就近建设交易棚（厅）、水电配套等基础设施以及仓储、冷库等冷链物流设施，发展农产品清理、保鲜、烘干、分级、包装、副产物循环利用等初加工处理，支持有实力的企业发展农产品精深加工。推进"互联网＋现代农业"，与大型电商合作，建立绿色优质特色农产品电商平台或专属营销渠道。通过股份合作、"保底收益＋按股分红"等形式与农户建立紧密利益联结机制，让小农户充分享受二三产业增值收益。

3. 加强质量管理和品牌运营服务 完善绿色优质特色农产品产地环境、生产资料、技术规程、产品等级等标准，推行产地标识管理、产品条码制度，推进产地准出和市场准入。完善投入品管理、档案记录、产品检测、合格证准出和质量追溯等制度，构建全程质量管理长效机制。围绕绿色优质特色农产品生产经营，推动企业创新技术、改良生产工艺、优化包装设计，提高产品档次，塑造品牌核心价值，打造地域特色突出、产品特性鲜明的区域公用品牌和产品品牌。

四、农业生产发展资金项目

农业生产发展资金主要用于对农民直接补贴，以及支持农业绿色发展、乡村产业发展、农业结构调整、新型农业经营主体培育等方面工作。

（一）稳定实施直接补贴政策

1. 耕地地力保护补贴 按照《财政部、农业部关于全面推开农业"三项补贴"改革工作的通知》有关要求执行，保持政策的连续性、稳定性，确保广大农民直接受益。财政、农业农村部门要切实强化耕地地力保护补贴政策实施管理，进一步完善补贴方式，严格补贴发放程序，切实加强补贴监管，严肃依法查处虚报冒领、骗取套取、挤占挪用等行为，确保补贴及时足额发放到位。上年补贴结转资金要与当年资金一并安排使用。基层部门要及时汇总上报耕地地力保护补贴发放情况（包括补贴对象、补贴依据、补贴标准、发放时间、发放方式、结转结余资金等），以备待查。鼓励逐步将补贴发放与土地确权面积挂钩。对于土地流转、补贴由土地承包者领取的，要引导承包者相应减少土地流转费，真正让生产者受益。鼓励创新方式方法，以绿色生态为导向，探索将补贴发放与耕地保护责任落实挂钩的机制，引导农民自觉提升耕地地力。支持有条件的地区，结合土地保护利用、畜禽粪污资源化利用、农作物秸秆综合利用等政策，多措并举，提升耕地质量。

2. 农机购置补贴 政策框架和操作方式按照《2018—2020年农机购置补贴实施指导意见》执行，对购买国内外农机产品一视同仁，最大限度发挥政策效益。紧紧围绕农业高质量发展、实施乡村振兴战略、农业机械化全程全面高质高效发展的新需求，科学确定补贴范围，优先保证粮食等主要农产品生产所需机具和助力脱贫攻坚、支持农业绿色发展机具的补贴需要，增加畜禽粪污资源化利用机具品目。着力提升政策实施的便民、利民水平，实现农机购置补贴辅助管理系统常年开放，全面实行企业参与购置补贴的机具信息网上报送，大力推广购机者通过手机 APP 等物联网技术申请补贴，落实补贴资金限时兑付制，进一步提升政策实施满意度。规范核验手续，强化补贴机具核验监管。及时公开机具资质信息，规范补贴机具投档流程，便利企业投送补贴机具信息。严惩违规行为，加强农业农村、财政等部门联合查处力度，实行企业一省违规、全国联动查处，让违规产销企业"一处失信、处处受限"。

（二）持续推进农业绿色发展

1. 全面推进畜禽粪污资源化利用 贯彻落实《国务院办公厅关于加快推进畜禽养殖废弃物资源化利用的意见》，按照政府支持、企业主体、市场化运作的原则，支持畜禽粪污资源化利用工作，实现粪污资源化利用全覆盖，确保 2020 年如期完成目标任务。

2. 推广地膜回收利用和旱作节水技术 下大力气治理白色污染，加快建立地膜使用和回收利用机制，健全完善废旧地膜回收加工体系，推动经营主体上交、专业化组织回收、加工企业回收、以旧换新等多种方式的回收利用机制，探索"谁生产、谁回收"的地膜生产者责任延伸制度。严格市场准入，禁止生产使用不达标地膜。以玉米、马铃薯、棉花、蔬菜、瓜果等作物为重点，示范推广水肥一体化、集雨补灌、蓄水保墒、抗旱抗逆等旱作节水技术，提高天然降水和灌溉用水利用效率。

3. 推进有机肥替代化肥 支持果菜茶有机肥替代化肥，支持农民和新型农业经营主体使用畜禽粪污资源化利用产生的有机肥。集中推广堆肥还田、商品有机肥施用、沼渣沼液还田、自然生草覆盖等技术模式。鼓励开展有机肥统供统施等社会化服务，探索果沼畜、菜沼畜、茶沼畜等生产运营模式，促进果菜茶提质增效和资源循环利用。

4. 开展农机深松整地 根据《全国农机深松整地作业实施规划（2016—2020年)》要求，支持适宜地区开展农机深松整地作业，作业深度一般要求达到或超过25厘米，打破犁底层。充分利用信息化监测手段保证深松作业质量，提高监管工作效率。

5. 实施重点作物绿色高质高效行动 突出水稻、小麦、玉米三大谷物，大豆、特色杂粮杂豆、油菜、花生等油料作物，以及棉花、糖料、果菜茶、中药材等经济作物，集成推广"全环节"绿色高质高效技术模式，构建"全过程"社会化服务体系和"全产业链"生产模式，辐射带动生产水平提升，努力增加绿色优质农产品供给。

（三）发展壮大乡村产业

1. 推动优势特色主导产业发展 围绕区域优势特色主导产业，打造一批特色优势明显、产业基础好、发展潜力大、竞争力强的特色产业集聚区，示范引导一村一品、一镇一特、一县一业发展，推动优势特色产业走产出高效、产品安全、资源节约、环境友好的农业现代化道路，满足群众消费结构加快升级的需要。

支持聚焦种植业、畜牧业、渔业三大产业和粮油、果茶、蔬菜、中药材、畜禽、水产六大品种，选择地理特色鲜明、具有发展潜力、市场认可度高的地理标志农产品，开展保护提升，打造特色产业，创响一批"土字号""乡字号"特色产品品牌。统筹利用中央和地方相关财政补助资金，改善地理标志农产品生产设施条件，推进规模化、标准化、绿色化生产，加强品牌培育和知识产权保护。

2. 创建国家现代农业产业园　按照中央支持、地方负责、市场主导的发展思路，坚持高标准、严要求、宁缺毋滥，突出产业兴旺和联农增收机制创新两大任务，继续创建一批国家现代农业产业园，着力改善产业园基础设施条件和提升公共服务能力。

3. 开展农业产业强镇示范建设　以乡镇为平台实施产业兴村强县行动，建设一批产业兴旺、经济繁荣、绿色美丽、宜业宜居的农业产业强镇。支持符合条件的乡镇，聚焦主导产业，发展壮大乡村产业，加快培育一批产业生产经营市场主体，创新农民利益联结机制，将农业产业强镇示范建设作为引领乡村产业振兴的样板田和火车头，推动产业融合、产城融合、城乡融合。

4. 推进信息进村入户　严格按照《农业部关于全面推进信息进村入户工程的实施意见》要求，依据"六有"标准建设益农信息社，优先覆盖贫困地区。强化资源聚集，充分聚合农业农村部门自身和其他涉农政府部门服务资源，确保公益服务有效落地，引导更多企业对接服务内容，提升便民服务、电子商务、培训体验服务水平，推进"互联网＋"农产品出村出城，将益农信息社打造成为农服务的一站式窗口。强化建设运营机制构建，切实落实部门职责，完善运营规范，选好用好运营主体，真正实现可持续运营。切实提升网络安全和信息安全防护能力，有效防控技术风险、经营风险和法律风险。

5. 深化基层农技推广体系改革建设　深化基层农技推广体系改革，提升基层农技人员服务能力和水平，建设一批国家农业科技示范展示基地，推广应用一批符合优质安全、节本增效、绿色发展的重大技术模式。加快农技推广信息化建设，提高中国农技推广 APP 覆盖面和使用率。

6. 开展农村集体资产清产核资 按照农业部、财政部等部门联合印发的《关于全面开展农村集体资产清产核资工作的通知》要求组织实施，重点清查未承包到户的资源性资产和集体统一经营的经营性资产以及现金、债权债务等，查实存量、价值和使用情况，做到账证相符和账实相符，将集体资产确权到乡镇、村、组集体经济组织。

（四）调整优化农业结构

扩大耕地轮作休耕制度试点；推动奶业振兴和畜牧业转型升级；支持地下水超采综合治理区种植结构调整；支持重金属污染耕地治理修复和种植结构调整。

（五）大力培育新型农业经营主体

1. 实施高素质农民培育工程 聚焦乡村振兴人才需求，分层分类实施农业经理人、新型农业经营主体带头人、农村实用人才和现代创业创新青年等培育计划，推动高素质农民培育转型升级，全面提升质量效能，服务乡村振兴战略实施。

2. 支持农民合作社和家庭农场等主体高质量发展 支持制度健全、管理规范、带动力强的农民合作社示范社及农民合作社联合社高质量发展，鼓励各地开展农民合作社质量提升推进工作。启动家庭农场培育计划，指导各地按照"完善认定、示范创建、普惠支持、服务提升"要求，从小农户中逐步培育一大批规模适度的家庭农场，支持有条件的地方把家庭农场培育成新型农业经营体系。积极发展家庭牧场和奶农合作社。支持农民合作社和家庭农场应用先进技术，提升绿色标准化生产能力，建设清选包装、冷藏保鲜、烘干等产地初加工设施，开展"三品一标"认证和品牌建设等，提高产品质量水平和市场竞争力。鼓励各地通过政府购买服务方式，委托专业机构或专业人才为农民合作社和家庭农场提供政策咨询、生产控制、财务管理、技术指导、信息统计等服务。支持培育农业产业化联合体，依托龙头企业，带动农民合作社和家庭农场，开展全产业链技术研发、集成中试、加工设施建设、技术装备升级，建设农产品生产标准化、特征标识化、营销电商化原料基地。

3. 大力推进农业生产社会化服务 支持供销合作社、农村集体经济组织、专业服务公司、服务型农民合作社和家庭农场等具有一定能力、可提供有效稳定服务的主体，结合当地主导产业发展，选择2～3个关键环节和农民急需的关键领域，为从事粮棉油糖等重要农产品和当地特色主导产业生产的农户提供以生产托管为主的社会化服务，提升服务组织服务能力，集中连片推广绿色生态高效现代农业生产方式，把小农户生产引入现代农业发展轨道。鼓励采取政府购买服务等方式，实行先服务后补助，根据当地小农户需要发展多环节托管、关键环节托管和全程托管等模式，提升农业生产社会化服务的专业化、规模化水平。积极发挥供销合作社在农业生产社会化服务中的作用，支持符合条件的供销合作社承担农业生产社会化服务任务。

4. 完善农业信贷担保体系建设 加快健全农业信贷担保体系，推动农业信贷担保服务网络延伸，扩大在保贷款余额和在保项目数量，进一步缓解新型农业经营主体"贷款难、贷款贵"问题。切实加大对贫困地区农业产业发展和新型农业经营主体的担保支持力度，并实施最优惠的担保费率。

第二节　推进质量兴农

实施乡村振兴战略，必须深化农业供给侧结构性改革，走质量兴农之路。新型农业经营主体发展规模经营，只有坚持市场导向、消费者至上，坚持质量第一、效益优先，把安全、优质、绿色作为不断提升产品和服务质量的基本要求，才能不断适应高质量发展的要求，提高农业综合效益和竞争力。

一、质量兴农的基本路径

（一）绿色化

大力推进投入品减量化、生产清洁化、废弃物资源化、产业模式生态化。加快推广节水节肥节药绿色技术，积极推动水土资源节约和化肥、农药高效利用，全面开展农业环境污染防控，着力推进农作物秸秆、畜禽粪污、废旧农膜、农药包装废弃物、农林产品加工剩余物资源化利用，加快发展资源节约型、环境友好型、生态保育型农业。

（二）优质化

加强优质农产品品种研发推广，构建优势区域布局和专业化生产格局，打造一批特色农产品优势区，稳定发展优质粮食等大宗农产品，积极发展优质高效"菜篮子"产品，扩大优质肉牛肉羊生产，大力促进奶业振兴，发展名优水产品，加快发展现代高效林草业。

（三）特色化

深入开展特色农林产品种质资源保护，挖掘特色农业文化价值，打造一批彰显地域特色、体现乡村气息、承载乡村价值、适应现代需要的特色产业，形成一批具有鲜明地域特征、深厚历史底蕴的农耕文化名片。推进特色产业精准扶贫，促进贫困群众从产业发展中获得持续稳定收益。

（四）品牌化

大力推进农产品区域公用品牌、企业品牌、农产品品牌建设，打造高品质、有口碑的农业"金字招牌"。广泛利用传统媒体和"互联网＋"等新兴手段加强品牌市场营销，讲好农业品牌的中国故事。强化品牌授权管理和产权保护，严厉惩治仿冒假劣行为。

二、科学使用农业投入品

化肥农药是现代农业生产必需的生产资料，我国粮食和农业生产连年丰收，化肥和农药的投入发挥了重要基础作用。由于受理念、技术和装备的影响，一些地区化肥农药使用量较多，不仅增加了成本，而且给生态环境造成一定影响。2015 年以来，农业部开展"到 2020 年化肥农药使用量零增长行动"，取得了明显成效，化肥农药的用量少了，利用率高了。但是，要把这一成效巩固完善、持续推进，由零增长提升为负增长，并将化肥农药使用量长期保持在一个合理水平，必须坚持科学使用化肥农药。

（一）化肥减量增效

1. 有机肥替代　推进畜禽粪便及秸秆资源的肥料化、无害化利用，推广使用商品有机肥、有机无机复混肥，稳定绿肥种植面积，积造农家肥。

2. 推进精准施肥　开展取土化验、试验示范和宣传培训，不断优化施肥配方和施肥结构，全面普及测土配方施肥技术。

3. 促进施肥方式转变　推进农机农艺融合，化肥机械深施、机械追肥、种肥同播等施肥方式，减轻劳动强度、减少化肥用量，提高水肥利用效率和产出效益，提高技术普及率和到位率，实现种植与施肥的标准化、机械化和轻简化。

4. 推广新产品新技术应用　推广使用配方肥、缓释肥、有机无机复混肥、水溶肥、中微量元素肥料等肥料产品。集成推广玉米种肥同播、小麦一次性施肥、果蔬等作物水肥一体化等技术，实现高效精准、减量增效。

（二）农药减量增效

1. 推广绿色防控技术　重点推广生态控制、生物防治、理化诱控、蜜蜂授粉等绿色增产技术和新型植保机械。

2. 推进专业化统防统治 扶持发展植保专业服务组织，推行统防统治与绿色防控融合。

3. 推广精准高效施药、轮换用药等科学用药技术，提升科学安全用药水平。

（三）禁限用农药

《农药管理条例》规定，农药生产应取得农药登记证和生产许可证，农药经营应取得经营许可证，农药使用应按照标签规定的使用范围、安全间隔期用药，不得超范围用药。剧毒、高毒农药不得用于防治卫生害虫，不得用于蔬菜、瓜果、茶叶、菌类、中草药材的生产，不得用于水生植物的病虫害防治。

禁止（停止）使用的农药有 46 种，分别为六六六、滴滴涕、毒杀芬、二溴氯丙烷、杀虫脒、二溴乙烷、除草醚、艾氏剂、狄氏剂、汞制剂、砷类、铅类、敌枯双、氟乙酰胺、甘氟、毒鼠强、氟乙酸钠、毒鼠硅、甲胺磷、对硫磷、甲基对硫磷、久效磷、磷胺、苯线磷、地虫硫磷、甲基硫环磷、磷化钙、磷化镁、磷化锌、硫线磷、蝇毒磷、治螟磷、特丁硫磷、氯磺隆、胺苯磺隆、甲磺隆、福美胂、福美甲胂、三氯杀螨醇、林丹、硫丹、溴甲烷、氟虫胺、杀扑磷、百草枯、2，4-滴丁酯。其中 2，4-滴丁酯自 2023 年 1 月 29 日起禁止使用，溴甲烷可用于"检疫熏蒸处理"，杀扑磷已无制剂登记。

在部分范围禁止使用的农药有 20 种，具体见表 3-1。

表 3-1　在部分范围禁止使用的农药

通用名	禁止使用范围
甲拌磷、甲基异柳磷、克百威、水胺硫磷、氧乐果、灭多威、涕灭威、灭线磷	禁止在蔬菜、瓜果、茶叶、菌类、中草药材上使用，禁止用于防治卫生害虫，禁止用于水生植物的病虫害防治

（续）

通用名	禁止使用范围
甲拌磷、甲基异柳磷、克百威	禁止在甘蔗作物上使用
内吸磷、硫环磷、氯唑磷	禁止在蔬菜、瓜果、茶叶、中草药材上使用
乙酰甲胺磷、丁硫克百威、乐果	禁止在蔬菜、瓜果、茶叶、菌类和中草药材上使用
毒死蜱、三唑磷	禁止在蔬菜上使用
丁酰肼（比久）	禁止在花生上使用
氰戊菊酯	禁止在茶叶上使用
氟虫腈	禁止在所有农作物上使用（玉米等部分旱田种子包衣除外）
氟苯虫酰胺	禁止在水稻上使用

三、推行标准化生产

农业标准化是农业现代化重要标志和必然要求。随着经济社会发展，人们对安全、绿色、优质农产品的需求日益增加，发达国家已经形成了较为完整的农业标准化体系，实现了农产品生产全过程的标准化、农产品质量的标准化，增强了农业竞争力，促进了农业发展、农民增收、农业贸易和推进农业现代化发展。

改革开放以来，我国农业标准化工作发展迅速，逐步形成以国家标准为主体，行业标准、地方标准相互协调配套，科学合理，满足农产品生产、加工、贮存、包装、运输和销售等各个环节需要的农业标准体系。建设了一大批农业标准化示范区、园艺作物标准园、畜禽标准化示范场和水产健康养殖示范场。龙头企业、专业合作社和家庭农场等新型农业经营主应当率先开展标准化生产，实现生产设施、过程和产品标准化，主要做好以下工作。

（一）建立健全标准化生产制度

依照国家标准、行业标准、地方标准，制订和完善主要农产品质量安全标准、标准化生产技术规程和配套的农业机械作业标准、农用投入品使用标准，建立健全标准化生产规章制度。

（二）按照标准规范组织生产

以"工厂化"生产管理模式，推进标准化技术的实施和应用。实行"六统一"管理，即"统一作物布局、统一种苗供应、统一生产技术、统一投入品管理、统一质量标准，统一产品销售"，通过标准化体系的推广和运用，实现农田设施标准化、生产技术标准化、管理流程标准化、指标体系标准化、作业程序标准化、环境管理标准化。

（三）建立健全农产品质量监测体系

为农产品质量安全提供保障，定期或不定期开展农产品质量检测，确保上市农产品质量安全符合国家及目标市场有关标准和规范要求。已实行食用农产品合格证制度的，应当按规定开具合格证，确保其生产经营食用农产品的质量安全。

（四）规范农用投入品管理

建立农资专供点，实施农业投入品（种子、农药、化肥）的购进、使用、保管登记制度，严禁购进和使用国家禁止生产、销售和使用的农药。建立农业投入品进货和销售档案，对每次所进的农业投入品名称、来源、数量、时间、批次和主要去向及时登记建档。

（五）建立生产管理档案，确保质量安全追溯管理

健全管理制度，包括统一服务制度、质量检测制度、档案管理制度等。按照田块建立田间管理档案，做好农事操作记录、农业投入品使用记录、采收记录、销售记录等，实现从田头到销售

全程质量安全控制的追溯系统。

（六）实施农机统一管理，推进农机作业标准化

实施农机作业标准化是推进农业标准化的重要手段，农机管理要实行"三到位"，即"技术落实到位、措施落实到位、服务落实到位"。制定田间作业质量标准及检查验收办法，加强农业机械保养和维修，实现农机的集中停放和统一调度，建立健全农机管理档案。

（七）开具食用农产品合格证

食用农产品生产企业、农民专业合作社、家庭农场，应当根据国家法律法规、农产品质量安全国家强制性标准，严格执行现有的农产品质量安全控制要求，生产合格农产品。农业农村部已经在全国试行食用农产品合格证制度，这是农产品种植养殖生产者在自我管理、自控自检的基础上，自我承诺农产品安全合格上市的一种新型农产品质量安全治理制度，是提升农产品质量安全治理能力的现实需要，是落实农产品生产者主体责任的有效办法。目前，食用农产品生产企业、农民专业合作社、家庭农场列入试行范围，其农产品上市时要出具合格证。鼓励小农户参与试行。试行品类包括蔬菜、水果、畜禽、禽蛋、养殖水产品。凡是列入试行范围的生产主体，对所销售的试行品类内的食用农产品都应当开具并出具食用农产品合格证。

四、发展"三品一标"农产品

无公害农产品、绿色食品、有机农产品和农产品地理标志简称为"三品一标"，是我国重要的安全优质农产品公共品牌。"三品一标"涵盖安全、优质、特色等综合要素，是满足公众对营养健康农产品消费的重要实现方式。国家大力支持发展"三品一标"农产品，《国民营养计划（2017—2030年）》要求将"三品一标"在同类农产品中总体占比提高至80%以上。

（一）无公害农产品

无公害农产品，是指产地环境、生产过程和产品质量符合国家有关标准和规范的要求，经认定合格的未经加工或者初加工的食用农产品。无公害农产品的定位是保障消费安全、满足公众需求。

无公害农产品管理工作，由政府推动，并实行产品认定的工作模式，将无公害农产品产地认定证书和无公害农产品产品认证证书合二为一。申请无公害农产品认定，应当具备规定的产地条件与生产管理要求，并经现场检查合格、产品和产地环境检测合格。

各省、自治区、直辖市和计划单列市农业农村行政主管部门负责本辖区内无公害农产品的认定审核、专家评审、颁发证书及证后监管管理等工作，县级农业农村行政主管部门负责受理无公害农产品认定的申请。申请人可以通过全国一体化在线政务服务平台下载申报材料进行申请，也可以通过所在乡镇、县级行政服务中心领取申报材料进行申请。

（二）绿色食品

绿色食品是产自优良生态环境、按照绿色食品标准生产、实行全程质量控制并获得绿色食品标志使用权的安全、优质食用农产品及相关产品。绿色食品标志依法注册为证明商标，受法律保护。

中国绿色食品发展中心负责全国绿色食品标志使用申请的审查、颁证和颁证后跟踪检查工作。申请使用绿色食品标志应当符合相应的产品条件和申请人条件，经现场检查和抽样检测符合产地环境、生产技术、产品质量、包装储运等标准和规范。《绿色食品标志管理办法》（农业部令2012年第6号）规定了绿色食品标志申请的条件、程序和材料要求。申请人可以通过全国一体化在线政务服务平台下载申报材料进行申请，也可以通过所在乡镇、县级行政服务中心领取申报材料进行申请。

（三）有机产品

有机产品认证是指认证机构按照《有机产品》（GB/T 19630—2019）国家标准和《有机产品认证管理办法》以及《有机产品认证实施规则》的规定对有机产品生产和加工过程进行评价的活动。在我国境内销售的有机产品均需经国家认证认可监督管理委员会批准的认证机构认证。

（四）农产品地理标志

农产品地理标志，是指标示农产品来源于特定地域，产品品质和相关特征主要取决于自然生态环境和历史人文因素，并以地域名称冠名的特有农产品标志。国家对农产品地理标志实行登记制度，经登记的农产品地理标志受法律保护。

1. 申请地理标志登记的农产品应符合的条件

（1）称谓由地理区域名称和农产品通用名称构成。

（2）产品有独特的品质特性或者特定的生产方式。

（3）产品品质和特色主要取决于独特的自然生态环境和人文历史因素。

（4）产品有限定的生产区域范围。

（5）产地环境、产品质量符合国家强制性技术规范要求。

2. 对农产品地理标志登记申请人的规定 农产品地理标志登记申请人为县级以上地方人民政府根据下列条件择优确定的农民专业合作经济组织、行业协会等组织：

（1）具有监督和管理农产品地理标志及其产品的能力。

（2）具有为地理标志农产品生产、加工、营销提供指导服务的能力。

（3）具有独立承担民事责任的能力。

3. 申请材料 符合农产品地理标志登记条件的申请人，可以向省级人民政府农业行政主管部门提出登记申请，并提交下列申请材料：

(1) 登记申请书。

(2) 产品典型特征特性描述和相应产品品质鉴定报告。

(3) 产地环境条件、生产技术规范和产品质量安全技术规范。

(4) 地域范围确定性文件和生产地域分布图。

(5) 产品实物样品或者样品图片。

(6) 其他必要的说明性或者证明性材料。

4. 申请 申请人可以通过全国一体化在线政务服务平台下载申报材料进行申请，也可以通过所在乡镇、县级行政服务中心或县农业农村主管部门领取申报材料进行申请。

五、培育农产品品牌

品牌是市场经济的产物，是农业市场化、现代化的重要标志。品牌强农是经济高质量发展、提升农业竞争力、促进农民增收的有力举措。农业企业、专业合作社等新型农业经营主体应当围绕农产品品牌建设做好以下工作。

(一)用好农产品区域公用品牌

农产品区域公用品牌是指在一个具有特定自然生态环境、历史人文因素的区域内，由相关组织所有，由若干农业生产经营者共同使用的农产品品牌。该类品牌由"产地名＋产品名"构成，原则上产地应为县级或地市级，并有明确生产区域范围。农业农村部组织开展中国农业品牌目录建设工作，省、市、县农业农村主管部门组织开展本区域农产品区域公用品牌建设工作。新型农业经营主体可以根据自身条件，按照品牌授权管理办法申请使用农产品区域公用品牌。

(二)打造农业企业品牌和农产品品牌

品牌化是农业现代化的核心竞争力和重要标志，新型农业经营主体应当结合自身基础和愿景，制定具有战略性、前瞻性的品牌发展规划，加快商标注册、专利申请、"三品一标"认证，打造农业企业品牌和农产品品牌。粮食生产功能区、重要农产品生产保护区及现代农业产业园等园区，应当积极培育粮棉油、肉蛋奶等"大而优"的大宗农产品品牌。新型农业经营主体应当积极创建地域特色鲜明"小而美"的特色农产品品牌。农业企业要充分发挥组织化、产业化优势，与原料基地建设相结合，加强自主创新、质量管理、市场营销，打造具有较强竞争力的企业品牌。

（三）挖掘品牌文化内涵

农业品牌建设要不断丰富品牌内涵，树立品牌自信，培育具有强大包容性和中国特色的农业品牌文化。深入挖掘农业的生产、生活、生态和文化等功能，积极促进农业产业发展与农业非物质文化遗产、民间技艺、乡风民俗、美丽乡村建设深度融合，加强老工艺、老字号、老品种的保护与传承，培育具有文化底蕴的中国农业品牌，使之成为走向世界的新载体和新符号。充分挖掘农业多功能性，使农业品牌业态更多元、形态更高级。研究并结合品牌特点，讲好农业品牌故事，大力宣扬勤劳勇敢的中国品格、源远流长的中国文化、尚农爱农的中国情怀，以故事沉淀品牌精神，以故事树立品牌形象。充分利用各种传播渠道，开展品牌宣传推介活动，加强国外受众消费习惯的研究，在国内和国外同步发声，增强中国农业品牌在全世界的知名度、美誉度和影响力。

（四）提升品牌营销能力

以消费需求为导向，以优质优价为目标，推动传统营销和现代营销相融合，创新品牌营销方式，实施精准营销服务。全面加强品牌农产品包装标识使用管理，提高包装标识识别度和使用率。充分利用农业展会、产销对接会、产品发布会等营销促销平台，借助大数据、云计算、移动互联等现代信息技术，拓宽品牌流通渠道。探索建立多种形式的品牌农产品营销平台,鼓励专柜、专营店建设,扩大品牌农产品市场占有率。大力发展农业农村电子商务,加快品牌农产品出村上行。

专栏

质量兴农典型案例

(一)青岛市农产品区域公用品牌:青岛农品

2017 年 12 月 05 日青岛市农产品区域公用品牌形象标识发布。青岛市农产品区域公用品牌形象标识包含品牌名称、品牌口号和形象标识三部分。其中,"青岛农品"作为区域公用品牌名称,"绿色品质·世界共享"为品牌口号和品牌形象标识 logo。全市各级农业部门一如既往地实施绿色品牌战略,秉承"绿色品质·世界共享"的理念,坚守"绿色"底色,强化"国际"标准,着眼"世界"品质,全力打造"青岛农品"整体品牌形象,以绿色品质与世界共享美好。

近年来,市委、市政府高度重视农产品品牌建设,坚持把品牌建设作为推进农业供给侧结构性改革、加快农业转型升级的重要抓手,大力实施农产品品牌战略,培育了胶州大白菜、崂山绿茶、大泽山葡萄、黄岛蓝莓、马家沟芹菜等一批在全国全省知名的农产品区域公共品牌和企业产品品牌,初步形成了基础牢、品牌响、特色强、质量好的现代农业发展态势。据统计,目前,全市涉农产品注册商标 1.9 万多个,著名农业品牌 166 个,其中中国驰名商标 10 个,国家级名牌13 个;"三品一标"农产品 887 个,国家地理标志保护农产品 51 个,总数量居副省级城市首位,"青岛农品"已成为国内绿色生态、优质高端的亮丽名片。

为加快构建"青岛农品"公用品牌体系，推进现代农业高质量发展，2018年8月确定41个农产品品牌为"青岛农品"首批授权使用品牌。"2019中国区域农业品牌发展论坛暨2019中国区域农业品牌年度盛典"系列活动，公布了"2019中国区域农业品牌影响力排行榜"。其中，青岛市农业农村局"青岛农品"区域农业公用品牌位列区域农业形象品牌（地市级）类别第二位。

为了向全国、全球讲好青岛"好山好水好农品"的品牌故事，2019年6月，以"绿色品质·世界共享"为主题的"青岛农品"宣传片在中央电视台3个频道黄金时段陆续播出，崂山茶、黄岛蓝莓、胶州大白菜等12个区域公用品牌轮番亮相，充分展现了青岛"开放、现代、活力、时尚"的城市形象。2019年11月青岛市农业农村局、青岛日报报业集团联合主办"青岛农品周"活动，中华美食频道主持人"大嘴"、抖音红人"郝开心"等10位"网红推荐官"面对镜头边侃边吃。据悉，共有10家企业近50个单品参与，囊括速食产品、海鲜干货、茶叶礼盒等，为"青岛农品"圈粉500余万。2019中国（青岛）国际品牌农产品博览会暨乡村振兴洽谈会成功举办，"青岛农品"集中亮相青岛国际会展中心。为期三天的展会，是青岛乃至山东省内举办的规模最大的一次品牌农产品盛宴，"青岛农品"再次赢得广泛赞誉。

（二）农产品地理标志产品：马家沟芹菜

1. 产品介绍 马家沟芹菜是中国芹菜（本芹）空心类型中具有浓郁地方特色的优良农家品种，山东省著名地方特产，距今已有1000多年栽培历史。其优良品质主要取决于当地独特的土壤、水质和自然环境条件，主要特点是：色泽黄绿、叶柄空心、嫩脆清香，品质上乘。2005 年获得了绿色食品 A 级认证；被评为"2008 青岛奥帆赛食品备案种植基地"；2007 年被评为"岛城十大商标"和国家地理标志产品；2008 年被评为山东省著名商标；2010 年被评为中国驰名商标；获第八、九届中国国际农产品交易会金奖；2013 年获青岛市区域公用品牌；2014 年获第十二届中国国际农产品交易会畅销产品奖。

2. 自然生态环境

（1）土壤地貌情况。马家沟芹菜产区为大泽山脉冲积平原，地势平坦、土层深厚、土质较好、土壤肥力较高，地下水丰富，土壤属轻黏壤土，保水保肥，土壤中芹菜生产过程中需求量最多的三种中微量元素钙、镁、硼含量较高，这是马家沟芹菜品质形成的重要因素。经化验分析，马家沟芹菜的原产地土壤 pH 在 6.9～7.4，生长过程中需求量最多的中微量元素钙和硼在土壤中的含量是 668 毫克/千克和 0.9 毫克/千克，分别是区域外的 3.4 倍和 2 倍，非常有利于芹菜的生长。

（2）水文情况。生产区域内多年平均降水量为 609.9 毫米，全市地表水总量为 3.73 亿米³，地下水资源 2.75 亿米³，一般年份水资源可利用量为 4.12 亿米³，地下水质良好。充足的水分可以促进植株生长，使叶数多，叶面积大，生长旺盛。

（3）气候情况。产区属暖温带大陆性季风气候区，四季分明，年平均气温 12.2℃，极端最低气温-18.3℃，极端最高气温 38.7℃，热害和严重冻害发生的概率较小。年无霜期 196 天，光照充足，年平均日照时数 2 700.7 小时，日照百分率为 61%，在全省为中等偏高水平。大于 0℃的日照时数为

2 172 小时，占全年日照时数的 80.42%，大于 10 ℃的日照时数为 1 673.3 小时，占全年日照时数的 61.96%，太阳平均辐射总量为 525.3 千焦/厘米²。大于等于 0 ℃的有效积温为 4 563 ℃，大于等于 10 ℃的有效积温为 4 106 ℃。

3. 地域范围 马家沟芹菜生产区域位于平度市城区西部，根据马家沟芹菜多年栽培的历史经验，结合土壤、灌溉水及相关气候因素的考察论证，马家沟芹菜的适宜生产地域范围是平柞路、平营路以西，泽河以北，武王山、三城路以东，花山以南区域内耕地，涉及李园街道办事处的 63 个村，城关街道办事处的 2 个村，同和街道办事处的 19 个村，门村镇的 9 个村，共 93 个村。地理坐标为东经 119°51′15″至 119°57′18″，北纬 36°45′07″至 36°53′13″，平均海拔 31 米。总面积 6.8 万亩，年产 40 万吨。

4. 产品品质特性特征

（1）外在感官特征。叶大平展、叶柄空心、色泽黄绿、鲜嫩酥脆、清香微甜。

（2）内在品质。蛋白质≥1.0 克/100 克、粗纤维≤1.0 克/100 克、总糖≥0.5%、可溶性固形物≥5.0%、碳水化合物≥4.0%，氨基酸≥0.8 克/100 克。

（3）安全要求。生产过程中严格按照绿色食品农产品生产资料使用准则和生产技术操作规程要求，限量使用限定的化学合成生产资料。

5. 特定生产方式 在生产优质马家沟芹菜获取经济效益的同时，最大程度地保护人类健康和生态环境，优先采取自然措施，尽可能地减少农业化学物质的使用。

（1）产地选择。选择地面平整、排水畅通、土层深厚、疏松透气、土壤肥沃、中性或微酸性的沙壤土。

（2）品种选择。选用马家沟大叶黄芹菜。

（3）生产管理。按国家或行业绿色食品规范化生产技术操作规程要求进行生产管理。

（4）产品收获及产后处理。根据市场需求，陆续采收上市。采收时，认真执行安全间隔采收期，喷药后间隔7～10天，追施化肥30天后才可采收，剔除残次品，并防止加工环节的污染；不定期分批抽检，按无公害蔬菜标准上市。采用半地下窖的形式进行贮藏，温度控制在－2～0℃，空气相对湿度保持在97％～99％。

（5）生产记录要求。马家沟芹菜生产全过程，建立田间生产档案，全面记载并妥善保存，以备查阅。青岛琴香园芹菜产销专业合作社建立档案室，待生产周期结束后，对田间生产记录进行存档。

6. 包装标识相关规定

符合下列条件的单位和个人，可以向登记证书持有人申请使用农产品地理标志：①生产经营的农产品产自登记确定的地域范围；②已取得登记农产品相关的生产经营资质；③能够严格按照规定的质量技术规范组织开展生产经营活动；④具有地理标志农产品开发经营能力。使用农产品地理标志，应当按照生产经营年度与登记证书持有人签订农产品地理标志使用协议，在协议中载明使用数量、范围及相关的责任义务。

农产品地理标志使用人享有以下权利：①可以在产品及其包装上统一使用农产品地理标志（马家沟芹菜名称和公共标识图案组合标注型等）；②可以使用登记的农产品地理标志，进行宣传和参加展览、展示及展销。

农产品地理标志使用人应当履行以下义务：①自觉接受

登记证书持有人的监督检查；②保证地理标志农产品的品质和信誉；③正确规范地使用农产品地理标志。

地理标志农产品的生产经营者，应当建立质量控制追溯体系，农产品地理标志持有人和标志使用人，对地理标志农产品的质量和信誉负责。任何单位和个人不得伪造、冒用农产品地理标志和登记证书。鼓励单位和个人对农产品地理标志进行社会监督。

第三节　高效粮油生产

确保粮食安全始终是治国理政的头等大事。粮食生产要稳字当头，稳政策、稳面积、稳产量。青岛市把稳住粮食生产作为农业农村工作的头等大事，建设 300 万亩高效粮食生产功能区，加快推进高标准农田建设，稳步推进现代农业适度规模经营，做强粮食、油料百亿级产业链。

推进耕地质量保护与提升行动，通过增施有机肥、种植绿肥、使用土壤调理剂等措施，改善土壤理化性状，培肥耕地基础地力。开展绿色高质高效创建，调整优化粮食种植结构，集成推广绿色高质高效标准化生产技术模式。开展新品种示范，推广应用统防统治、绿色防控、水肥一体化及先进的现代化节水、节肥、节药新机具、新设备，有效减少淡水、化肥、农药使用量。推行全程社会化服务，加快实现粮食生产良种化、标准化、绿色化、机械化和服务全程社会化"五化"目标。推进主要农作物生产全程机械化，加快高效植保、产地烘干、秸秆处理等环节与耕种收环节机械化集成配套。组织发布作物品种、种植制度、经营规模、装备技术等要素集成配套的区域性全程机械化解决方案。

一、小麦

（一）旱地小麦宽幅播种高效栽培技术

1. 做好播种前的准备工作

（1）确定小麦品种。应当选用抗旱、抗倒伏、抗冻、抗病的冬性或半冬性品种。根据土壤条件选择抗旱耐瘠或者抗旱耐肥品种，旱薄地麦田种植抗旱耐瘠品种，土层深厚、肥力高的旱肥地选择增产潜力大的抗旱耐肥品种。

（2）种子包衣处理。选用高效低毒的小麦专用种衣剂包衣。没有包衣的种子要用药剂拌种，根病发生较重的地块，选用4.8%苯醚·咯菌腈按种子量的0.2%～0.3%拌种，或2%戊唑醇按种子量的0.1%～0.15%拌种；地下害虫发生较重的地块，选用40%辛硫磷乳油按种子量的0.2%拌种；病、虫混发地块用杀菌剂＋杀虫剂混合拌种。

（3）施足基肥。每亩施用腐熟的有机肥不少于2 000千克。根据土壤肥力情况确定化肥用量，一般每亩施纯氮（N）10～12千克、磷（P_2O_5）8～10千克、钾（K_2O）6～8千克，硫酸锌（$ZnSO_4$）1千克，所施肥料结合深耕全作基肥施入土壤。在春季降水较多的地区，可将60%～70%的氮肥施作基肥，剩余30%～40%的氮肥于第二年春季土壤返浆期开沟追施，或于小麦返青后借雨追施。

（4）深耕整地。前作收获后及早深耕，耕深25厘米。随耕随耙，耙透耙平，达到地面平整、上松下实、保墒抗旱，避免表层土壤疏松播种过深，形成深播弱苗。在干旱年份，深耕会造成失墒过多，不利于苗全苗壮，可采用免耕栽培方式。

2. 播种技术

（1）根据气候条件适期播种。从播种至越冬开始，以0 ℃以上积温570～650 ℃为宜。山东旱地小麦的适宜播期为9月28

日～10 月 10 日，最适播期为 10 月 1～8 日，但播种时必须考虑土壤墒情，当土壤有失墒危险时要抢墒播种。

（2）合理确定播种量。适期播种的每亩基本苗 15 万株左右；抢墒早播的每亩基本苗 12 万株；推迟后播的适当增加播种量。

（3）宽幅播种。采用小麦耧腿式宽幅精播机或圆盘式宽幅精播机播种，苗带宽度 7～8 厘米，行距 20～22 厘米，播种深度 3～4 厘米。播种机不能行走太快，每小时 5～7 千米，保证下种均匀、深浅一致、行距一致、不漏播、不重播、地头地边播种整齐。播种机需配备镇压装置，随种随压。

3. 冬前管理

（1）查苗补种。出苗后及时查苗补种，对缺苗断垄的地方，用同一品种的种子浸种后开沟撒种，墒情差的开沟浇水补种。

（2）镇压划锄。出苗后遇雨或土壤板结，及时进行镇压划锄，破除板结，有利于保墒。秋冬雨雪较少，表土变干，坷垃较多时应进行镇压。

（3）适时防治病虫草害。防治地下害虫，每亩可用 50％辛硫磷乳油 40～50 毫升喷麦茎基部。秋季小麦三叶后大部分杂草出土，是化学除草的有利时机。对以双子叶杂草为主的麦田每亩可用 15％噻吩磺隆可湿性粉剂 10 克加水喷雾防治，也可用 20％氯氟吡氧乙酸乳油 50～60 毫升或 5.8％双氟·唑嘧胺乳油 10 毫升防治；对单子叶禾本科杂草严重的麦田每亩可用 3％甲基二磺隆乳油 25～30 毫升或 70％氟唑磺隆水分散剂 3～5 克，茎叶喷雾防治。双子叶和单子叶杂草混合发生的麦田可用以上药剂混合使用。

4. 春季管理

（1）镇压划锄。小麦返青期先镇压，后划锄，压碎坷垃、弥封裂缝、增温保墒。

（2）追肥。在早春土壤返浆或雨后开沟追肥，深施、埋严。

（3）综合防治病虫害。小麦返青至拔节期是小麦纹枯病、全蚀病、根腐病等根病和丛矮病、黄矮病等病毒病的又一次侵染扩展高峰期及危害盛期，也是麦蜘蛛、地下害虫的危害盛期，是小麦综合防治的第二个关键环节。防治纹枯病、根腐病可选用250克/升丙环唑乳油每亩30～40毫升，300克/升苯醚甲环唑·丙环唑乳油每亩20～30毫升，或240克/升噻呋酰胺悬浮剂每亩20毫升喷小麦茎基部，间隔10～15天再喷一次；防治麦蜘蛛宜在10:00以前或16:00以后进行，可每亩用5%阿维菌素悬浮剂4～8克或4%联苯菊酯微乳剂30～50毫升。以上病虫混合发生时可采用以上对应药剂一次混合喷雾施药防治，达到病虫兼治的目的。

5. 后期管理

（1）预防赤霉病。开花期遇阴雨或雾霾天气，每亩用50%多菌灵可湿性粉剂或50%甲基硫菌灵可湿性粉剂75～100克，加水稀释1 000倍，于开花始期和开花后对穗喷雾防治。

（2）虫害防治。防治麦蚜，在小麦开花至灌浆期间，百穗蚜量500头，或蚜株率达70%时，每亩用10%吡虫啉10～15克或50%抗蚜威可湿性粉剂10～15克，兑水50千克喷雾；防治麦红蜘蛛，当平均每33厘米行长小麦幼螨200头或每株有6头时，每亩用20%甲氰菊酯乳油30毫升或40%马拉硫磷乳油30毫升，加水30千克稀释喷雾；防治小麦吸浆虫，在抽穗至开花盛期，每亩用4.5%高效氯氰菊酯15～20毫升或2.5%溴氰菊酯乳油15～20毫升，加水50千克喷雾。

（3）叶面喷肥。灌浆期叶面喷施黄腐酸、0.2%～0.3%磷酸二氢钾、1%～2%尿素等叶面肥，延长小麦功能叶片光合速率高值持续期，提高小麦抗干热风的能力，延缓衰老，提高粒重。

6. 收获

用联合收割机在蜡熟末期至完熟初期收获，麦秸还田。优质专用小麦单收、单打、单贮。

（二）小麦宽幅精播水肥一体化生产技术

1. 水肥一体化技术要求

（1）滴灌施肥系统组成。水肥一体化系统包括首部枢纽（水泵、动力机、施肥系统、过滤设备、控制阀等）、输配水管网（包括干管、支管、毛管三级管道）、灌水器以及流量、压力控制部件和墒情监测仪等。施肥系统包括文丘里施肥器、注肥泵、施肥罐等。常用过滤设备包括网式过滤器、叠片式过滤器，含沙多的水源需加装离心过滤器，含苔藓等杂物多的水源需加装介质过滤器。

（2）滴灌施肥系统使用。根据种植面积、水源等条件选择合适的施肥系统。使用过程中应规范系统运行和管网维护。灌溉季节过后，应将滴灌管冲洗干净，拆卸管网，收好备用。

2. 小麦宽幅播种

（1）选用良种。选用通过国家或山东省农作物品种审定委员会审定，经当地试验、示范，适应当地生产条件，单株生产力高、抗倒伏、抗病、抗逆性强、株型较紧凑、光合能力强、经济系数高、不早衰的冬性或半冬性高产小麦品种。

（2）施足基肥。施肥种类和数量应考虑到土壤养分的丰缺，平衡施肥。总施肥量一般每亩施腐熟的圈粪 3 000 千克左右。亩产 500 千克地块参考化肥施用量一般为纯氮（N）14 千克、磷（P_2O_5）6～8 千克、钾（K_2O）7.5 千克、硫酸锌（$ZnSO_4$）1 千克。上述总施肥量中，应将有机肥、磷肥、钾肥、锌肥的全部和氮肥总量的 50%，作基肥于耕地时施用，第二年春季看苗于小麦起身或拔节期再施总氮肥的 50%。

（3）宽幅播种。采用小麦耧腿式宽幅精播机或圆盘式宽幅精播机播种，苗带宽度 7～8 厘米，播种深度 3～4 厘米。对于整地质量较好的地块，要采用耧腿式小麦宽幅播种机；对于整地质量差、秸秆坷垃较多的地块，要采用圆盘式小麦宽幅播种机。适期播种的高产麦田，分蘖成穗率高的中穗型品种每亩适宜基本苗为

12 万～16 万株，40 万穗以上；分蘖成穗低的大穗型品种每亩适宜基本苗为 15 万～18 万株，30 万穗左右。

3. 水肥管理

（1）管道铺设。小麦播种后，铺设水肥一体化管道。

（2）肥料选择。使用水肥一体化专用液体肥料，应根据土壤养分、小麦目标产量及其生育期选择适宜的肥料种类和养分配比，也可选用适宜养分配比的可溶性复合肥料。

（3）追肥时间。应根据土壤肥力、土壤墒情和作物生长状况进行追肥。宜勤施薄施，通常在小麦起身拔节期、开花期、灌浆期根据土壤墒情及时进行肥水管理。

（4）追肥方法。追肥时先用清水滴灌 5 分钟以上，然后打开肥料母液贮存罐的控制开关使肥料进入灌溉系统，通过调节施肥装置的水肥混合比例或调节肥料母液流量的阀门开关，使肥料母液以一定比例与灌溉水混合后施入田间。注意水肥混合液的 EC 值宜控制在 0.5～1.5 毫秒/厘米，不能超过 3.0 毫秒/厘米。

4. 设施维护

（1）过滤器。宜选用带有反冲洗装置的叠片式过滤器，否则应定期拆出过滤器的滤盘进行清洗，保持水流畅通，并经常监测水泵运行情况，一般过滤器前后压力相差应为 10～60 千帕，若超过 80 千帕表明过滤器已被堵塞，要尽快清洗滤盘片。

（2）滴灌带。滴肥液前先滴 5～10 分钟清水，肥液滴完后再滴 10～15 分钟清水，以延长设备使用寿命，防止肥液结晶堵塞滴灌孔。发现滴灌孔堵塞时可打开滴灌带末端的封口，用水流冲刷滴灌带内杂物，可使滴灌孔畅通。

（三）小麦全程机械化生产技术

1. 播前准备

（1）秸秆处理。前茬玉米可使用穗茎兼收的收获机械，收获玉米后进行秸秆还田，要求秸秆切碎后均匀抛洒，切碎长度不大于 5 厘米，抛撒不均匀率不大于 20%。

（2）播前整地。可采用深耕或深松的方法进行土壤耕作，两者选一。采用耕翻的麦田，应耕深≥30 厘米，破除犁底层，掩埋前茬秸秆。耕翻后及时耙地或镇压，考虑生产成本，2～3 年深耕一次即可。深松后，采用旋耕机旋耕，旋耕深度 15 厘米。旋耕后及时用钉齿耙耙压或用镇压器镇压。

（3）种子准备。选用通过国家或山东省农作物品种审定委员会审定，经当地试验、示范，适应当地生产条件的冬性或半冬性高产小麦品种。播种前用高效低毒的专用种衣剂进行种子包衣或药剂拌种。

2. 播种

（1）机械选择。选用楼腿式或圆盘式宽幅施肥精量播种机，建议开沟、播种、施肥、覆土、镇压一次性完成。

（2）播期、播量。适宜的播期应掌握在日平均气温 14～17 ℃。全省小麦的适宜播期参考值为：鲁东地区应为 10 月 1～10 日；鲁中地区应为 10 月 3～13 日；鲁南、鲁西南地区应为 10 月 5～15 日；鲁北、鲁西北地区应为 10 月 2～12 日。在适宜播种期内，分蘖成穗率低的大穗型品种，每亩基本苗 15 万～20 万株；分蘖成穗率高的中穗型品种，每亩基本苗 12 万～18 万株。为确保适宜的播种量，应按下列公式计算：

每亩播种量（千克）＝［要求基本苗×千粒重（克）］/（1 000×1 000×发芽率×出苗率）

（3）作业要求。作业过程中严禁倒退，避免堵塞开沟器。作业速度一般为 2～5 千米/时，播种深度 3～4 厘米。作业过程中应随时检查播量、播深、行距，要经常观察播种机各部件工作是否正常，特别要注意排种、输种管是否堵塞，箱内种子和肥料是否充足。

3. 田间管理

（1）划锄镇压。小麦三叶期至越冬前，每遇降雨或浇水后，都要及时机械划锄。立冬后，若每亩总茎数达 80 万以上时，要进行镇压。早春要适时镇压划锄，对于吊根苗和土壤暄松的地块，要在早春土壤化冻后进行机械镇压。

（2）肥水管理。对于悬根苗以及耕种粗放、坷垃较多及秸秆还田的一般麦田要浇越冬水。追施肥水，推荐使用滴管、喷灌及肥水一体化设备在冬前、返青、拔节、孕穗、灌浆等关键时期，根据土壤墒情和苗情长势，统筹进行肥水调控。

（3）病虫草害防治。冬前和春季是防治病虫害和进行化学除草的关键时期，要根据病虫草害类型和发生严重程度，正确选择药剂，规范施用。在孕穗期至灌浆期进行"一喷三防"，将杀虫剂、杀菌剂与磷酸二氢钾（或其他的预防干热风的植物生长调节剂、微肥）混配，叶面喷施，一次施药可达到防虫、防病、防干热风的目的。建议使用喷药机、弥雾机或无人机飞防进行植保作业。

4. 适时收获　小麦蜡熟末期至完熟期使用小麦联合收割机收获，小麦秸秆还田，实行单收、单打、单贮。

二、玉米

（一）夏玉米高产优质高效生产技术

1. 选地　土壤肥沃，通透性好，有机质含量 1‰ 以上，有效氮每克 80 微克以上，有效磷每克 20 微克以上，速效钾每克 100 微克以上，水源充足，灌排条件好。

2. 品种选择　选用紧凑大穗型、抗逆性强的优质新品种，种子纯度≥98%，发芽率≥85%，净度≥98%，含水量≤13%。

3. 种子处理　禁止使用含有克百威（呋喃丹）、甲拌磷（3911）等杀虫剂的种衣剂，应选择高效低毒绿色的玉米种衣剂。

可用5.4%吡·戊玉米种衣剂包衣，控制苗期灰飞虱、蚜虫、粗缩病、丝黑穗病和纹枯病等。或采用药剂拌种，用戊唑醇、福美双、粉锈宁等药剂拌种可以减轻玉米丝黑穗病的发生，用辛硫磷、毒死蜱等药剂拌种，防治地老虎、金针虫、蝼蛄、蛴螬等地下害虫。

4. 播种

（1）播种期。时间一般在6月5～15日，即小麦收获后及时播种。

（2）播种量。播种量一般为每亩2～3千克，根据品种特性酌情增减。

（3）播种方式。麦收后抢茬夏直播，采用等行或大小行足墒机械播种，根据墒情酌情浇水。

5. 群体控制

（1）合理密植。紧凑型玉米品种每亩留苗4 500～5 000株，紧凑大穗型品种留苗3 500～4 000株。

（2）提高群体整齐度和玉米花后群体光合速率高值持续期。3叶期间苗，5叶期定苗，及时查苗补苗，拔除小弱株，提高群体整齐度，保证植株健壮，改善群体通风透光条件。

6. 施肥技术

（1）施肥原则。前茬冬小麦施有机肥每亩2 700千克以上的，夏玉米以施用化肥为主；根据产量确定施肥量，一般高产田按每生产100千克籽粒施用纯氮（N）3千克，磷（P_2O_5）1千克，钾（K_2O）2千克计算；平衡氮、硫、磷营养，配方施肥；在肥料运筹上，轻施苗肥、重施大口肥、补追花粒肥。

（2）施肥量。产量每亩600千克的地块，需施纯氮（N）18～20千克，磷（P_2O_5）6～7千克，钾（K_2O）9～11千克（折合尿素39～42千克，标准过磷酸钙43～48千克，硫酸钾19～21千克），高肥地取低限指标，中肥地取高限，另施1千克硫酸锌。

（3）施肥时期。分苗肥、穗肥、花粒肥三次施用。苗肥，在玉米拔节期将氮肥总量 30%＋全部磷、钾、硫、锌肥，沿幼苗一侧开沟深施（15～20 厘米），以促根壮苗；穗肥，在玉米大喇叭口期（叶龄指数 55%～60%，第 11～12 片叶展开）追施总氮量的 50%，深施以促穗大粒多；花粒肥，在籽粒灌浆期追施总氮量的 20%，以提高叶片光合能力，增粒重。也可选用含硫玉米缓控施专用肥，苗期一次性施入。

7. 灌溉 夏玉米各生育期适宜的土壤水分指标（田间持水量的百分数）分别为：播种期 75% 左右，苗期 60%～75%，拔节期 65%～75%，抽穗期 75%～85%，灌浆期 67%～75%。玉米生长期降雨与生长需水同步，除苗期外，各生育时期田间持水量降到 60% 以下均应及时浇水。

8. 病虫草综合防治

（1）防治原则。按照"预防为主，综合防治"的原则，优先采用农业防治、生物防治、物理防治，合理使用化学防治。

（2）杂草防治。播种后，墒情好时可每亩直接喷施 40% 乙莠水悬浮乳剂 200～250 毫升，或 33% 二甲戊灵（施田补）乳油 100 毫升＋72% 异丙甲草胺乳油 75 毫升＋50 升水进行封闭式喷雾；墒情差时，玉米幼苗 3～5 叶、杂草 2～5 叶期每亩喷施 4% 烟嘧磺隆悬浮剂（玉农乐）100 毫升。

（3）苗期黏虫、蓟马的防治。黏虫可用灭幼脲、辛硫磷乳油等喷雾防治，蓟马可用 5% 吡虫啉乳油 2 000～3 000 倍喷雾防治。

（4）玉米螟防治。在小口期（第 9～10 叶展开），用 1.5% 辛硫磷颗粒剂 0.25 千克，掺细沙 7.5 千克，混匀后撒入心叶，每株 1.5～2 克。有条件的地方，当田间百株卵块达 3～4 块时释放松毛虫赤眼蜂，防治玉米螟幼虫。也可以在玉米螟成虫盛发期用黑光灯诱杀。

（5）锈病防治。发病初期用 25％三唑酮可湿性粉剂 1 000～1 500 倍液，或者用 50％多菌灵可湿性粉剂 500～1 000 倍液喷雾防治。

9. 适时收获　玉米成熟期即籽粒乳线基本消失、基部黑层出现时收获，收获后及时晾晒。

10. 秸秆还田　玉米收获后，严禁焚烧秸秆，应及时秸秆还田，以培肥地力。适于青贮的品种应适时收获，秸秆青贮用作饲料。

11. 其他灾害应变措施

（1）涝灾。玉米前期怕涝，淹水时间不应超过 0.5 天；生长后期对涝渍敏感性降低，淹水不得超过 1 天。

（2）雹灾。苗期遭遇雹灾，应加强肥水管理，可喷施叶面肥，促其恢复，降低产量损失；拔节后遭遇严重雹灾时，应及时组织科技人员进行田间诊断，视灾害程度，酌情采取相应措施。

（3）风灾。小口期前遭遇大风，出现倒伏，可不采取措施，基本不影响产量；小口期后遭遇大风而出现的倒伏，应及时扶正，并浅培土，以促迎根下扎，增强抗倒伏能力，降低产量损失。

（二）夏玉米精量直播晚收高产栽培技术

1. 选地　土壤肥沃，通透性好，有机质含量 1.0％以上，有效氮每克 90 微克以上，有效磷每克 20 微克以上，速效钾每克 90 微克以上。水源充足，灌排条件好。地表水、地下水水质清洁、无污染，水域或上游水没有对基地构成污染威胁的污染源。

2. 品种选择　选用通过国家或山东省审定的耐密、抗倒、适应性强、熟期适宜、高产潜力大的夏玉米新品种。选择纯度高、发芽率高、活力强、大小均匀、适宜单粒精量播种的优质种子，要求种子纯度应不小于 98％，种子发芽率应不小于 95％，净度应不小于98％，含水量应不大于13％。所选种子应进行种衣剂包衣。

3. 小麦秸秆处理 小麦采用带秸秆切碎和抛撒功能的联合收割机收获，小麦秸秆留茬高度应不大于20厘米，切碎长度应不大于10厘米，切断长度合格率应不小于95％，抛撒均匀率应不小于80％，漏切率应不大于1.5％。

4. 播种

（1）播种机选择。选用单粒精播玉米播种机械，一次完成开沟、施肥、播种、覆土、镇压等工序。

（2）播种期。适宜播期为6月上中旬。小麦收获后尽早播种玉米，玉米粗缩病连年发生的地块适宜播期为6月10～15日，发病严重的地块在6月15日前后播种。播种时田间相对含水量应为70％～75％，若墒情不足，可先播种后尽早浇"蒙头水"。

（3）播种方式。采用单粒精量播种机免耕贴茬精量播种，行距60厘米，播深3～5厘米。要求匀速播种，播种机行走速度应控制在每小时5千米左右，避免漏播、重播或镇压轮打滑。

（4）种植密度。一般生产大田，紧凑型玉米品种每亩留苗4 500～5 000株。

（5）种肥。采用带有施肥装置的播种机施用种肥，每亩施氮肥（N）3～4千克、磷肥（P_2O_5）6～8千克、钾肥（K_2O）12～17千克和硫酸锌1.5千克，穗期补追氮肥。或者，施用玉米专用肥或缓控释肥等，氮肥（N）、磷肥（P_2O_5）和钾肥（K_2O）的养分含量分别为每亩15～16千克、6～8千克和12～17千克，种肥一次性同播，后期不再追施肥料。种肥侧深施，与种子分开，防止烧种和烧苗。

5. 田间管理

（1）苗期。结合中耕除草，在人工灭除的基础上，做好化学防治。播种后出苗前，墒情好时可每亩直接喷施40％乙莠水悬浮乳剂 200～250 毫升兑水 50 千克进行封闭式喷雾；墒情差时，于玉米幼苗 3～5 片可见叶、杂草 2～5 叶期用 4% 烟嘧磺隆悬浮剂 100 毫升兑水 50 千克喷雾。

防治病虫害，加强对粗缩病、灰飞虱、黏虫、蓟马、地老虎和二点委夜蛾、草地贪夜蛾等病虫害的综合防控。

苗期如遇涝渍天气，应及时排水。

（2）穗期。小喇叭口到大喇叭口期之间，应及时拔除小、弱、病株。

追施穗肥，小喇叭口至大喇叭口期之间，每亩追施氮肥（N）12 千克左右，在距植株 10～15 厘米处利用耘耕施肥机开沟深施，施肥深度应为 10 厘米左右。

孕穗至灌浆期如遇旱应及时灌溉，尤其要防止"卡脖旱"；若遭遇渍涝，则及时排水。

小喇叭口至大喇叭口期之间，用药一次，有效防控褐斑病和玉米螟等，可采用飞机喷雾或者高地隙喷雾器防治玉米中后期多种病虫害，减少后期穗虫基数，减轻病害流行程度。

（3）花粒期。玉米开花授粉期间如遇连续阴雨或极端高温，应采取人工辅助授粉等补救措施。

花后 15～20 天，可每亩酌情增施尿素 6 千克左右，可结合浇水或降雨前追施，以提高肥效。

玉米开花灌浆期如遇旱应及时浇水。

6. 收获 在不耽误下茬小麦播种的情况下适时晚收，宜在 10 月 3～8 日收获，收获后及时晾晒，脱粒。收获时宜大面积连片推进、整村整镇推进，农机农艺联合推进，农机手和农户一起行动，避免联合收割机过早下地。严禁焚烧玉米秸秆，应进行秸秆还田。

（三）玉米全程机械化高产高效生产技术

1. 小麦秸秆处理与土壤耕作 小麦采用带秸秆切碎和抛撒

功能的雷沃 GE50 联合收割机收获，小麦秸秆留茬高度 15 厘米，切碎长度 5 厘米，切断长度合格率 98％，抛撒均匀率 90％，漏切率 1％，采用多种不同形式的免耕精量播种机械直接播种玉米。

2. 选用品种与种子处理　选用适宜机收籽粒的玉米品种，纯度大于 98％，发芽率大于 95％，净度大于 98％。对种子进行包衣，以便有效防控苗期病虫害。药剂选用噻虫嗪＋溴氰虫酰胺防治苗期虫害；选用精甲霜灵＋咯菌腈＋嘧菌酯防治苗期病害。

3. 播种机选择　选用玉米免耕精量播种机，一次作业可实现化肥深施、精量播种、覆土和镇压等。采用大华四行指甲式分层施肥精量播种机、农哈哈旋耕分层施肥四行精量播种机、传统两行精量播种机，实现不同种植模式。

4. 播种　播期为 6 月 20 日前后，播种方式采用单粒精量播种机免耕精量播种，行距平均 60 厘米。播种机作业速度根据不同机具掌握，一般应控制在每小时 6～8 千米，精量播种单粒率≥90％，漏播率＜5％，伤种率≤1.5％。播深要一致，播深或覆土深度一般为 3～5 厘米；株距应一致，株距合格率≥90％。

种植密度根据品种的特性确定。

选用肥料配方 $N：P_2O_5：K_2O$ 比例为 25：6：9 的控释肥，施肥量为每亩 40 千克，同时施 1 千克硫酸锌。播种前预调至计划施用量。施肥于种子侧下方 3～5 厘米处。

5. 苗期管理

（1）除草。玉米播种后，及时浇水，确保实现一播全苗。玉米出苗后，及时铺设滴灌管。

苗后茎叶处理技术：在土壤墒情差、天气干旱的情况下，使用苗后茎叶处理剂进行除草。施药时间为玉米的 3～5 叶期，选用 4％烟嘧磺隆可分散油悬浮剂，每亩 90～110 毫升或 24％烟嘧·莠去津油悬浮剂 100～120 毫升，兑水 30 千克进行喷雾。为

保证药效，时间要在上午露水干后至 10：00 之前、17：00～20：00
进行施药。为减少除草剂对玉米的药害及对后茬小麦的影响，喷
施除草剂的施药器械使用扇形喷头。

（2）病虫防控。针对苗期病虫害，须加强对粗缩病、褐斑
病、灰飞虱、黏虫、蓟马、地老虎和草地贪夜蛾、二点委夜蛾等
病虫害的综合防控。

6. 穗期管理

（1）防旱防涝。孕穗至灌浆期如遇干旱，要及时进行滴灌；
大喇叭口期，可结合滴灌，每亩施用尿素 10～15 千克。若遭遇
渍涝，则及时排水。

（2）防治病虫害。在大喇叭口期采用高地隙喷雾机械混喷
10％苯醚甲环唑水分散颗粒剂 1 000 倍液和浓度为每升 200 克的
氯虫苯甲酰胺悬浮剂 3 000 倍液，有效防治玉米成株期小斑病、
弯孢菌叶斑病、南方锈病、褐斑病等叶斑病和玉米螟、桃蛀螟、
棉铃虫等虫害。或者进行飞防，飞防药剂稀释浓度按照飞机载药
容量和起飞一次作业面积计算。

7. 花粒期 玉米开花灌浆期如遇旱应及时浇水；生育期间
如遇涝渍天气，应及时排水。

8. 收获期 不耽误冬小麦播种的情况下尽可能晚收，10 月
5～7 日收获。

选用纵轴流玉米收获机进行收获作业，作业质量标准为落粒
与落穗合计总损失率＜5％，籽粒破碎率＜5％，含杂率＜3％。
收获的条件为玉米种植行距 60 厘米，玉米结穗高度≥35 厘米，
玉米倒伏程度＜5％，果穗下垂率＜15％，籽粒含水率≤28％。

收获后及时用烘干塔烘干，避免晾晒过程中出现果穗或籽粒
霉变。

9. 玉米秸秆还田 严禁焚烧玉米秸秆，应进行秸秆还田，
并做到切碎和抛匀秸秆，然后施基肥。

（四）冬小麦、夏玉米滴灌水肥一体化高产高效栽培技术

小麦、玉米滴灌水肥一体化的推广应用有利于解决水资源短缺、肥料利用效率低、土地生产率低、劳动生产率低等重大问题，有利于进一步推进农民土地流转，扩大种粮大户和家庭农场的种植规模，实现农民创业致富。该技术推广应用具有良好的经济、社会和生态效益，小麦、玉米一年两季平均增产10％以上，水分利用率提高20％以上，肥料利用率提高10％以上，每亩节约劳动用工2～3个。

1. 小麦滴灌水肥一体化技术要点

（1）选用节水、抗旱、高产小麦品种。

（2）秸秆还田，耕作措施同常规麦田，旋耕或先翻后旋。

（3）适期适量播种，平均行距20厘米播种麦田，每隔四行小麦放一根滴灌管，滴灌管可在播种时一起入土浅埋，也可播后再铺设。

（4）水肥管理。氮肥基追比3∶7，氮肥（基肥）和其余钾肥、磷肥等随土壤耕作一块基施到土壤中。后期水肥有越冬水、返青水、拔节水、开花水、灌浆水20米³左右（滴灌次数据降雨等情况定），随浇水返青期、开花期、灌浆期每亩施尿素6～8千克，开花期和灌浆期可每亩加施磷酸二氢钾1～2千克。

（5）早春，在地表融化3～5厘米后，即可开始划锄增温保墒。

（6）适时化控，结合一喷三防，及时防治病虫草害。

（7）适期收获，小麦收割前一周把滴灌管收回，以利于机械收获。

2. 玉米滴灌水肥一体化技术要点

（1）品种选择。所选品种要求株型紧凑、耐密、抗倒、熟期适宜（生育期不超过105天）、高产潜力大的夏玉米品种。

（2）机械化播种。麦收后选用旋耕灭茬施肥玉米播种机，等

行距播种，行距为 65～70 厘米，也可大小行播种，小行距为 45～50 厘米，大行距为 85～90 厘米；适当增加密度，紧凑中穗型品种播种密度为每亩 5 000～5 500 株，紧凑型大穗型品种播种密度为每亩 4 500～5 000 株。

（3）滴灌管铺设。等行距模式采用一行一管，滴灌管铺设在苗带上，距离苗 7～10 厘米；大小行模式则将滴灌带铺在小行距中间，即一管灌两小行。

（4）水分管理。在足墒播种的情况下，小喇叭口前一般不需浇水，如遇干旱必须进行灌溉；进入大喇叭口期以后田间相对含水量降到 60％以下时要及时灌溉，于大喇叭口期、抽雄吐丝期和灌浆期分别灌水 10 米^3 左右（根据降水情况）。因为玉米生长季降水时段比较集中，也要注意防涝和及时排涝。

（5）肥料管理。每亩施纯氮（N）、磷（P_2O_5）、钾（K_2O）分别为 16 千克、6 千克和 6 千克，其中播种、玉米大喇叭口期、抽雄吐丝期、灌浆期施肥比例分别为氮肥 30％、40％、20％、10％，磷肥 40％、30％、20％、10％，钾肥 40％、40％、20％、0％，小喇叭口期用镁、锌、锰、铁、硼中微量元素肥料按每平方米 5 千克追施一次。高产攻关田施肥量根据产量目标可以适当增加氮磷钾施肥量。

（6）病虫草害防治。按照"预防为主，综合防治"的原则，合理使用化学防治。

（7）适期收获。根据玉米成熟度适时进行机械收获作业，提倡适当晚收，即籽粒乳线基本消失、基部黑层出现时收获。收获前一周将滴灌管收起，以利于机械化收获，收获后及时晾晒。

三、花生

（一）夏直播花生生产技术

1. 土壤条件　选用轻壤或沙壤土，土层深厚、地势平坦、排灌方便的中等以上肥力地块。产地环境符合 NY/T 855 的要求。

2. 气候条件 花生生长期达到 115 天以上，活动积温达到 2 800～3 000 ℃的地区，可露地直播栽培；生长期为 110～115 天，积温在 2 500～2 700 ℃的地区，应采用地膜覆盖栽培。

3. 前茬预施花生肥 夏直播花生应重视前茬施肥，在前茬作物（小麦、油菜等）常规基肥用量的基础上，加施花生茬的全部有机肥和 1/3 化肥。花生施肥量为每亩优质腐熟鸡粪或养分含量相当的其他有机肥 1 000～2 000 千克，氮（N）3～4 千克，磷（P_2O_5）2～3 千克，钾（K_2O）3～4 千克。

4. 种子处理

（1）品种选择。选用中熟或中早熟、增产潜力大和综合抗性好，并已通过国家或省农作物品种审定委员会审（认）定的品种。

（2）精选种子。播种前 7～10 天剥壳，剥壳前晒种 2～3 天。剥种时剔除虫、芽、烂果。选用籽仁大而饱满的种子播种。

（3）拌种。

① 药剂拌种。根据土传病害和地下害虫发生情况选择符合 GB/T 8321（所有部分）要求的药剂拌种或进行种子包衣。

② 微量元素拌种。用种子重量 0.2%～0.4%的钼酸铵或钼酸钠，制成 0.4%～0.6%的溶液，用喷雾器直接喷到种子上，边喷边拌匀，晾干种皮后播种；或用浓度为 0.02%～0.05%硼酸或硼沙水溶液，浸泡种子 3～5 小时，捞出晾干种皮后播种。

5. 播种

（1）造墒。前茬作物收获后期应浇水造墒，以确保花生足墒播种。前茬作物收获后，如果墒情适宜，可直接播种或整地灭茬播种；如果墒情不足，要先造墒再播种。

（2）施足基肥、精细整地。在前茬预施肥的基础上，花生播种整地前，根据目标产量的要求每亩再施氮（N）6~8 千克、磷（P_2O_5）4~6 千克、钾（K_2O）6~8 千克、钙（CaO）6~8 千克，有条件的氮肥宜施用包膜缓控释肥。适当增施硫、硼、锌、铁、钼等中微量元素肥料。施肥后需要灭茬的先浅耕灭茬，然后再用旋耕犁旋打 1~2 遍；不需要灭茬的直接旋耕、松土、掩肥。做到地平、土细、肥匀、墒足。

（3）抢时早播、合理密植。夏直播花生应抢时早播（小麦茬不迟于 6 月 15 日），越早越好；露地直播花生可在前茬作物收获后，抢时铁茬播种，花生出苗至始花期再追施。夏直播花生种植密度为每亩 10 000~11 000 穴，每穴 2 粒。

（4）机械播种覆膜。选用农艺性能优良的花生联合播种机，将花生播种、起垄、喷洒除草剂、覆膜、膜上压土等工序一次完成，以做到抢时早播。采用除草地膜的，可省去喷施除草剂的工序；选用常规聚乙烯地膜，应宽度 90 厘米左右，厚度 0.006 毫米左右，透明度≥80%，展铺性好。

6. 田间管理

（1）放苗引苗。膜上压土不足时，及时破膜放苗，查苗补苗，确保花生苗全，自团棵期开始及时抠出压埋在地膜下面的侧枝。

（2）水分管理。夏直播花生对干旱十分敏感，任何时期都不能受旱，特别是花针期和结荚期，花生叶片中午前后出现萎蔫时，应及时适量浇水，灌溉水质符合 GB 5084 的要求。饱果期（收获前 1 个月左右）遇旱应小水润浇。结荚后如果雨水较多，应及时排水防涝。

（3）中耕与除草。

① 中耕。抢时铁茬直播的花生，花生出苗至始花期要进行中耕灭茬除草，中耕后在花生植株两侧开沟追肥，追肥后覆土浇水。

② 除草。覆膜花生膜下喷施除草剂；露地种植需要及时中耕除草，也可喷施符合 GB/T 8321（所有部分）要求的除草剂。

（4）病虫害防治。使用的农药应符合 GB/T 8321（所有部分）的要求，按照规定的用药量、用药次数、用药方法施药。

（5）防止徒长。结荚初期当主茎高度达到 30～35 厘米时，及时喷施符合 GB/T8321（所有部分）要求的植物生长调节剂，施药后 10～15 天如果主茎高度超过 40 厘米可再喷施一次。

（6）追施叶面肥。在花生生育中后期每亩用 2％～3％的过磷酸钙水澄清液 75～100 千克，添加尿素 0.15～0.2 千克混合后叶面喷施，或喷施 0.2％～0.4％磷酸二氢钾液，连喷 2 次，间隔 7～10 天，也可喷施经过肥料登记的叶面肥料。

7. 适时晚收 夏直播花生应延迟到 10 月上中旬收获，收获后及时晾晒，尽快将荚果含水量降到 10％以下。

8. 清除残膜 覆膜花生收获时，应将地里的残膜拣净，减少田间污染。

（二）花生机械化生产技术

1. 地块选择 选择交通方便、土质为轻壤或沙壤、地势平坦、适于机械田间操作的地块。产地环境应符合 NY/T 855 的要求。

2. 耕地 宜冬前耕地，早春顶凌耙耢，或早春化冻后耕地，随耕随耙耢。年份间宜深浅轮耕，深耕年份耕深 30～33 厘米，一般年份 25 厘米左右，每隔两年进行一次深耕，以打破犁底层，增加活土层，提高土壤的蓄水保肥能力；对于土层较浅的地块，可逐年增加耕层深度。

3. 施肥方法 结合耕地将全部有机肥和 2/3 化肥施入耕作层内，结合起垄将 1/3 化肥包施在垄内，做到全层施肥。

4. 品种选择 春花生选择中晚熟直立型品种，夏直播花生应选择早熟直立型品种。所选品种应增产潜力大、结果集中、子房柄坚韧、品质优良、综合抗性好，并通过省或国家农作物品种审定委员会审（认）定或登记。

5. 剥壳与精选种子　播种前 7～10 天剥壳，剥壳前晒种 2～3 天。选用性能优良的剥壳机进行剥壳。剥壳前按每 5 千克荚果喷洒 1 千克左右清水，用塑料薄膜覆盖 6 小时左右后进行剥壳。选用籽仁大而饱满的种子播种。

6. 地膜选择　选用常规聚乙烯地膜，宽度 90 厘米左右，厚度 0.004～0.006 毫米，透明度≥80％，展铺性好。

7. 播种与覆膜

（1）播期。大花生要求 5 厘米日平均地温稳定在 15 ℃以上，小花生稳定在 12 ℃以上时方可播种。

（2）土壤墒情。播种时土壤相对含水量以 60％～70％为宜。

（3）机械播种覆膜。选用农艺性能优良的花生联合播种机，根据种植规格和无机肥施用数量调好行穴距、施肥器流量及除草剂用量，将施肥、起垄、播种、覆土、镇压、喷施除草剂、覆膜、膜上覆土一次完成。

8. 田间管理

（1）防治病虫害。使用的农药应符合 GB/T 8321（所有部分）的要求，按照规定的用药量、用药次数、用药方法机械施药。

（2）防止徒长。下针后期至结荚初期当主茎高度达到 30～35 厘米时，及时喷施符合 GB/T 8321（所有部分）要求的植物生长调节剂，施药后 10～15 天如果主茎高度超过 40 厘米可再喷施一次。

9. 收获与晾晒　选用性能优良的花生收获机进行挖掘和抖土，随后在地头或晒场上用摘果机摘果，摘果后及时去杂和晾晒，或用干燥设备烘干，将荚果水分含量降至 10％以下。也可用花生联合收获机将收获和摘果一次完成。收获前若土壤含水量

过低，不利于机械收获，可在收获前 3～4 天浇少量水，以润透
土壤为宜。

10. 清除残膜　花生收获后，应将田内的残膜拣净，减少田
间污染。

（三）玉米、花生宽幅间作高产高效栽培技术

玉米花生宽幅间作是在传统不宜机械化的玉米花生窄行距
间作的基础上创新发展而来，间作幅宽在 280 厘米以上，采用
宽窄行田间布置方式，缩玉米株行距，保证种植密度与常规纯
作玉米基本一致，扩花生带宽，充分利用玉米边行优势和花生
根瘤固氮作用，实现玉米花生带状间作套种、年际间交替轮
换，达到适宜大型机械化作业、粮油均衡增产的一季双收种植
模式。

1. 播种前准备

（1）地块条件。玉米花生间作宜选择土层厚度 50 厘米以上，
土壤蓄肥、供肥、保水能力强，通透性良好的中产田、高产田，
产地环境应符合 NY/T 855 的要求。

（2）施肥与整地。肥料施用应符合 NY/T 496 的要求。根据
地力条件和产量水平，结合玉米、花生需肥特点确定施肥量，每
公顷基施氮（N）120～180 千克，磷（P_2O_5）90～135 千克，钾
（K_2O）150～180 千克，钙（CaO）120～150 千克。适当施用
硫、硼、锌、铁、钼等中微量元素肥料。每公顷施用腐熟优质有
机肥 30 000～45 000 千克或 3 000～4 500 千克优质商品有机肥。

若用缓控释肥和专用复混肥，可根据作物产量水平和平衡施
肥技术选用合适肥料品种及用量。全部有机肥和 2/3 的化肥结合
耕地施入，剩余 1/3 的化肥结合播种集中施用，种肥分离，防止
烧苗。及时旋耕整地，随耕随耙，清除残膜、石块等杂物，做到
地平、土细、肥匀。

（3）模式选用。根据地力及气候条件，高产田可选择玉米与

花生比例 2∶4 模式，中产田宜选择玉米与花生比例 3∶4 模式。

（4）品种选用。玉米选用紧凑型、单株生产力高、适应性广的中熟品种，并通过省或国家审（认）定。花生选用较耐阴、高产、大果、适应性广的中早熟品种，夏播花生宜选择早熟或中早熟品种，并通过省或国家审（认）定或登记。

（5）精选种子。所选种子质量应符合 GB4404.1、GB4407.2 的规定。玉米种子要求纯度≥98％，发芽率≥90％，净度≥98％，含水量≤13％；花生种子要求纯度≥96％，发芽率≥90％，净度≥98％，含水量≤10％。

（6）种子处理。玉米种子尽量选用经过包衣处理的商品种，若没有包衣处理，可根据种植区域常发病虫害进行拌种或种衣剂包衣。可选择 5.4％吡虫啉•戊唑醇等高效低毒绿色的玉米种衣剂包衣，控制苗期灰飞虱、蚜虫和纹枯病等；花生用甲•克悬浮种衣剂、辛硫磷微囊悬浮剂和辛硫•福美双种子处理微胶囊悬浮剂等药剂进行拌种，防治地老虎、金针虫、蝼蛄、蛴螬等地下害虫。禁止使用含有克百威、甲拌磷等的种衣剂。种衣剂及拌种剂的使用应符合 GB 15671 的要求，按照产品说明书进行。

2. 播种与覆膜

（1）播期。玉米、花生可同期播种亦可分期播种，分期播种要先播花生后播玉米。大花生在 5 厘米日平均地温稳定在 15 ℃以上、小花生稳定在 12 ℃以上为播种适期，玉米一般以土壤表层 5～10 厘米土温稳定在 12 ℃以上为播种适期。

（2）土壤墒情。播种时土壤相对含水量达 65％以上为宜。

（3）种植规格。2∶4 模式：带宽 280 厘米，玉米小行距 40 厘米，株距 12 厘米；花生垄距 85 厘米，垄高 10 厘米，一垄两行，小行距 35 厘米，穴距 14 厘米，每穴 2 粒（每亩间作田约种植玉米 3 900 株＋花生 6 800 穴）。

3∶4模式：带宽350厘米，玉米小行距55厘米，株距14厘米；花生垄距85厘米，垄高10厘米，一垄2行，小行距35厘米，穴距14厘米，每穴2粒（每亩间作田约种植玉米4 000株＋花生5 400穴）。

玉米播深3～5厘米，深浅保持一致。根据当地农机条件和种子质量，推荐精量单粒播种，播种质量符合NY/T 503的要求；花生播深3～5厘米，深浅保持一致，播种质量符合NY/T 2401的要求。

（4）机械播种与覆膜。间作玉米、花生均采用机械播种，可分别选用玉米、花生精量播种机，亦可选用玉米花生宽幅间作一体化播种机播种。根据种植规格和肥料用量调好玉米株行距及花生行穴距、施肥器流量及除草剂用量，玉米开沟、施肥、播种、镇压、喷施除草剂，花生旋耕、开沟、播种、施肥、覆土、起垄、镇压、喷施除草剂、覆膜、膜上覆土一次完成。

3. 田间管理

（1）苗期管理。玉米非精量单粒播种的地块，应于4～5叶期间苗、定苗。定苗时可比计划种植密度多留苗5%，其后拔除小弱株。花生出苗时，及时将膜上的覆土撇到垄沟内，连续缺穴的地方要及时补种。花生4叶期至开花前及时梳理出地膜下面的侧枝（参照NY/T 2404进行）。

（2）水分管理。灌溉用水质量要符合GB 5084的要求。春玉米、春花生生长期遇旱及时灌溉；夏玉米、夏花生生长期降雨与生长需水同步，各生育时期一般不浇水。遇特殊旱情（土壤相对含水量≤55%）时应及时灌水，灌溉方式采用滴灌、喷灌或沟灌；遇强降雨，应及时排涝。

（3）化学除草。注重出苗前防治，选用96%精异丙甲草胺、33%二甲戊灵乳油等玉米和花生共用的芽前除草剂。苗后除草在玉米3～5叶期，苗高达30厘米时，每亩用4%烟嘧磺隆胶悬剂

75毫升定向喷雾；花生带喷施17.5％精奎禾灵等花生苗后除草剂，采用适合间作的隔离分带喷施技术机械喷施。

（4）主要病虫害防治。按照"预防为主，综合防治"的原则，合理使用化学防治。根据当地玉米、花生病虫害的发生规律，合理选用药剂及用量。通过种衣剂包衣或拌种防治玉米粗缩病、花生叶斑病、灰飞虱、地老虎、金针虫、蝼蛄、蛴螬等病虫害。生育期病虫害防治，参照 GB/T 23391、NY/T 2393 和 NY/T 2394 选用玉米花生共用药剂防治。

（5）追肥。追肥时间要根据品种特性和地力确定。一般在玉米喇叭口期（第9～10叶展开）结合中耕追施，按每亩纯氮8～12千克的标准追肥，覆膜花生一般不追肥。间作玉米追肥部位在植株行侧10～15厘米，肥带宽度3～5厘米，无明显断条，且无明显伤根，深度8～10厘米，施肥后覆土严密。生育中后期若发现玉米、花生植株有早衰现象时，每亩叶面喷施2％～3％的尿素水溶液或0.2％～0.3％的磷酸二氢钾水溶液40～50千克，连喷2次，间隔7～10天。也可喷施经农业农村部或省级部门登记的其他叶面肥（参照 NY/T 2404 进行）。

（6）化学调控。玉米尽量不进行植物生长调节剂调控；花生盛花末期株高超过30～35厘米时及时喷施符合 GB/T 8321 要求的植物生长调节剂，施药后10～15天，如果主茎高度超过40厘米可再喷施一次。

4. 收获与晾晒 根据玉米成熟度适时进行收获作业，提倡晚收。成熟标志为籽粒乳线基本消失、基部黑层出现。玉米机械收获参照 NY/T 1355，可待果穗烘干、晾晒或风干至籽粒含水量≤20％时，脱粒，晾晒，风选；待籽粒含水量≤13％时，入仓贮藏。

花生在70％以上荚果果壳硬化、网纹清晰、果壳内壁呈青褐色斑块时，及时收获、晾晒，荚果含水量≤10％时，可入仓贮藏（参照 NY/T 2404）。

5. 秸秆还田与残膜清除 玉米收获后，严禁焚烧秸秆，应及时秸秆还田，还田作业应符合 NY/T 1355 和 NY/T 1409 的规定，秸秆粉碎长度≤10 厘米，切碎合格率≥90％，留茬高度≤8 厘米。覆膜花生收获后及时清除田间残膜。

第四节　绿色蔬菜产业

青岛加快发展现代农业，全面推进蔬菜标准化生产和产业化经营，蔬菜生产能力和综合产能不断提升，有效保证了全市蔬菜市场的稳定供应。

蔬菜生产保持稳定发展。全市蔬菜种植面积 169.7 万亩，总产量 644.4 万吨。胡萝卜、马铃薯等根茎类蔬菜是青岛市的主要蔬菜品种，2018 年种植面积 65 万亩，占到全市蔬菜总面积的 38％，产量达 228.6 万吨，同比增加 5.5％，其中胡萝卜的面积和产量同比分别增加 16.3％和 18.1％，马铃薯的面积和产量同比分别增加 1.4％和 4.0％。

大白菜是青岛市民喜爱的主要蔬菜品种，种植面积 27 万亩，全市大白菜产量达到 135 万吨。葱蒜类种植面积 32.5 万亩，产量 112.4 万吨。

另外叶菜类方面，青岛市拥有马家沟芹菜和金口芹菜两个地理标志产品，种植面积均超过万亩，在全市蔬菜产业中也占据重要位置。

设施种植是实现蔬菜高产、优质、高效生产的有效途径。青岛市设施蔬菜发展较快，2018 年，全市蔬菜种植设施共计约 16 万个，其中智能温室 62 个，日光温室 2.3 万个，塑料大棚 4.2 万个，中小拱棚 9.6 万个，种植面积 28.6 万亩，产量 112.8 万吨，主要生产番茄、黄瓜、辣椒、茄子和叶菜类蔬菜。

一、露地蔬菜

（一）大白菜生产技术

1. 茬口安排及品种选择　山东大白菜栽培主要包括春季、夏季及秋季栽培，以秋季栽培为主。秋季大白菜应选用高产、优质、抗病、适应性广、商品性好的中晚熟品种。

2. 整地　大白菜前茬以小麦为好，不宜为十字花科作物。结合整地每亩施优质圈肥 3 000 千克，撒匀后耕翻、做垄，垄距 55～60 厘米，垄高 15～20 厘米，并将垄背摊平，以备直播。

3. 播种育苗　一般在 7 月下旬至 8 月中旬播种，多采用直播，在垄背上按早熟品种 40～45 厘米、中晚熟品种 50～60 厘米株距开穴，穴内浇水后播 3～5 粒种子。

4. 定苗　播后 7～8 天进行间苗，四叶期进行第二次间苗，每穴留 2～3 株。6～8 叶时定苗，每穴留一株壮苗。

5. 田间管理

（1）中耕蹲苗。间苗后应及时中耕除草和培土，植株封垄前进行最后一次中耕，中耕时前浅后深，不要伤根。如莲座后期叶片生长过旺，可进行蹲苗。

（2）浇水。浇水结合追肥进行，结球前期土壤见干见湿，结球期要保持土壤湿润，收获前 7～10 天停止浇水，浇水时不宜大水漫灌，预防软腐病。

（3）追肥。如基肥用量少，宜在苗期追一次肥，每亩施尿素 10 千克。在莲座期、结球始期和中期各追一次肥，每亩施尿素 15～20 千克，或追施腐熟农家肥。莲座期和结球期喷施 1% 磷酸二氢钾或尿素水溶液以及其他叶面肥。

6. 病虫害防治

（1）病毒病。首先要杀灭蚜虫，勤浇水降温，可使用遮阳网降温。可用 20% 盐酸吗啉胍·乙酸铜可湿性粉剂 500 倍液，或

1.5%植病灵乳剂 1 000 倍液，喷雾防治。

（2）软腐病。可用 3%中生菌素 1 000 倍液，20%噻菌铜悬浮剂 500 倍液，或 90%新植霉素可溶性粉剂 4 000 倍液，交替喷雾，每周一次，连喷 2～3 次。

（3）霜霉病。增施磷、钾肥，提高植株抗病抗逆性。莲座期每亩用 25%甲霜灵可湿性粉剂 50 克，兑水喷雾防治。

（4）干烧心病。在白菜幼苗期及大白菜采收前半个月，用 0.5%氯化钙水溶液喷施 2～3 次，同时用 0.2%～0.3%磷酸二氢钾溶液混喷。

（5）地下害虫。播种后出苗前每亩用 90%敌百虫晶体 100 克加少量水溶解后，拌入 37.5 千克炒香的麦麸中做成毒饵，于傍晚均匀撒于种植田内，可防治蝼蛄、地老虎、蟋蟀等地下害虫。

（6）菜青虫、甜菜夜蛾和小菜蛾。可用 15%茚虫威悬浮剂 3 000 倍液，或 4.5%高效氯氰菊酯乳油 1 500～2 000 倍液，交替喷雾防治。

7. 采收 早熟品种包心七八成时陆续上市；中晚熟品种，尤其是进行贮藏时宜尽量延长生长期，但应在霜冻前采收，一般在 11 月中下旬收获完毕。收获后及时晾晒、贮藏、销售。

（二）露地马铃薯生产技术

1. 选择优良品种 选择早熟、丰产、抗性强、商品性好的优良品种。种薯一般选择脱毒种薯，所选种薯要表面光滑、种芽健壮、大小均匀、无病虫危害、无腐烂、无破损。

2. 选地 应选择排灌方便、土层深厚、土壤结构疏松、中性或微酸性的沙壤土或壤土，3 年以上未重茬栽培马铃薯的地块。

3. 播期安排 山东省露地马铃薯生产主要是春季栽培，10 厘米地温稳定在 7℃以上即可播种，一般在 3 月中下旬至 4 月上中旬，如果进行地膜覆盖，播期可提前 15～30 天。

4. 种薯处理

（1）晒种。播种前 25～30 天将种薯取出，摊晒 2～3 天，并经常翻动，直到薯皮变青、质地变软、薯芽变白。晒种注意防冻。

（2）切块。晾晒后，顺着顶端优势切块，带顶芽纵切，每块 25 克左右，切块上至少带 1～2 个芽眼。通常薯块 40 克以上者切 2 块，70～100 克切 3 块。切块的整个过程都要注意切刀的消毒，防止切刀传染病害，当切刀切到病薯时应立即用 0.1％高锰酸钾、75％乙醇或 5％甲醛清洗刀片。切成块后用草木灰拌种，置于阴凉通风处摊晒，以利刀口愈合。

（3）催芽。催芽可在室内、温室大棚内或育苗温床中进行，用湿沙或湿润锯末覆盖。将晾晒好的种薯放在通风凉爽、温度较低的地方，温度 15～18 ℃，空气相对湿度 60％～70％，在地面铺设一层 5～10 厘米的湿沙或湿润锯末，上面摆放一层种薯，接着一层湿沙或湿润锯末，再放一层种薯，摆 3～4 层为宜，最后盖上草毡或麻袋保湿。催芽期间每隔 5～7 天检查一次，如发现烂薯及时挑出。待芽长到 1.5～2 厘米时，将种薯从湿沙或锯末中捡出，放在 15 ℃散射光下晾晒，促使绿芽健壮，炼芽 1～3 天即可播种。

5. 整地施肥起垄　冬前深耕 25～30 厘米晒垡，开春每亩施腐熟优质有机肥 3 000～5 000 千克，也可施用商品有机肥150～200千克，一半铺施一半沟施。深耕细耙，整平起垄。单垄单行种植的，垄宽 60～70 厘米；宽垄双行错位栽植（大垄双行种植），垄宽 80～90 厘米。播种时，每亩沟施腐殖酸硫酸钾型复合肥（16 - 9 - 20）100～120 千克、硼沙 1 千克、硫酸锌 1 千克，钾肥忌用氯化钾。

6. 播种　墒情差的地块可先在播种沟内浇水，待水渗透后再播种。单垄单行种植，株距 15～20 厘米，每亩种 4 500 株左右，点播时芽眼向上，播后覆土 6～8 厘米，随后盖好地膜；宽垄双行错位栽植（大垄双行种植），株距 25～30 厘米，错位排种，每亩种 5 500 株左右，随后盖好地膜。覆盖地膜要拉直、压好。

7. 田间管理

（1）破膜放苗。地膜覆盖马铃薯播后 20～25 天出苗，出苗后在上午 9:00 前进行田间检查并及时破膜放苗，以防膜热烫苗，并用湿土封住膜孔，以防跑墒。

（2）浇水。管理原则是前促后控。适宜土壤相对含水量为 60%～80%，开花期和薯块膨大期是需水关键期，不能缺水。生长中后期雨水较多，应及时排除田间积水防涝，否则易造成块茎腐烂。出苗前一般不浇水，苗出齐后浇一次水，以后适当控水蹲苗，团棵期再浇一次水，以后视天气情况在始花期、盛花期、末花期之后每隔 7 天左右浇水一次，收获前 15 天停止浇水。浇水时切勿漫过垄面。

（3）追肥。施肥随每次浇水进行，宜早不宜迟。出苗后，每亩追施尿素 5 千克。薯块膨大初期随水冲施尿素 10 千克、硫酸钾 10 千克，也可在膨大期用 0.3% 磷酸二氢钾连喷 3～4 次，间隔 5～6 天。

8. 病虫害防治

（1）农业防治。选择抗病品种；忌前茬为茄科作物；施足基肥、重施有机肥和钾肥；发现病株及时拔除销毁，并用石灰处理土壤。

（2）化学防治。

① 早疫病。可用 50% 多菌灵可湿性粉剂 800 倍液，50% 苯菌灵可湿性粉剂 1 000 倍液，50% 异菌脲可湿性粉剂 1 000 倍液，或 80% 百菌清可湿性粉剂 800 倍液喷雾预防，每 10～15 天喷一次，连续喷 2～3 次。发病后，可用 10% 苯醚甲环唑水分散剂

1 500 倍液，50％咯菌腈可湿性粉剂 3 000 倍液，25％嘧菌酯悬浮剂 1 500 倍液，或 25％戊唑醇水乳剂 1 500 倍液喷雾防治，每 7～10 天防治一次，要均匀喷湿所有叶片。

② 晚疫病。可用 10％氟噻唑吡乙酮可分散油悬浮剂 12 克/亩，50％氟啶胺悬浮剂 2 000～2 500 倍液，68.75％氟吡菌胺·霜霉威悬浮剂 800～1 000 倍液，或 70％代森锰锌 500 倍液喷雾防治，交替使用。

③ 环腐病。每 100 千克种薯用 70％敌磺钠可溶性粉剂 210 克拌种，或 36％甲基硫菌灵悬浮剂 800 倍液浸种防治。发病初期，用 3％中生菌素可湿性粉剂 800～1 000 倍液喷雾防治。

④ 病毒病。出苗后，立即喷药防治蚜虫，可用 3％啶虫脒可湿性粉剂 1 500～2 000 倍液，25％噻虫嗪水分散粒剂 2 500～3 000倍液，或 70％吡虫啉水分散粒剂 7 500 倍液喷雾防治。发病初期，可用 1.5％植病灵乳剂 1 000 倍液，或 20％盐酸吗啉胍·乙酸铜可湿性粉剂 500 倍液，喷雾防治。

⑤ 炭疽病。发病初期，可用 50％咪鲜胺锰盐可湿性粉剂 1 500倍液，10％苯醚甲环唑水分散剂 1 500 倍液，或 70％甲基硫菌灵可湿性粉剂 1 000 倍液，喷雾防治。

⑥ 蛴螬、地老虎。每亩用 3％辛硫磷颗粒剂 2～3 千克拌药土防治。

9. 采收 根据生长情况与市场需求及时采收。

（三）露地大葱生产技术

1. 茬口安排 露地栽培主要以秋季收获为主，部分越冬作为芽葱供应春季市场。主要有秋播和春播两种方式，以秋播为主，这里主要介绍秋播大葱生产技术。秋播，9 月中下旬播种，幼苗越冬，翌年 6 月中下旬至 7 月上旬定植，9～10 月收获，葱苗可于 5 月上旬至 6 月下旬作为小葱上市。

2. 品种选择 应选择抗逆性好、抗病性强、适于本地栽培的品种。

3. 育苗

（1）种子处理。用 55 ℃温水或 0.1％高锰酸钾溶液浸种 15～20 分钟，搅动消毒，除去秕籽和杂质，将种子清洗干净并晾干表皮后待用。

（2）育苗时间。9 月下旬至 10 月上旬。

（3）苗床准备。育苗床宜建在 3 年内未种植过葱蒜类蔬菜的地块。选择地势平坦、土壤疏松、有机质丰富、灌溉方便的壤土地块作床，床宽 1～1.2 米，长度依地块和育苗量而定。

（4）苗床施肥。一般每亩施腐熟农家肥料 4 000～6 000 千克，磷酸二铵 10～15 千克，硫酸钾 15～20 千克。各种肥料要与床土充分混匀。

（5）播种。畦内浇透水，水渗后将种子均匀撒播畦内。一般每亩苗床需撒播葱种 1.25～1.5 千克，再覆盖 1.5～2.5 厘米厚的细土。

4. 苗期管理 冬前中耕除草，越冬前幼苗真叶控制在 3 片以内。春天平均气温 13 ℃时浇返青水，使土壤相对湿度保持 80％以上，并结合灌水每亩施硫酸铵 10 千克。定植前 1～2 天进行灌水，便于起苗。

5. 定植

（1）整地施基肥。定植前，整平耙细后开沟，沟距 70～75 厘米，宽 25 厘米，深 20 厘米。有条件的可进行土壤养分测定，根据测定结果确定施肥量，施用肥料以有机肥为主，配合施用无机肥料；无条件进行土壤养分测定的，按每亩沟施优质腐熟农家肥 3 000～4 000 千克，过磷酸钙 20～40 千克做基肥。

（2）选苗定植。一般 6 月中旬定植。定植前剔除杂苗后，将葱苗分级，按大中小苗分开定植，便于日后管理。

（3）定植方法和密度。沟内浇水，排葱苗，水渗后覆土，株距 5～7 厘米，每亩栽 18 000～20 000 株。

6. 田间管理

（1）浇水。定植 7 天后浇水，以后每次追肥培土后浇水，收获前 15 天停止浇水。

（2）追肥。生长旺盛期追肥 2 次，每亩追施饼肥 300 千克，尿素 15 千克或磷酸二氢钾 15 千克。施肥与培土灌水同时进行，最后一次追肥必须在收获前 30 天进行。

7. 病虫害防治

（1）农业防治。选用抗病品种，严格种子处理，合理密植，与非葱类作物实行 2～3 年的轮作换茬，及时排水，增施磷、钾肥，清洁田园，清除杂草残株，减少虫源。

（2）物理防治。将糖、醋、水、敌百虫晶体按 3∶3∶10∶0.5 的比例配成溶液，装入直径 20～30 厘米的盆中放到田间，每亩放 3 盆，诱杀葱蝇等害虫，随时添加溶液，保持盆不干。或安装杀虫灯，诱杀夜蛾类害虫。

（3）生物防治。利用天敌和苦参碱、川楝素等植物源农药防治病虫害。

（4）化学防治。

① 紫斑病和霜霉病。可用 75％百菌清可湿性粉剂 600 倍液喷雾防治。

② 葱蓟马。可用 50％辛硫磷乳油 2 000 倍液喷雾防治。

③ 潜叶蝇。可用 2.5％溴氰菊酯乳油 2 500 倍液喷雾防治。

④ 根蛆。可用 80％敌百虫可溶粉剂 50 克，兑水稀释成 1 000 倍液灌根防治。

8. 收获　11 月中旬收获，应防止机械损伤；收获后应及时晾晒、销售。

（四）胡萝卜生产技术

1. 选用适宜品种　选择生长速度快、收尾早、耐抽薹、抗病抗逆性强、商品性好的品种。

2. 茬口安排 胡萝卜栽培主要有春夏茬和夏秋茬，春夏茬于 3 月中下旬至 4 月上旬播种，6 月中旬后收获；夏秋茬于 7 月中下旬播种，10 月下旬至 11 月上旬收获。青岛市以夏秋茬栽培为主。

3. 整地施肥 选择地力肥沃，土层深厚、疏松，排水良好的沙壤土或壤土。前茬作物收获后，及时清洁田园，先浅耕灭茬，然后每亩施入充分腐熟的有机肥 4 000～6 000 千克，尿素 10 千克，草木灰 100 千克，深翻，精细耧耙 2～3 遍，然后做高畦或起高垄。高畦，一般畦宽 50 厘米，高 15～20 厘米，每畦播两行。高垄，一般垄距 80～90 厘米，垄面宽 50 厘米，沟宽 40 厘米，高 15～20 厘米，每垄播两行。土层深厚、疏松，雨水不足的可做平畦，一般畦面 1.2～1.5 米，每畦种 4～6 行。畦和垄的长度可根据地块的具体情况而定，通常长 20～30 米，便于管理。

4. 播种

（1）种子处理。搓去种子上的刺毛，然后在 40 ℃的温水中浸种 2 小时，再用纱布包好，置于 20～25 ℃的条件下催芽，一般 2～3 天后种子露白即可播种。

（2）播种。条播或撒播均可。条播按 20～25 厘米的行距开沟，沟要浅，一般深 2～3 厘米，将种子均匀地播于沟内。播前种子可用适量的细沙混合均匀再播，播后覆土 2 厘米，轻轻镇压后浇水。条播一般每亩播量 0.5～1 千克，撒播每亩播量 1.5～2 千克。也可采用精播技术，穴播或点播，一般每亩用种 0.2～0.4 千克。播后在畦面覆盖麦秸或稻草，以保墒、降温、防大雨冲刷。

胡萝卜苗期长，苗期又处在高温多雨季节，各种杂草生长很快，为了一播齐苗，可在播种后喷洒除草剂来防除杂草。每亩可用 48%地乐胺乳油 200 克，50%扑草净可湿性粉剂 100～150

克，或 33％二甲戊灵乳油 150～200 克，兑水 50～60 升，均匀喷布在垄面或畦面，除草效果很好。如果进行绿色和有机胡萝卜生产，则不能使用除草剂。

5. 田间管理

（1）间苗、定苗和中耕除草。苗期一般进行 2～3 次间苗和中耕除草。当幼苗长到 2～3 片真叶，进行第一次间苗，保持株距 3 厘米，并结合进行中耕除草；当幼苗长到 3～4 片真叶时，进行第二次间苗，苗距在 6 厘米左右。5～6 片真叶时定苗，去除过密株、劣株和病株。中小品种株距 12 厘米左右，每亩留苗 4 万株左右；大型品种 15 厘米左右，每亩留苗 3.5 万株左右。定苗时中耕除草，在肉质根膨大期一般进行 2～3 次中耕；封垄（行）前进行最后一次中耕，并将细土培至根头部，以防根部膨大后露出地面皮色变绿而影响品质。

（2）浇水。发芽期不能缺水，要保持土壤湿润，过干过湿均不利于种子萌动和出土。齐苗后，幼苗需水量不大，不宜过多浇水，保持土壤见干见湿，一般 5～7 天浇一水，以利发根，防止幼苗徒长。大雨后要及时排水，避免遇涝死苗。定苗后要浇一次水，水后趁土壤湿润进行深中耕蹲苗，至 7～8 片叶、肉质根开始膨大时，结束蹲苗。肉质根膨大期需水量大，3～5 天浇一次水，保持土壤湿润，以促进肉质根的肥大。收获前 15 天左右停止浇水。

（3）追肥。要根据土壤肥力、胡萝卜本身的生长状况进行追肥。定苗后追一次肥，一般每亩施三元复合肥（15-10-20）15 千克。15 天后再追第二次肥，每亩施三元复合肥（15-10-20）30 千克。施肥时，于垄肩中下部开沟施入，然后覆土。收获前 20 天不要施有效氮肥。

6. 病虫害防治

（1）农业防治。选无病株留种，防止种子带菌。及时清洁田园，把病株残体带到田外，深埋或烧毁。田间管理时，要尽量减少机械损伤。与禾本科作物实行 3 年以上的轮作。施充分腐熟的有机肥，减少幼虫和虫卵带入田间。

（2）化学防治。

① 黑腐病。发病初期，可用 75％百菌清可湿性粉剂 600 倍液，50％多菌灵可湿性粉剂 800 倍液，或 50％异菌脲可湿性粉剂 1 500 倍液，或 58％甲霜灵·锰锌可湿性粉剂 600 倍液，喷雾防治，交替使用，每隔 7～10 天喷一次，连喷 2～3 次。

② 细菌性软腐病。发病初期，可用 90％新植霉素可溶性粉剂 4 000 倍液，或 14％络氨铜水剂 300 倍液，喷雾防治，每隔 10 天喷一次，连喷 2～3 次。

③ 菌核病。发病初期，可用 80％代森锌可湿性粉剂 600～800 倍液，或 25％多菌灵可湿性粉剂 300～400 倍液，喷雾防治。喷雾时要重点喷植株基部。

④ 蛴螬。在蛴螬发生严重的地块，用 21％氰马乳油 8 000 倍液，50％辛硫磷乳油 800 倍液，或 80％敌百虫可湿性粉剂 800 倍液灌根防治，每平方米用药 4～5 千克。

⑤ 蝼蛄。可用毒饵诱杀。方法是将豆饼或麦麸 5 千克，炒熟，用 90％敌百虫晶体或 50％辛硫磷乳油 150 克兑水 30 倍拌匀，每亩用毒饵 2～2.5 千克。

7. 收获 早熟品种一般 80～90 天，中晚熟品种 100～120 天就可收获。当肉质根充分膨大，即可采收上市。用于贮藏、加工、出口的产品要适当晚收。

（五）干辣椒生产技术

1. 产地环境 选择排水良好，土层深厚、肥沃、疏松的土壤。

2. 茬口安排 春夏茬，4 月下旬定植；夏秋茬，6 月上、中旬定植。

3. 品种选择　选择果实细长，果色深红，果面皱褶，株型紧凑，结果多，部分集中，果实红熟快而整齐，果肉含水量小，干椒率高，辣椒素含量高的品种。

4. 育苗

（1）种子处理。

① 浸种。将种子放入 55 ℃温水中不断搅动，30 ℃后停止搅拌，浸种 10～12 小时。再用 10％磷酸三钠水溶液浸种消毒 15～20 分钟，捞出洗净。

② 催芽。将浸泡好的种子控干水分后，用干净湿纱布包裹，在 25～30 ℃条件下催芽。70％以上的种子露白后即可播种。

（2）育苗设施。春夏茬，一般用日光温室或塑料大拱棚、小拱棚等育苗设施；夏秋茬，一般用阳畦或小拱棚等育苗设施。采用育苗盘、营养钵或营养块育苗。

（3）育苗基质。用肥沃大田土 6 份、充分腐熟农家肥 4 份，混合过筛。每立方米营养土加腐熟捣细的鸡粪 15 千克、三元复合肥（15 - 15 - 15）3 千克、50％多菌灵可湿性粉剂 80 克，充分混合均匀。提倡选用商品辣椒基质。

（4）播种。春夏茬，1 月下旬至 2 月上旬播种；夏秋茬，3 月下旬至 4 月上旬播种。选晴天上午播种，播种前浇足底水，水渗下后撒播或点播，播后覆盖 1 厘米左右细土。

（5）苗床管理。

① 温度管理。出苗前，白天温度保持在 25～30 ℃，夜温 15～18 ℃，温度过高时，遮光降温，夜间覆盖保温被保温。出苗后，白天 20～25 ℃，晚上 14～16 ℃，超过 28 ℃及时放风，防止徒长。定植前 7～10 天开始低温炼苗。

② 湿度管理。采用喷灌，使育苗基质保持湿润但不积水，土壤相对含水量 60％～70％。

③ 光照管理。幼苗出土后，应尽可能增加苗床光照时间。

5. 整地、施肥、做畦 定植前 15 天整地，每亩施优质腐熟农家肥 5 000～7 500 千克，三元复合肥（15 - 15 - 15）50 千克。有机肥一半撒施，一半沟施，化肥全部沟施，深翻入土。土地耕翻 25～30 厘米，耙平后做垄。垄高 20 厘米，采用大小行，大行距 65 厘米，小行距 45 厘米。

6. 定植 晚霜后，10 厘米地温稳定在 13～15 ℃以上时定植，按 30 厘米株距在垄上挖穴，每亩栽 4 000 穴，每穴双株，覆土与子叶持平。

7. 田间管理

（1）中耕培土。缓苗后及时中耕，封垄前再中耕 2 次。7 月培土扶垄，以利发根及防倒伏。封垄后不再中耕培土，如有杂草及时拔除。

（2）肥水管理。辣椒定植 5～7 天后，浇一次缓苗水。然后控制浇水，进行蹲苗。门椒瞪眼期时结束蹲苗，开始浇水追肥。在门椒瞪眼期、门椒膨大期、"四母斗"发育期每亩分别追施三元复合肥（15 - 15 - 15）20～25 千克，硫酸钾 12 千克，并结合施肥浇水。以后根据植株长势、土壤干湿程度及时追肥浇水。

（3）植株调整。门椒坐果后，将门椒以下的侧枝全部去掉，结果后期摘除植株底部的老叶、黄叶、病叶，并疏掉无效枝。

8. 病虫害防治

（1）农业防治。针对当地主要病虫害控制对象及连茬种植情况选择高抗、多抗品种。及时摘除病叶、病果，拔除病株，带出地块进行无害化处理，降低病虫基数。加强苗床环境调控，培育适龄壮苗。加强养分管理，提高抗逆性。加强水分管理，严防干旱或积水。结果后期摘除基部的老叶、黄叶。实行严格的轮作制度，同一地块与非茄果类蔬菜至少隔 3 年再进行栽培，有条件的地区实行水旱轮作。夏季育苗和栽培应采用防虫网和遮阳网进行遮阴及防虫栽培，减轻病虫害的发生。

（2）物理防治。

① 杀虫灯诱杀。利用电子杀虫灯诱杀鞘翅目、鳞翅目等害虫。杀虫灯悬挂高度一般为灯的底端离地 $1.2\sim1.5$ 米，每盏灯控制面积一般在 $13\,334\sim20\,000$ 米^2。

② 色板诱杀。在田间悬挂黄色粘虫板诱杀粉虱、蚜虫、斑潜蝇等害虫，30 厘米×20 厘米的黄板，每亩放 $30\sim40$ 块，悬挂高度与植株顶部持平或高出 $5\sim10$ 厘米。并在田间四周张挂银灰色反光膜避蚜。

（3）生物防治。防治病毒病，在定植前和缓苗后用 10% 的混合脂肪酸乳剂 $50\sim80$ 倍液各喷一次。用 1% 武夷霉素水剂 $150\sim200$ 倍液喷雾防治灰霉病、炭疽病等。用苏云金杆菌（2 000 亿个活孢子/毫克）乳剂 500 倍液防治棉铃虫。

（4）化学防治。

① 病毒病。发病初期，可喷洒 1.5% 植病灵乳剂 $1\,000$ 倍液，或 5% 菌毒清水剂 $200\sim300$ 倍液，减缓病毒症状，间隔 $5\sim7$ 天喷一次，共喷 $3\sim5$ 次。

② 疫病。发病初期，可用 64% 噁霜·锰锌可湿性粉剂 500 倍液，50% 甲霜·铜可湿性粉剂 600 倍液，或 70% 乙铝·锰锌可湿性粉剂 500 倍液，喷雾防治，每隔 $5\sim7$ 天喷一次，连喷 $2\sim3$ 次。

③ 根腐病。发病初期，可用 50% 甲基硫菌灵·硫黄悬乳剂 800 倍液，50% 多菌灵可湿性粉剂 500 倍液，50% 甲基硫菌灵可湿性粉剂 500 倍液，或 10% 混合氨基酸铜络合物水剂 $200\sim300$ 倍液，喷雾或灌根防治，间隔 10 天左右防治一次，连续 $2\sim3$ 次。

④ 灰霉病。发病初期，可用 25% 嘧菌酯悬浮剂 $2\,500\sim3\,000$ 倍液，50% 异菌脲可湿性粉剂 800 倍液，或 50% 腐霉利可湿性粉剂 800 倍液，喷雾防治，7 天防治一次，防治 3 次。

⑤炭疽病。发病初期，先清除病叶和病果，用50％咪鲜胺锰盐可湿性粉剂1 500～2 500倍液，75％乙磷铝可湿性粉剂600倍液，68.75％噁酮·锰锌水分散性粒剂1 000倍液，80％炭疽福美可湿性粉剂800倍液，或2％农抗120水剂150倍液，喷雾防治，6～8天防治一次，连续防治2～3次。

⑥棉铃虫。可用2.5％氯氟氰菊酯乳油2 000～2 500倍液，或2.5％高效氯氰菊酯乳油2 000～2 500倍液，喷雾防治。

⑦茶黄螨。发生初期，可用15％哒螨灵乳油3 000倍液，或5％唑螨酯悬浮剂3 000倍液，喷雾防治。

⑧蚜虫。发生初期，可用10％吡虫啉可湿性粉剂2 000～3 000倍液，或20％啶虫脒可湿性粉剂5 000～10 000倍液，喷雾防治，隔7～10天防治一次，连续防治2～3次。

9. 适时采收 商品干椒一般待果实全部成熟一次采收，也可分次采收，最后一次整株拔下。整株采收后，摊在地上先风干，到八成干时进行码垛，果朝阳面，根朝阴面。也可以果朝外根朝里码成圆垛，渐渐收顶，自然风干，再摘取果实，摊开晾干。还可采取人工加温烤干。

10. 贮藏 最佳贮藏条件为初始水分含量10％，温度5 ℃，空气相对湿度70％，包装方式为复合薄膜压实密封包装。

（六）露地生姜生产技术

1. 选择品种 山东省名特优大姜品种很多，如莱芜大姜、莱芜小姜、安丘大姜、安丘黄姜等，也有新选育的品种，如山农大姜1号等。可根据种植习惯和市场需求进行选择。

2. 选地整地 生姜根系不发达，在土壤中分布浅，吸水吸肥能力差，既不耐旱，也不耐涝，因而姜田应选择土层深厚、有机质丰富、保水保肥、能灌能排和微酸性的肥沃土壤。有条件的地方，最好实行3～4年轮作。近2～3年内发生过姜瘟病毒的地块不可种姜。

选定姜田后，于前茬作物收获后进行秋耕，经冬季雨雪风化，改善土壤结构，增加有效养分含量。翌年解冻后，细耙1～2遍，并结合耙地施入农家肥，一般每亩施优质腐熟的农家肥5～8米³，过磷酸钙50千克，然后将地耙细整平。

3. 培育壮芽

（1）选种。选择姜块肥大、丰满，皮色光亮，肉质新鲜，不干缩、不腐烂，未受冻，质地硬，无病虫危害的健康姜块作种，严格淘汰瘦弱干瘪、肉质变褐及发软的姜块。

（2）晒姜与困姜。于适期播种前20～30天，将选好的姜种，用清水洗去姜块上的泥土，平铺在草席或干净的地上晾晒1～2天，傍晚收进室内，以防夜间受冻。注意，晒姜要适度，切不可晒得过度，尤其是较嫩的姜种，不可暴晒。中午若阳光强烈，需适当遮阴，以免姜种失水过多，姜块干缩，出芽细弱。

（3）催芽。催芽时温度保持在22～25℃为宜。高于28℃，虽然发芽快，但姜芽徒长，瘦弱；温度低，发芽慢，影响适期播种。催芽方法很多，如沙床催芽法、温室催芽法、火炕催芽法等，各地可根据本地实际情况灵活选用。当长成芽长0.5～2.0厘米、芽粗0.6～1.0厘米、幼芽肥壮、顶部钝圆、色泽鲜亮的壮芽时，即可播种。

（4）掰姜种（切姜种）。将姜种掰（或用刀切）成35～75克重的姜块，每块姜种上保留一个壮芽（少数姜块也可保留两个壮芽），其余幼芽全部掰除。要根据姜种种块大小及幼芽强弱进行分级，相同级别的播种时种在同一区，以便栽后管理。

（5）浸种。用1%波尔多液浸种20分钟，或用草木灰浸出液浸种20分钟，或用1%石灰水浸种30分钟后，取出晾干备播。

4. 播种

（1）播种期。5厘米地温稳定在15℃以上时即可播种，一般在谷雨前后。

（2）播种密度。高肥水田，行距 60 厘米，株距 20～22 厘米，每亩种植 5 000～5 500 株；中肥水田，行距 60 厘米，株距 18～20 厘米，每亩种植 5 500～6 000 株；低肥水田，行距 55 厘米，株距 16～18 厘米，每亩种植 6 000～7 500 株。同等肥力条件下，大块姜种稀植，小块姜种密植。

（3）开沟。在整平耙细的地块上按东西向或南北向开沟，沟距 60～65 厘米，沟宽 25 厘米，沟深 15～20 厘米。为了便于浇水，沟不宜太长，一般以 50 米为宜。若地块过长，可打截划区种植。

有条件的可以集中施饼肥。在开好的沟内，用窄镢沿姜沟南侧（东西向沟）开一小沟，将粉碎的饼肥集中施入沟内，一般亩施 75～100 千克，也可直接施入氮磷钾复合肥 100 千克。

（4）浇底水。沟内施肥后，播种前 1～2 小时浇底水，浇水量不宜过大，否则姜垄过湿不便于操作。若土壤墒情较好，可先种姜，覆土后再浇水。

（5）播种。播种沟内浇透底水后，把选好的种姜按一定株距排放于沟中。排放姜种有两种方法，一是平播法，即将姜块水平放在沟内，使幼芽方向保持一致，东西向的行，姜芽一律向南；南北向的行，则姜芽一律向西。放好姜种后用手轻轻按入泥中使姜芽与土面相平即可，然后用手从姜垄中下部扒些湿润细土盖住姜芽，以免烈日晒伤幼芽。二是竖播法，即不管什么方向的沟，芽一律向上，其余措施与平播法相同。

种姜播好后可用工具将垄上部的湿土扒下，盖住种姜，而后用耙搂平即可。覆土厚度以 4～5 厘米为宜。

5. 田间管理

（1）遮阴。当生姜出苗率达 50% 时，及时进行姜田遮阴。可采用水泥柱、竹竿等材料搭成 2 米高的拱棚架，扣上透光率为

60%左右的遮阳网。若用谷草等遮阴，要提前进行药剂消毒处理。8 月上旬，及时拆除遮阴物。

（2）中耕与除草。生姜出苗后，结合浇水、除草，中耕 1～2 次。若苗期雨水较多，应中耕除草 2～3 次，最好做到雨后必锄，有草必锄。中耕不宜过深，一般以 10 厘米左右较为适宜，注意防止伤根伤苗。也可于生姜播后苗前，选用 33%二甲戊灵乳油，每亩 150～180 毫升，加水 60 升；或用 25%异丙甲草胺乳油 48～60 毫升，加水 50 升；或用 40%戊·氧·乙草胺乳油 120～150 毫升，喷后保持土壤表面湿润，除草效果较好。如果进行绿色和有机生姜生产，则不能用除草剂除草。

（3）合理浇水。

① 发芽期。播后出苗达 70%左右时开始浇第一水。浇水后需保持土壤湿润，以防板结。浇第一水后 2～3 天浇第二水，接着中耕保墒，可使姜苗生长旺盛。

② 幼苗期。生长前期以浇小水为宜，浇水后趁土壤见干见湿时进行中耕浅锄，松土保墒。生长发育后期，已进入夏季，应适当增加浇水次数和浇水量，保持土壤相对含水量在 70%左右。夏季以早晨或傍晚浇水为好，不要在中午浇水。夏季暴雨后，应以浇跑水的方式浇井水降温，并及时排水，以防姜田积水。遇大雨应及时排水。

③ 旺盛生长期。根据天气情况，一般每隔 4～6 天浇一次大水，保持土壤相对含水量在 75%～80%。收获前 3～4 天再浇一次水，使收获时的姜块带有潮湿泥土，以利于入窖贮藏。

有条件的地区，可以安装喷灌或滴灌设备来进行浇水，不仅节水，而且增产效果明显。

（4）追肥。一般追肥 3 次。第一次，在苗高 30 厘米左右并具有 1～2 个小分枝时进行，称"催苗肥"。以氮素化肥为主，每亩可施硫酸铵或磷酸二铵 20 千克。若播期较早，苗期较长，可随浇水进行 2～3 次追肥，每次数量同上。

第二次，立秋前后是生姜生长的转折期，也是吸收养分的转折期，应结合除草第二次追肥，称"转折肥"。一般将豆饼肥或充分腐熟的农家肥与速效化肥结合施用，每亩施细碎的饼肥 70～80 千克、腐熟的农家肥 3～4 米^3、复合肥 50～100 千克，或尿素 20 千克、磷酸二铵 30 千克、硫酸钾 50 千克。如无饼肥，亦可施用腐熟的优质农家肥 3 000～4 000 千克，在姜苗北侧（东西沟向）距植株基部约 15 厘米处开一施肥沟，将肥料撒施沟中并与土壤混匀，然后覆土封沟即可。

第三次，9 月上旬，姜苗具有 6～8 个分枝时，进行第三次追肥，称"壮姜肥"。一般每亩施复合肥 25～30 千克，或硫酸铵 25～30 千克、硫酸钾 25 千克。土壤肥力高、植株生长茂盛的姜田可酌情少施或不施氮肥。

以收获嫩姜为主的，可适当多施一点氮肥，促进根茎鲜肥细嫩，纤维少，辛辣味淡，适于菜食或加工；以收获老姜为主的，在适量追施氮肥的情况下，增施磷、钾肥。增施锌肥、硼肥和硅肥均有良好增产效果。

（5）培土。一般在立秋前后，结合姜田除草和追肥进行第一次培土，把沟背上的土培在植株基部，变沟为垄。以后结合浇水进行第二次、第三次培土，逐渐把垄面培宽培厚，勿使根茎露土，为根茎生长创造适宜的生长条件。

6. 病虫害防治

（1）农业防治。实行 2 年以上轮作，避免连作或前茬为茄科植物。选择地势高燥、排水良好的壤质土。精选无病害姜种。平衡施肥。采收后及时清除病株残体，并集中烧毁，保证田间清洁。

（2）生物防治。在姜螟或姜弄蝶产卵始盛期和盛期释放赤眼蜂，或卵乳盛期前后喷洒苏云金杆菌制剂（孢子含量大于 100 亿/

毫升）2～3 次，每次间隔 5～7 天。选用新植霉素或卡那霉素
500 毫克/升浸种防治姜瘟病。

（3）物理防治。采取杀虫灯、黑光灯、1∶1∶3∶0.1 的
糖∶醋∶水∶90%敌百虫晶体溶液等方法诱杀害虫，使用防
虫网。

（4）化学防治。

① 姜腐烂病。掰姜前用 1∶1∶100 的波尔多液浸种 20 分
钟，或 30%氧氯化铜悬浮剂 800 倍液浸种 6 小时。发现病株及
时拔除，并在病株周围用 5%硫酸铜或 5%漂白粉灌根，每穴灌
0.5～1 升。发病初期，可用 20%叶枯唑可湿性粉剂 1 300 倍液，
30%氧氯化铜悬浮剂 800 倍液，1∶1∶100 波尔多液，或 50%琥
胶肥酸铜可湿性粉剂 500 倍液，喷雾防治，10～15 天喷 1 次，
连喷 2～3 次。也可用 3%中生菌素可湿性粉剂 600～800 倍液喷
雾或灌根，7 天喷 1 次，连用 2～3 次。

② 姜斑点病。发病初期，可用 70%甲基硫菌灵可湿性粉剂
1 000 倍液，或 64%噁霜·锰锌可湿性粉剂 500～800 倍液，喷雾
防治，7～10 天喷 1 次，连续喷 2～3 次。

③ 姜炭疽病。多发期到来前，用 75%百菌清可湿性粉剂
1 000倍液叶面喷施预防。发病初期，可用 64%噁霜·锰锌可湿
性粉剂 500 倍液，50%苯菌灵可湿性粉剂 1 000 倍液，30%氧氯
化铜悬浮剂 300 倍液，或 70%甲基硫菌灵可湿性粉剂 1 000 倍
液，喷雾防治，5～7 天喷 1 次，连续喷 2～3 次。

④ 姜螟。可用 2.5%氯氰菊酯乳油 2 000～3 000 倍液，
2.5%溴氰菊酯乳油 2 000～3 000 倍液，50%辛硫磷乳油 1 000
倍液，50%杀螟丹可湿性粉剂 800～1000 倍，或 80%敌敌畏
乳油 800～1 000 倍液，喷雾防治，7～10 天喷 1 次，连续喷
2 次。

⑤ 小地老虎。在 1～3 龄幼虫期，可用 2.5%氯氰菊酯乳油

3 000 倍液，90％晶体敌百虫 800 倍液，或 50％辛硫磷乳油 800～1 000倍液，叶面喷杀。也可用 50％辛硫磷乳油 500～600 倍液灌根，兼治姜蛆、蝼蛄等地下害虫。

⑥ 异型眼蕈蚊。生姜入窖前彻底清扫姜窖，然后用 80％敌敌畏乳油 1 000 倍喷窖，或将 80％敌敌畏乳油撒在锯末上点燃（或用敌敌畏制成的烟雾剂）熏蒸姜窖。

⑦ 姜弄蝶。幼虫期，可用 25％喹硫磷乳油 1 000 倍液，或 25％除虫脲可湿性粉剂 2 000 倍液，或 20％甲氰菊酯乳油 3 000 倍液，叶面喷施。

7. 收获

（1）收嫩姜。在根茎旺盛生长期，趁姜块鲜嫩时，提前于白露至秋分收获。此时根茎组织柔嫩、姜丝少、水分多、辛辣味淡，但根茎尚未充分发育，产量较低。

（2）收鲜姜和种姜。一般于 10 月中下旬，初霜到来之前，地上茎未霜枯时收获。收获前 3～4 天，先浇一次水，使土壤湿润，便于收刨。若土质疏松，可抓住茎叶整株拔出，轻轻抖掉茎上泥土，然后自茎秆基部掰去或用刀削去地上茎，保留地上茎 2～3厘米，摘除根须，掰下种姜。随即将带有少量潮湿泥土的根茎入窖贮藏，无须晾晒，也可直接出售。

二、保护地蔬菜

（一）日光温室黄瓜生产技术

1. 选用优良棚型和设施材料 采用保温、透光、抗风雪能力强的新型日光温室。选择多功能 PO 膜、EVA 功能性棚膜等新型耐老化流滴性强的棚膜。选择保温效果好、防雨雪的保温被。采用肥水一体化微滴灌设施。

2. 品种选择 选择优质、高产、抗病抗逆性强、连续结果能力强、耐储运、商品性好，适合市场需求的品种。有条件的从正规育苗企业选购子叶完好，茎基粗，根系发达，根色白，叶色浓绿，无病虫害，株高 10～15 厘米，3～4 片叶的嫁接种苗。

3. 前期准备

（1）清洁田园。清除前茬作物的残枝烂叶及病虫残体。

（2）消毒。

① 硫黄熏蒸。病害发生不严重的日光温室，每亩用硫黄粉 2～3 千克加敌敌畏 0.25 千克，拌上锯末分堆点燃，密闭熏蒸一昼夜后放风。操作用的农具同时放入室内消毒。

② 土壤消毒。土传病害严重的地块，在 7、8 月闲置季节，在棚内开沟，每亩铺施细碎秸秆 1 000～2 000 千克或畜禽粪便 5～10 米³，撒施石灰氮 60～80 千克。旋耕 2 遍，深度 30 厘米以上。按照栽培作物起栽培垄，稍高出 5～10 厘米。灌透水后用地膜覆盖，再盖严棚膜，闷棚 25～30 天，提温杀菌。土壤消毒后，配合施用"凯迪瑞""多利维生"等微生物菌剂、生物有机肥或复合微生物肥料等，进行土壤修复。

4. 定植前准备

（1）基肥。定植前 15～20 天，每亩施充分腐熟的优质有机肥 5 000 千克，饼肥 100～150 千克，三元复合肥（15 - 15 - 15）60～70 千克，微肥 25～30 千克。基肥铺施后，深翻 25 厘米。

（2）起垄。起南北向双垄，垄高 15 厘米，小垄宽 30 厘米，小垄间距 40 厘米，大垄间距 80 厘米，平均垄间距为 60 厘米。

5. 定植

（1）定植时间。秋冬茬，一般 8 月下旬至 9 月上旬，越冬茬 9 月下旬至 10 月上旬，冬春茬 12 月下旬至翌年 1 月上旬。

（2）定植。选择晴天上午定植，先在垄上开沟，顺沟灌透水，然后趁水未渗下按 30～40 厘米的株距放苗，水渗下后封沟。定植 4～5 天后顺行铺设水肥一体化滴灌设施灌水。

6. 定植后管理

（1）温度。缓苗期，白天 28～30 ℃，晚上不低于 18 ℃。缓苗后，采用四段变温管理，8:00～14:00 为 25～30 ℃，14:00～17:00 为 25～20 ℃，17:00～24:00 为 15～20 ℃，24:00 至日出 15～10 ℃。

（2）光照。采用透光性能好、耐老化的防雾无滴膜，保持膜面清洁。冬季或早春晴天时尽量早揭草苫或保温被，以增加光照时间。

（3）肥水。

① 追肥。盛果期后进行追肥，每亩追施三元复合肥（10 - 10 - 30）15～20 千克，以后每隔 7～10 天冲施一次水溶肥，每亩冲施 5～7 千克。

② 浇水。棚内始终保持土壤相对含水量为 70％～80％。冬季 20～25 天浇水 1 次，土壤相对含水量维持在 75％左右。春、秋季 10 天左右灌水 1 次，土壤相对含水量维持在 80％左右。

③ 空气湿度调控。通过地面覆盖、滴灌、铺设干秸秆以及通风排湿等措施控制日光温室空气湿度。一般缓苗期要求空气相对湿度为 80％～90％，开花结瓜期为 70％～85％。

（4）植株调整。用尼龙绳吊蔓或用细竹竿插架绑蔓。及时去除老叶、病叶，保留 15 片叶左右。

7. 病虫害防治

（1）农业防治。选用高抗、多抗的品种。控制温湿度。实行轮作。施用充分腐熟的有机肥。

（2）物理防治。风口处设置 40 目以上的防虫网。棚内悬挂黄色、蓝色粘虫板（规格为 25 厘米×40 厘米，每亩悬挂30～40块，悬挂高度高出植株顶部 10 厘米）、采用银灰膜避蚜。

（3）生物防治。释放丽蚜小蜂防治粉虱。用 90％新植霉素可溶性粉剂 3 000～4 000 倍液喷雾防治细菌性病害。用木霉菌水分散粒剂（1.5 亿活孢子/克）300～500 倍液喷雾防治灰霉病。用 0.5％印楝素乳油 600～800 倍液，或 0.6％苦参碱水剂 2 000 倍液喷雾防治蚜虫、白粉虱、斑潜蝇等。用 2.5％多杀霉素悬浮剂 1 000～1 500 倍液喷雾防治蓟马。

（4）化学防治。

① 霜霉病。发病初期，可用 50％嘧菌酯水分散粒剂 1 500～2 000 倍液，52.5％噁酮·霜脲氰水分散粒剂 1 500 倍液，或 72.2％霜霉威水剂 600 倍液，喷雾防治，5～7 天防治一次，连续防治 2～3 次。

② 白粉病。可用 40％氟硅唑乳油 3 000 倍液，或 50％嘧菌酯水分散粒剂 1 500～2 000 倍液，喷雾防治，交替用药，7～10 天用药 1 次，连续防治 2～3 次。兼治黑星病。

③ 灰霉病。发病初期，可用 50％嘧菌酯水分散粒剂 1 500～2 000 倍液，或 50％腐霉利可湿性粉剂 1 000 倍液，喷雾防治。

④ 靶斑病。发病初期，喷洒 43％戊唑醇悬浮剂 3 000 倍液＋33.5％喹啉酮悬浮剂 750 倍液＋柔水通 3 000 倍液（使用时先化开此高渗剂），或 25％甲基硫菌灵＋25％百菌清悬浮剂 600 倍液，喷雾防治。

⑤ 流胶病。定植时，用 77％硫酸铜钙可湿性粉剂 600 倍液灌根，返苗后灌第二次，隔 7 天一次。细菌性茎基腐病和枯萎病混发时，可向茎基部喷灌 60％吡唑醚菌酯·代森联水分散粒剂 1 500 倍液。可把 25％甲基硫菌灵＋3％中生菌素＋50％琥胶肥酸铜可湿性粉剂（1∶1∶1）配成 100～150 倍稀释液涂抹水渍状病斑及病斑四周。也可用 56％氧化亚铜水分散粒剂 800 倍液，隔 5～7 天喷雾一次，连喷 2～3 次。收获前 5 天停止用药。

⑥ 蚜虫、烟粉虱、斑潜蝇。可用 25％噻虫嗪水分散粒剂 5 000～6 000 倍液，或 10％吡虫啉可湿性粉剂 1 000～2 000 倍液，喷雾防治。注意叶背面均匀喷洒，每 5～7 天防治一次，连

续防治 2～3 次。

⑦ 蓟马。发生初期，可用 2.5％多杀霉素悬浮剂 1 000～1 500 倍液，或 10％吡虫啉可湿性粉剂 1 000～2 000 倍液，喷雾防治。

8. 采收 适时早采摘根瓜，防止坠秧。及时分批采收，减轻植株负担，以确保商品品质，促进后期果实膨大。

（二）日光温室番茄生产技术

1. 嫁接育苗

（1）品种选择。砧木，选择抗逆性强、抗根部病害、亲和力高的品种。接穗，选择抗病性强，耐低温、弱光，优质、高产、适合市场需求的品种。

（2）播种期。一般在 7 月上旬至 9 月上旬嫁接育苗，8 月中下旬至 11 月上旬定植。采用劈接法嫁接育苗，一般砧木较接穗早播 5～7 天；采用贴接法育苗，砧、穗同时播种。

（3）种子处理。

① 温汤浸种。选择晴天，将种子晾晒 3～5 小时，然后放在 55 ℃的温水中，迅速搅拌，水温降至 30 ℃时，浸种 4～6 小时，捞出种子晾干表皮水分再催芽。

② 药剂消毒。在常温下，用 10％磷酸三钠溶液浸种 10 分钟，50％多菌灵可湿性粉剂 500 倍液浸种 2 小时，或用 300 倍甲醛溶液浸种 30 分钟，捞出后，用清水洗净后催芽。

③ 催芽。将处理过的种子用消毒湿纱布包好，放入 25～28 ℃环境中催芽，每天用清水淘洗一次，当 70％种子露白时播种。

（4）基质准备。采用穴盘育苗，育苗基质按照蛭石∶草炭∶腐熟鸡粪（体积）＝3∶6∶1，每立方米基质添加三元复合肥（15 - 15 - 15）1 千克、50％多菌灵 80～100 克，充分拌匀，装入 72 孔穴盘。

（5）播种。在育苗穴中央打 1 厘米左右深小孔，将催好芽的砧木种子放入孔中，每孔 1 粒。整盘播好后，均匀覆盖 0.5 厘米厚的蛭石，喷透水后覆膜保湿，加盖黑色无纺布或将穴盘叠放遮阴，置 25～30 ℃环境中培养。出苗后及时去掉覆盖物，将叠放的穴盘排开。接穗种子可采用平盘播种，一般每平方米播种 1.5 克左右。

（6）嫁接前管理。白天温度控制在 25～30 ℃，夜间 18～20 ℃。生长过程中每天喷一次透水。

（7）嫁接时期。当砧木幼苗 6～7 片真叶、茎直径 0.5 厘米左右时即可进行嫁接。嫁接前一天，叶面喷洒 50%多菌灵可湿性粉剂 500 倍液，或 15%氢氧化铜可湿性粉剂 1 200～1 500 倍液。嫁接场所应密闭并适度遮光。

（8）嫁接方法。边嫁接，边放苗，边覆盖。一般采用劈接法或双楔形断面贴接法。

① 劈接法。用刀片从砧木的第 2 片真叶上 1.5 厘米处水平将其上部茎叶削去，再沿切面中心向下纵切 1 厘米；在接穗顶部 2～3 片展开真叶下 1.5 厘米处水平切断，并将其基部沿切口处削成长约 1 厘米的楔形，将接穗楔形插入砧木切口中，立即用嫁接夹固定好。注意砧木切口深度适宜，避免太深造成接穗与砧木接合处产生缝隙，或嫁接夹上部砧木切面反卷。

② 双楔形断面贴接法。用刀片从砧木基部第 2～3 片真叶上 1 厘米处斜向上约 25°角削去上部茎叶，再将接穗顶部 3～4 片真叶下 1 厘米处斜向下约 25°角削去下部根系，注意这个角度要与先前砧木削切的角度相符合，切面光滑平整，切口长度一致。将接穗与砧木切面靠好后立即用嫁接夹固定，即完成嫁接工作。

（9）嫁接后管理。白天温度保持在 28～30 ℃，夜间 18～22 ℃，湿度 95%左右，并密闭遮光 3～4 天。之后早晚见光，通小风，并逐渐增加通风透光量，7～10 天嫁接苗成活后进入正常管理。接穗长出 2～3 片新叶后，即可定植。

2. 整地施肥 定植前清理前茬残枝枯叶，深翻 30 厘米，结合深翻，每亩施充分腐熟农家肥 3～5 米³（或商品有机肥 200 千克）、过磷酸钙 100 千克、含硫的三元复合肥（15 - 15 - 15）100 千克。土地整平耙细后，大小行起垄栽培，垄高 15 厘米左右，大行距 80～90 厘米，小行距 50～60 厘米。大果品种每亩栽植 2 000～2 500 株，中小果品种每亩 3 000 株左右。

3. 定植 按株距开穴，放苗，浇 50％多菌灵可湿性粉剂 500 倍液或 50％苯菌灵可湿性粉剂 800 倍液，封垄。浇透定植水。栽植后覆地膜。幼苗定植时应带嫁接夹，等到绑好第 1 道蔓后取下，防止嫁接口折断。

4. 定植后管理

（1）温度。缓苗期，白天控制在 25～30 ℃。缓苗后，白天 25 ℃左右，夜间 15 ℃左右。结果期，白天 25～30 ℃，夜间 13～15 ℃。

（2）光照。采用透光性好的无滴膜覆盖并及时清除膜上灰尘。在保证棚内温度的前提下，尽量延长光照时间。连阴雨雪天，也要揭开草苫透光。久阴乍晴天气时，缓慢增加透光量，防止闪苗。

（3）水肥。番茄定植时，浇足定植水。第一穗果坐住后结合浇大水，每亩施入含硫的三元复合肥（16 - 8 - 18）15～20 千克。视墒情 15～20 天浇一次水，土壤持水量保持在 75％左右，并隔一次水追一次肥，每亩施入含硫的三元复合肥（16 - 8 - 18）20～30 千克。进入 12 月中旬后，尽量控制浇水。2 月中旬后逐渐增加浇水次数和浇水量，保持土壤湿润。

（4）植株调整。

①吊蔓、整枝。株高 30 厘米时，及时插架或吊蔓，单干整枝，留 6～8 穗果。一般侧枝长至 3 厘米时进行前期打杈，植株长旺后，侧枝 1～2 厘米就及时摘除，选择晴天操作。先摘健康

株，再摘弱株，病株要彻底拔除。

② 摘叶。及时摘除老叶、黄叶、病叶、密叶，摘除的叶片集中深埋或销毁。当第一穗果采完后，其下部的叶片全部摘除。换头整枝即主茎第 3 穗花开时，在其上留 2 叶去顶，再在下部留一侧枝代替主枝生长，当第一侧枝第 2～3 穗花开时，按上述方法去顶留枝，以此类推。

③ 摘心。根据栽培目的，果枝上的果穗长足一定数目时，果穗前留 2 片叶打顶。

④ 落蔓。当果实采收到 3～4 穗以上时，可摘除果实下部的老叶，将嫁接处固定好，把植株嫁接口以上部分降低高度，进行落蔓，采摘后加强水肥供应，促进丰产丰收。

（5）授粉。

① 熊蜂授粉。蜂箱离地面 1～1.4 米。番茄盛花期每亩放60～80只熊蜂，2 个月后更新。

② 授粉器授粉。每天 9:00～14:00，用授粉器振动花序，促进坐果。

（6）疏花疏果。如果每穗花的数量太多，应将畸形花及特小花摘除，每穗保留 4～5 朵即可。授粉处理后，如果坐果太多，应尽早疏果，一般早熟品种每穗留果 4～5 个，晚熟品种留果3～4 个，小型番茄可适当多留果或者不进行疏花疏果。

5. 病虫害防治

（1）农业防治。选用抗黄化曲叶病毒病或多抗的品种。培育适龄嫁接壮苗，提高抗逆性。采取适宜的肥水管理措施。深沟高畦，严防积水。清洁田园。实行 2 年以上轮作换茬。

（2）物理防治。

① 设置防虫网。在日光温室大棚门口和放风口设置防虫网，一般选用 40 目以上的银灰色网。

② 色板诱杀害虫。温室内设置黄板、蓝板，诱杀蚜虫、烟

粉虱、蓟马等。黄板、蓝板规格一般为 30 厘米×20 厘米，悬挂于植株顶部以上 10～15 厘米处，每亩悬挂 30～40 块。

（3）生物防治。可用 90％新植霉素可溶性粉剂 3 000～4 000 倍液喷雾防治细菌性病害；用 10％多抗霉素可湿性粉剂 600～800 倍液，或木霉菌可湿性粉剂（1.5 亿活孢子/克）200～300 倍液喷雾防治灰霉病；用 0.5％印楝素乳油 600～800 倍液，或 0.6％苦参碱水剂 2 000 倍液喷雾防治蚜虫、白粉虱、斑潜蝇等。

（4）化学防治。

① 猝倒病。发现病株，立即拔除，并用 72.2％霜霉威水剂 800 倍液喷雾。嫁接前 1 天，在苗床喷施 50％百菌清可湿性粉剂 600 倍液预防。也可用 30％噁霉·甲霜灵水剂 1 500～2 000 倍液，进行苗床喷雾或浇灌防治。

② 立枯病。发病初期，可用 50％霜脲·锰锌可湿性粉剂 600 倍液，或 70％甲基硫菌灵可湿性粉剂 1 000 倍液，喷雾防治。

③ 腐霉茎基腐病。发病初期，可用 52.5％霜脲氰·噁唑菌酮可湿性粉剂 800 倍液，或 50％烯酰吗啉可湿性粉剂 800 倍液喷雾防治。也可用 77％氢氧化铜可湿性粉剂 200 倍液每株 150～200 毫升灌根防治。可兼治疫霉根腐病、青枯病。

④ 灰霉病。发病初期，可用 50％嘧菌酯水分散粒剂 1 500～2 000 倍液，或 50％腐霉利可湿性粉剂 1 000 倍液，或 50％异菌脲可湿性粉剂 1 000～1 500 倍液，喷雾防治。

⑤ 早、晚疫病。发病初期，可用 18.7％烯酰·吡唑酯水分散粒剂 600～800 倍液，72％霜脲·锰锌可湿性粉剂 600～800 倍液，80％代森锰锌可湿性粉剂 600～800 倍液，或 60％吡唑醚菌酯水分散粒剂 1 000～1500 倍，喷雾防治。可兼治叶霉病、灰霉病。

⑥ 蚜虫、白粉虱、斑潜蝇。可用 25％噻虫嗪水分散粒剂 5 000～6 000倍液，或 10％吡虫啉可湿性粉剂 1 000～2 000 倍

液，喷雾防治。注意叶背面均匀喷洒。

⑦ 蓟马。发生初期，可用 2.5％多杀霉素悬浮剂 1 000～1 500 倍液，或 10％吡虫啉可湿性粉剂 1 000～2 000 倍液，喷雾防治。

6. 采收 当番茄果实表面 80％红熟时，及时从果梗节处摘下，采收时间一般早晨和傍晚为宜。

第五节 优质果茶产业

青岛市自然环境、气象条件适合多种落叶果树生长，是农业农村部确定的全国苹果优势产区。果茶产业在增加农民收入、优化农业产业结构、丰富农产品供应、绿化美化农村生态环境等方面发挥着重要作用，2019 年全市水果栽培面积 96.4 万亩、总产量 109.3 万吨、产值 72.2 亿元，其中：苹果 33.8 万亩、产量 46 万吨，葡萄 16.1 万亩、产量 18.2 万吨，桃 15.1 万亩、产量 19.4 万吨，蓝莓 10.1 万亩、产量 3.9 万吨，梨 6.8 万亩、产量 10 万吨，大樱桃 5.9 万亩、产量 3.6 万吨；全市茶园面积保持在 6 万亩以上，采摘面积达到 5.9 万亩，茶叶年产量达到 4 400 吨，单产达到 74.8 千克/亩，效益良好。

当前围绕果茶产业转型升级重点抓好以下工作：

示范推广果树新模式栽培技术。鼓励苹果、桃、梨优势区域，重点推广矮砧大苗建园、宽行密植、设立支架、起垄覆盖、行间生草等果树矮砧集约栽培新模式，整形修剪、肥水调控、花果管理等果园配套技术，建设一批矮砧集约栽培示范园。推广沃土养根、免套袋栽培、高光效树形培育、起垄避雨栽培、省力化疏花疏果等主推技术，土壤改良修复、节水灌溉、简化修剪、绿色防控等生态型简约技术，扩大推广有机肥替代化肥、水肥一体化、肥药双减和生态循环栽培技术，加快建设环境友好型和资源节约型果园。改造升级传统栽培模式果园，加快老龄果园更新改建。

示范推广果树设施栽培技术。制定设施栽培的标准体系，示范推广蓝莓、葡萄、大樱桃等设施果树栽培，推广高架栽培、基质栽培、避雨栽培、自动补光、控湿、控温等设施果树新技术，建设一批高水平的设施果树栽培示范园，拉长果品供应期，均衡市场供应，缓解集中上市矛盾，提高单位面积产值。

加快品种更新换代。推动农科教紧密结合，吸引国家果品产业技术体系、省现代农业产业技术体系果品创新团队、青岛农业大学的优势科技资源，加强果树新品种引进和创制，进一步优化品种品质结构。扶持建设新品种展示示范园，加快苹果、桃、葡萄、樱桃等水果品种更新换代。支持无病毒苗木和矮化自根砧苗木繁育，制定发布主栽品种、新品种推广应用的指导性意见，加快全市果树品种更新换代。

提升机械化作业水平。加大技术集成和示范推广力度，推进现有果园转型升级。推广农机农艺高度融合的果树省力化、简约化栽培管理技术，示范推广作业平台、开沟机、弥雾机、耕翻施肥机等经济实用型果园机械，尤其是适合山地丘陵果园的中小型机械，增强果树栽植、耕翻施肥、整形修剪、病虫防治、果实采收等生产管理环节的农机农艺融合程度，提高生产效率、降低人工成本，实现果园耕翻、施肥、喷药、割草等全程机械化和整形修剪、果实采收等半机械化，示范带动全市果园管理机械化水平提升。

一、苹果

（一）矮化砧苹果建园
1. 园地选择与规划
（1）园地选择。园地选择应避开灾害性天气频繁发生的地区，果园的土壤环境、灌溉水质、空气环境应符合 NY/T 856。年最低气温应大于－25 ℃，花期风速不宜大于 6 米/秒。选择地势较为平坦的平地或者坡度小于 15°的山区、丘陵，土壤以肥沃的壤土或沙壤土为宜，有充足的灌溉水源。重茬地轮作 3 年才可用于建园。

（2）园地规划。园地规划应包括栽植区划分，道路及排管系统的设计，附属建筑的建造，灾害频发的地区应建造防护林。园地的规划设计要能满足果园机械化作业的需求。

2. 品种的选择

（1）栽培品种。栽培品种应选择适应当地自然条件，具有早果、丰产性好、果实着色好、品质佳、抗性强等特性。目前，生产中常用的早中熟品种有嘎拉，美国 8 号，鲁丽，藤牧 1 号等；中熟品种有金冠，首红等元帅系；晚熟品种有烟富 3 号、烟富 6 号等富士系列，王林等。

（2）矮化砧木。常用的矮化砧木有 M9T337、M26、MM106、GM256、G935、青砧系列、SH6、辽砧系列，中砧系列等。

（3）授粉树配置。根据主栽品种，按照授粉树与主栽品种比例 1：（6～8），配置合适的授粉树，专用授粉树比例可降至 1：（10～15）。授粉树与主栽品种的距离不宜超过 15～20 米。

3. 苗木栽植

（1）栽植方式与密度。栽植密度根据园地的自然条件，品种及砧木种类而决定，一般矮化品种株行距为（1.5～2）米×（3～4）米，一些立地条件较好，栽植长势较弱的品种可选用（1～1.2）米×3.5 米的株行距。

常用的栽植方式为长方形栽植和等高栽植。长方形栽植多用于较为平缓的地区，坡地或梯田可用等高栽植方式。

（2）栽植时期。苗木可在秋末冬初栽植也可在春季栽植。秋栽成活率高，根系伤口愈合快，缓苗期短；春栽缓苗期长，萌芽迟，多用于冬季寒冷、苗木易抽条的地区。

（3）挖定植穴（沟）。按照规划的株行距测定定植点并标定，栽前挖长、宽、高各 60 厘米的定植穴，在土层瘠薄的地区，定植穴可扩大到长、宽、高各 80～100 厘米。挖出的土可与充分腐熟的有机肥混合，待放入苗木后回填。

（4）栽植。选择苗木健壮、根系发达、无检疫病虫害的优质树苗，栽植前修剪根系，剪除断根伤根，放入水中浸泡 12～24 小时。

栽植时，将苗木放入定植穴内，扶正苗木，使前后左右对齐，根系舒展。将混入肥料的土回填，边回填边提苗，将苗木根部土压实。培土应高出地面 20～30 厘米，形成宽 60～80 厘米的垄。一般矮化自根砧苗木栽植深度为嫁接口高出土面 10～20 厘米，立地条件较好时，果树生长势较旺的品种高度可适当降低；矮化中间砧苗木栽植深度为中间砧露出地面 5～10 厘米。

4. 栽后管理

（1）肥水管理。栽植后立即灌水，然后覆盖地膜保墒。后期根据土壤情况及时浇水，6～7 月可施氮肥 100～150 克/株，有条件的可结合滴灌、微喷灌等设备，使用水溶肥，进行水肥一体化管理，少量多次灌溉。

（2）设立支架。苗木栽植后应及时设立水泥架或者钢架，防止倒伏。支架高 3.5～4 米，分别在距地面 0.6 米、1.2 米、1.8 米处各拉一根铁丝，以扶直中干。

（3）补苗定干。根据整形需求，定干高度一般为 80～90 厘米，对于带分枝大苗，不需要定干。苗木发芽展叶后，检查苗木成活情况，缺苗死苗及时补栽。

（二）矮砧苹果园土壤管理

1. 土壤改良

（1）压土。黏重土压沙，山岭薄地压黑酥石、绿线土、半风化酥石、荒地自然表土或草炭土等。

（2）重茬地改良。为预防重茬危害，老果园彻底砍伐清园以后，拣除残根，轮作 2～3 年或通过土壤熏蒸剂处理以后再进行栽植。

（3）客土。在土层瘠薄或沙化严重地区，可结合深翻混入黏土，也可适当添加土壤改良剂以增加土壤保水性。

（4）土壤酸碱调节。酸化土壤混入生石灰、草木灰等适当提高土壤 pH；碱性土壤使用有机肥或硫酸铵、过磷酸钙等酸性肥料进行改良。

2. 土壤管理

（1）起垄。建园时，挖宽、深各 60 厘米的定植沟（穴），待放入苗木后，将有机肥与挖出的土混匀回填，培成高出地面 20～30 厘米、宽 60～80 厘米的垄。已建的平栽果园，可以在行间挖排水沟，将挖出的土铺在树冠下，逐年调整将平栽改为垄栽。

（2）行间生草。

① 生草条件。一般年降水量 800 毫米以上或灌溉条件较好的地区可在园内行间进行生草。

② 生草方式。行间生草可分为人工生草和自然生草。

③ 生草种类。人工生草可选用黑麦草、鼠茅草、紫花苜蓿、白三叶等耗水量较少、适应性强、与苹果无共同病虫害的禾本科或豆科植物，草的自然生长高度不宜超过 40～50 厘米，自然生草可保留稗草、马唐、无芒稗、狗尾草等，拔除豚草、苋菜、藜等恶性杂草。

④ 种植管理。人工生草可采用条播或撒播，以春季或秋季

播种为宜，播种量根据生草种类而定，春季需施1~2次有效氮肥，施肥后浇水。定期对草进行刈割，禾本科草在抽穗后种子尚未成熟前刈割一次，一般全年刈割4~6次，割后保留10厘米高，割下的草覆于树盘下。

（3）果园覆盖。

① 果园覆草。按 NY/T 5012—2002 的规定执行。

② 果园覆膜。通用的覆膜材料有无纺布、园艺地布等材料。3月中上旬萌芽前，整好树盘，在树盘下盖上覆膜材料，四周用土封严压实。采用滴灌的可将滴灌管置于膜下，进行膜下灌溉。

（4）深翻改土。每年结合秋施基肥进行，在树行两侧树冠外围挖沟，沟宽30~40厘米，深30~50厘米，回填时将表土与基肥混匀填入沟内，再将心土覆于表面。

3. 肥水管理

采用水肥一体化进行肥水管理。

（1）灌溉量。依据当地水源情况、土壤墒情和树龄、结果情况而定，一般每亩的年灌溉量50~90米^3，果树生长前期维持在田间持水量的60%~70%，后期维持在田间持水量的70%~80%。

（2）肥料施用量。果树的施肥量依据土壤肥力、土壤水分、树体长势、留果量等因素不同而异，一般果园全年追肥量平均每生产100千克果，需追纯氮（N）0.6~0.8千克、磷（P_2O_5）0.3~0.5千克、钾（K_2O）0.9~1.2千克。年灌溉施肥次数依据不同施肥模式不同，一般年施6~15次，以少量多次为好。

（三）矮砧苹果园水肥一体化技术

1. 系统设备

（1）水源。水源包括地下水、库水、河水等。

（2）首部枢纽。首部枢纽包括水泵、过滤器、施肥器、控制设备和仪表等。

① 水泵和动力机。根据灌溉面积选用适宜的灌溉水扬程、流量、水泵种类和功率，田间灌溉水流量一般为每亩每小时 1～4 吨，供水压力以 150～200 千帕为宜。

② 过滤器。根据水源水质情况，配置相应的过滤器，一般采用直径 32 毫米、40 毫米或 50 毫米过滤器，如果利用地表水灌溉应使用 125 微米叠片过滤器为宜。

③ 施肥器。施肥器可根据矮砧苹果园的具体条件选用注射泵、文丘里施肥器、施肥罐或其他泵吸式施肥装置。

④ 控制装备。系统中应安装水肥匹配器、流量和压力调节器、流量表或水表、压力表、安全阀等控制设备和仪表等，实行精准远程控制。

（3）管网系统。

① 给水管。管材及管件应符合 GB/T 10002.1 的规定要求。在管道适当位置安装进排气阀、逆止阀和压力调节器等装置。

② 输配管。由干管、支管、毛管和控制阀等组成，地势差较大的地块需要安装压力调节器。干管管材及管件应符合 GB/T 13664 的规定要求，支管、毛管管材及管件应符合 GB/T 13663 的规定要求。

③ 灌水（肥）器。宜选择均匀性、抗堵性、经济耐用性好的滴灌管（带），根据果园地势、种植面积等布置。管径一般选择 16 毫米，滴头间距与株距保持基本一致，流量为 1～3 升/小时。

2. 系统使用及维护

（1）系统使用。使用前，用清水冲刷管道 10～15 分钟。每次施肥后，用清水冲洗管道 15 分钟。

（2）系统维护。每月清洗肥料罐一次，按照说明书要求定期检修保养管道、灌水（肥）器等设备。每年秋季或春季采用 0.2% 柠檬酸溶液对滴灌管道进行清洗。冬季上冻前，及时排放所有灌溉管道系统的水，防止冬季管道冻裂。

3. 肥料种类 水肥一体化使用的肥料必须是杂质少、易溶于水、相互混合产生沉淀极少的肥料。

一般肥料种类为：氮肥（尿素、硝酸铵钙等）、钾肥（硝酸钾、硫酸钾、磷酸二氢钾、氯化钾等）、磷肥（磷酸二氢钾、磷酸一铵、聚合磷酸铵等）、螯合态微量元素、有机肥（黄腐酸、氨基酸、海藻和甘蔗糖类等发酵物质等）。也可选用水溶性较好、渣极少的料浆高塔造粒复合肥、复混肥或直接选用液体包装肥料。

4. 肥料施用量 果树的施肥量依据土壤肥力、土壤水分、树体长势、留果量等因素不同而异。一般果园全年追肥量平均每生产 100 千克果需追氮（N）0.6～0.8 千克、磷（P_2O_5）0.3～0.5 千克、钾（K_2O）0.9～1.2 千克。

5. 施用时期 水肥一体化灌溉施肥方案制定应依据少量多次和养分平衡原则，根据苹果各个生长时期需肥特点，全年分为以下几个关键时期进行多次施肥：

（1）花前肥。以萌芽后到开花前施肥最好。以氮肥为主，磷、钾肥为辅，施完全年 1/2 以上的氮肥用量。

（2）坐果肥。果树春梢停长后进行，促进花芽分化。以磷、氮、钾肥均匀施入。此期的氮肥用量可根据新梢的生长情况来确定，新梢长度在 30～45 厘米可正常施氮肥，新梢长度不足 30 厘米要加大氮肥的施肥量，新梢长度大于 50 厘米则要减少氮肥的施用量。

（3）果实膨大肥。以钾肥为主，氮、磷肥为辅。

（4）基肥。对于没有农家肥的果园，基肥也可以采用简易水肥一体化施肥方法进行施肥，具体时间在果树秋梢停长以后，进行第一次的施肥，间隔 20～30 天再施一次。

年灌溉施肥次数依据不同施肥模式，一般年施 6～15 次，以少量多次为好。

（四）矮砧苹果高纺锤树形整形修剪

1. 矮砧苹果高纺锤树形树体结构参数　树高约 3.5 米，主干高 0.7～0.9 米，平均冠幅约 2 米；中心干直立、生长强健，其上均匀着生 25～50 个螺旋排列的主枝；主枝与中心干夹角 90°～120°，树冠由下至上主枝角度逐渐加大；同侧主枝上下间距 30 厘米；主枝基部与同部位中心干粗度之比小于 1∶3，主枝长度 1 米左右，其中树冠下部主枝略长，上部主枝略短，树冠呈纺锤形。

2. 矮砧苹果高纺锤树形整形修剪原则、步骤与方法

（1）第一年整形修剪。

① 定干。苗木定植后进行定干，根据苗木高度确定定干高度。苗木高度在 1.2 米以上的成品苗，定干高度在 1.0 米；苗木高度在 1.0～1.2 米的成品苗，定干高度在 0.8 米。定干选择在饱满芽上方 0.5～1.0 厘米处短截。对于高度超过 1.8 米的带分枝大苗，可以仅疏除粗度超过主干 1/3 的分枝而不定干。定干后在剪口涂抹愈合剂。

② 促萌。春季萌芽前，在整形带内每隔 2～3 个芽螺旋状进行刻芽或涂抹发枝素，萌芽后 10 天内对不发枝部位进行 2 次刻芽或选择其他适宜发枝部位进行刻芽或涂抹发枝素。

③ 扶壮中心干延长枝。5 月上中旬，在定干剪口下选择直立健壮的新梢为中心干延长枝，疏除其下 2～3 个竞争性新梢，生长季对中心干延长枝进行直立绑缚。

④ 拉枝开角。当中心干上侧生新梢长到 15～20 厘米时，于新梢基部拿枝软化、开张角度，使其角度在 90°～100°，此后新梢每生长 15～20 厘米继续进行拿枝软化使其保持该角度；6～7 月利用开角器或线绳拉枝，拉至 90°～120°；后期注意对新梢延长头进行角度控制，直至秋梢停长。

⑤ 疏枝除萌。萌芽后疏除中心干上距地面 50 厘米内的分

枝，生长季疏除主枝基部因拉枝开角萌发的新梢。

（2）第二年整形修剪。

① 春季修剪。

时期：3月上旬至萌芽前进行。

中心干延长枝修剪：选取饱满芽处短截中心干延长枝，一般剪留长度60～80厘米，生长势强的品种如斗南、王林可适当长留，剪口处涂抹愈合剂。

中心干上侧生分枝修剪：疏除枝干比大于1∶3的分枝以及树冠下部长度大于100厘米的分枝、树冠中上部长度大于80厘米的分枝。按上述步骤管理后，如中心干上剩余长枝数量小于5个，疏除全部长枝；如中心干上长枝数量大于5个，选留5～6个长枝缓放。采用抬剪疏枝，留马蹄形斜剪口，剪口处涂抹愈合剂。

软化拉枝：对上年拉枝角度不到位或枝头上翘的分枝进行软化拉枝。

促萌：在中心干延长枝和剪留分枝（长度大于50厘米）整形带内进行刻芽或涂抹发枝素，按第一年方法进行。

② 生长季修剪。

疏除花序：花期疏除所有花序，第二年不留果。

疏枝除萌：中心干延长枝顶端新梢长至10～15厘米时，选留直立健壮的新梢为延长枝，疏除其下2～3个竞争枝，并对选留新梢进行直立绑缚。疏除中心干上剪口处的并生梢、过密梢，主干上的萌蘖，及二年生主枝上的延长头竞争枝。

拉枝开角：按第一年方法进行。

摘心：根据树势进行，对长势较旺的侧生新梢进行摘心，新梢每长至15～20厘米时进行扭梢或软化拉平。

（3）第三年整形修剪。

① 春季修剪。

时期：3月上旬至萌芽前进行。

中心干延长枝修剪：按第二年方法进行。

主枝修剪：对一年生主枝的修剪方法为，疏除中心干上枝干比大于1∶3的粗壮枝、长度大于80厘米的长枝、重叠枝、过密枝，疏除后保持同侧主枝间距40厘米左右，并对开张角度不够的枝条进行软化拉枝。对二年生主枝的修剪方法为，疏除着生在二年生主枝上的背上枝、距主枝基部10厘米内的枝条、延长头的竞争枝。

促萌：按第一年方法进行。

② 生长季修剪。

疏花疏果：疏花疏果后每主枝留果3～6个，依据主枝生长势、枝量留果，枝条长势旺、枝量大时多留。

疏梢除萌：疏除中心干延长枝基部的2～3个竞争性新梢，中心干上剪口处的并生梢、过密梢，主干上的萌蘖梢，及二、三年生主枝上的背上徒长枝、延长头竞争枝。

拉枝开角：按第一年方法进行。

摘心：按第二年方法进行。

转枝扭梢：主枝背上新梢长至15～20厘米时在基部进行低位扭梢，斜上生长新梢长至15～20厘米时进行转枝或软化拉平。

（4）第四年整形修剪。

① 春季修剪。

时期：3月上旬至萌芽前进行。

中心干延长枝修剪：对树高达到树形要求的，中心干延长枝进行缓放，疏除其下竞争枝；对树高过高的，采取弱枝换头修剪，控制树体长势；对树高不符合树形要求的，继续对中心干延长枝进行60～80厘米剪短截，剪口处留饱满芽并涂抹愈合剂。

主枝修剪：一年生主枝修剪方法同第一年管理；二、三年生主枝的修剪需疏除主枝上的徒长枝、背上枝、过密枝、竞争枝，据主枝基部 10 厘米部位不留结果枝，修剪后主枝两侧均匀着生长、中、短枝，间距 20 厘米左右。

② 生长季修剪。

疏花疏果：疏花疏果后每主枝留果 3～10 个，依据主枝生长势、枝量留果，枝条长势旺、枝量大时多留。

疏梢除萌：疏除中心干延长枝基部的 2～3 个竞争性新梢，中心干上剪口处的并生梢、过密梢，中心干上距地面 50 厘米内的分枝，及二、三年生主枝上的延长头竞争枝。

拉枝开角：按第一年方法进行。

摘心：按第二年方法进行。

转枝扭梢：按第三年方法进行。

（5）5 年以后修剪。

① 春季修剪。

时期：3 月上旬至萌芽前进行。

疏枝缓放：疏除影响树体结构的过粗过大主枝 1～2 个。疏除主枝上的直立徒长枝、密生枝、背下衰弱枝、延长头竞争枝，缓放中心干延长枝、主枝延长头及主枝两侧平斜生长的中长枝。

回缩更新：回缩枝展过大的主枝，保持行内交接少于 20 厘米，行间距超过 150 厘米；更新复壮衰老的结果枝组。

② 生长季修剪。

疏梢除萌：疏除主枝上的直立徒长梢、过密梢；疏除剪锯口处萌发的新梢。

转枝扭梢：按第三年方法进行。

二、葡萄

（一）葡萄建园

1. 园地选择与规划

（1）园地选择。新建葡萄园要选择生态条件好、远离污染源、并有可持续生产能力的农业生产区域，提倡在国家和省划定的优势葡萄产业带内发展。

① 园地土壤。以壤土和沙壤土为宜，土壤 pH 为 6.5～8.0，土壤肥沃，地下水位 1 米以下。

② 重茬问题。尽量避免选用重茬或长期种植容易发生根结线虫的作物（如桃、花生、番茄或黄瓜等）的土地，否则须经2～3年轮作后再用作新建园地，也可通过对定植穴换土来解决重茬问题。

③ 地形地貌。葡萄园应选择具有一定坡度（坡度＜30°）和具有水浇条件的丘陵或坡地，向阳坡最佳，避免洼地谷底、风口或冷空气集结地。

（2）土地整理。以方便机械化管理为目标，遵循差异化原则。坡度小于15°的地块应整成缓坡地，行长尽量延长以提高机械作业效率，以100～150米为宜；坡度大于15°的地块整成梯田为宜，边坡比应大于1∶1.5，整成"外嗮嘴、里流水"的地形，防止水土流失；坡度大于30°的不建议整地种植葡萄。

（3）行向和株行距。缓坡地块以南北行向为最佳，比东西行向受光较为均匀，抗风能力强；梯田地块，行向按照等高线来设置。

缓坡地块的行距为 2.3～2.5 米，以适应大中型机械作业，株距为 1.2～1.5 米；梯田行距为 2.0～2.2 米，以适应中小型机械作业，株距为 0.8～1.2 米。行头距离以适应机械回旋、利于机械通行为度，一般留行头距离不少于 4 米，能与道路相连的可充分利用道路，适当减少行头距离。行距确定后，按行距对每块地进行划线标记，防止种植时偏离定植沟。

（4）土壤改良。多点取样测定土壤有机质、pH 及氮、磷、钾等营养元素含量，根据测定数据进行局部土壤改良。

① 施肥量。土壤较为瘠薄的，每亩施发酵腐熟灭菌的有机

肥 6 000~10 000 千克（有机肥以羊粪为佳，其次是鸡鸭鹅等禽粪或兔牛猪等畜粪）；土壤比较肥沃的，每亩施发酵腐熟灭菌的有机肥 3 000~5 000 千克。土壤 pH 测定为小于 5.5 的酸性时，在有机肥中加入适量生石灰或者海蛎粉；土壤 pH 测定为大于 8.0 的碱性时，在有机肥中加入适量的酒糟、沼渣等酸性物料。

② 开沟施肥。以标记行距的划线为中心，采用挖掘机退行开沟，宽度和深度均为 80 厘米，沟底最好先填入 5 厘米厚度粉碎的秸秆，然后将行间表土和有机肥混合施入沟内，同时将行内生土置换到行间，灌水沉实，整平地面。

（5）排灌设施。以水肥管理一体化为原则，设计安装葡萄园的滴灌设施。水肥一体化既可以节约肥水和劳力，提高水肥的利用率，又可以改善葡萄品质，提高葡萄种植效益。

葡萄园排水可采用明渠暗管相结合的方式，主干排水沟与道路、防风林相结合，根据地块大小及上游来水面积，设计排水系统的规格。葡萄种植地块与道路之间的排水，地势较平缓的以浅宽排水沟为主，既有利于排水又有利于机械作业；坡度较大的应砌硬化水渠，道路与地块连接处铺设管道或建桥，减少水土流失。

（6）架杆及拉丝。架杆长度要求为 2.5 米，埋入地下 50~60 厘米，地上部 1.9~2.0 米。架杆一般有水泥柱、C 形钢柱、木柱等。水泥杆成本低，但易断裂，不耐撞击，不适应机械化采收；钢柱采用镀锌工艺，较适应机械化作业；木杆需进行防腐处理。边杆要采用相对较粗、抗拉力强的架杆进行加固。搭建时采用人工拉线或用仪器定位方法，确保行距和杆距整齐，利用打孔机按照 6 米的距离埋设架杆。边杆向外倾斜一定角度，并埋设地锚，也可内撑或再埋一根柱子互相牵拉。

拉丝可选用 8~14 号镀锌钢丝、不锈钢丝或塑钢丝等，最下面一道（绑缚主蔓的拉丝）选用 8 号。

2. 苗木选择及定植

（1）苗木选择。选用品种纯正、砧木类型正确、根系发达、枝干粗壮、芽眼饱满的优质壮苗。苗木根系发达，有 5 条生长健壮粗根，枝干粗度超过 0.6 厘米，嫁接苗嫁接部位愈合正常，接穗成熟度良好，无根瘤蚜、根结线虫等检疫对象及明显的真菌病害等。

（2）定植时期。以春季定植为主，地温达到 10 ℃时开始定植，避免定植过早或过晚，以免影响成活率。

（3）苗木消毒。要求对苗木进行双向消毒，即买卖双方都应该消毒，根据不同消毒目标，可用 70%甲基硫菌灵与 2%阿维菌素 800 倍液进行杀菌和杀虫。

（4）苗木处理。保留根系长 8～10 厘米，品种成熟芽 1～2 个。根据苗木含水量进行清水浸泡 8～12 小时，干旱缺水的葡萄园可用含有 500 毫克/升浓度萘乙酸溶液的泥浆浸沾后定植。

（5）定植方法。按照确定的株距，挖 20 厘米深的定植坑，将苗木垂直栽入穴内，踩实，苗木顶芽的朝向与行向一致并统一。定植后须灌水、沉实。嫁接苗定植高度以嫁接口高出地面 5～10 厘米为宜。

3. 栽后管理　苗木发芽后要保证肥水供应，以加速生长。新梢萌发后要根据拟构建的树形选留 1～2 个健壮新梢并抹去多余新梢和萌蘖。自新梢长至 40 厘米开始，及时将其引缚到拉丝上，避免生长点下垂，并根据设定树形开始整形。

（二）葡萄枝梢管理

1. 植株上架绑缚　植株上架绑缚是指春季葡萄萌芽前的上架绑缚工作。

（1）上架绑缚时期。对埋土地区的葡萄来说，葡萄上架最佳时期为葡萄伤流期，上架偏早易加重枝条失水，上架偏晚易造成萌芽不整齐。对不埋土地区的葡萄来说，由于生长季会出现拉丝下垂现象，需要进行紧拉丝和枝梢补充绑缚的工作，该项工作在整个休眠季节都可以进行。

（2）植株绑缚方法。埋土葡萄园上架时，主干应倾斜上架以利于每年下架，主干基部与地面的夹角应小于 30°，夹角过大会造成下架埋土时主蔓受伤甚至折断。主蔓绑缚时，须用绑扎绳水平绑缚到拉丝上，绑缚不平会加重萌芽不整齐，给生产管理带来困扰。绑扎时要求将主蔓绑缚在拉丝的固定位置上，避免因风吹扰乱树形或造成枝条损伤。绑扎时还要求给枝蔓留出加粗空间，避免因绑扎过紧在生长季伤害枝蔓。

2. 结果枝组管理

（1）结果枝组的构成。结果枝组是指结果臂上一个个相对独立的结果单元，一般由多年生部分、一年生枝和新梢构成。

（2）结果枝组的类型及特点。结果枝组一般包括单枝更新和双枝更新两种。单枝更新结果枝组中只有一条 2 个芽的一年生枝；双枝更新结果枝组中有 2 个一年生枝，总计数芽为 3～6 个。目前生产上常见的为单枝更新结果枝组。

（3）结果枝组的新梢留法及更新。单枝更新结果枝组上生长季保留 1 个结果母枝和 2 个新梢，冬季修剪时回缩至基部梢并继续保留 2 个芽；双枝更新结果枝组上生长季保留 2 个结果母枝和 3～6 个新梢，冬季修剪时回缩至基部母枝并继续保留 2 个结果母枝。多年生结果枝组上，如果多年生部分过长，则需要利用基部萌蘖进行更新，做法是春季保留枝组基部的 1 个新梢作为更新枝，在冬季利用来更新枝组。

3. 抹芽定梢

（1）抹芽的时期和方法。抹芽是指将设定结果部位之外的萌蘖抹除的工作，主要包括植株基部、主干部分，以及结果臂多年生部分未选作更新枝的萌蘖。

抹芽工作应在植株发芽后立即进行，隔一段时间后再进行第二次，一般需要抹芽 2～3 次，才能确保多余的萌蘖不再给生产带来干扰。

（2）定梢的时期、标准和方法。定梢是指将结果部位上多余的新梢疏除，只保留设定数量的新梢。

定梢的最佳时期为新梢 15～20 厘米长、能够清晰辨别新梢上花穗质量的时期。

在山东产区，新梢朝一个方向绑缚的结果臂上一般保留10～12 个新梢，新梢朝两个方向绑缚的结果臂上一般保留12～16 个新梢，叶片大的品种适当少留，叶片小的品种适当多留。

疏除多余新梢时，应在所有新梢中确定适宜保留的新梢，然后去除多余的新梢，选留新梢时应遵循"合理密度、长势均衡、两侧优先"的原则。

4. 新梢固定　新梢固定是指在生长季将新梢固定在架面上的工作。

新梢固定可用直接绑缚的方法，也可用双层拉丝夹住的方法。直接绑缚时，应遵循"均衡分布、固定位置、留出加粗空间"的原则；用双层拉丝夹住时，可用绑扎绳将两层拉丝适当拉近，注意不要太紧也不要太松。

5. 夏季修剪　夏季修剪的目的是优化叶幕结构、适当控制营养生长。一般可通过人工和机械的方式进行夏季修剪。

（1）人工夏季修剪。人工夏季修剪可分为长放管理模式、果穗以上留 6 叶摘心模式和果穗以上留 3 叶摘心模式。

① 长放管理模式是指对新梢采取长放的管理方式，通过长放主梢来抑制副梢的过度生长，主梢长至下垂时再人工修剪。

② 果穗以上留 6 叶摘心模式是指在果穗以上长出 6 片叶子时对主梢进行摘心，主要作用是短时间内抑制营养生长从而促进生殖生长，同时使摘心口以下的叶片增大而为果实发育提供更多

的营养。

③ 果穗以上留 3 叶摘心模式是指在果穗以上长出 3 片叶子时对主梢进行摘心，其对短时间内抑制营养生长和促进摘心口以下叶片增大的效果更为明显，但需要在第一次摘心后一周左右及时处理副梢，以免影响坐果。

（2）机械夏季修剪。机械夏季修剪是指长放新梢，待新梢即将下垂时用机械进行夏季修剪的方法。

6. 冬季修剪　冬季修剪是葡萄管理中最为关键的环节，通过冬季修剪可以构建和整理树形、调节产量。

（1）冬季修剪时期。在葡萄落叶后直到萌芽前的整个休眠季都可以进行冬季修剪。

（2）冬季修剪基本手法和要求。冬季修剪的基本手法有短截、长放、回缩、疏枝几种手法。对一年生枝短截时要求在芽上方 0.8～1.0 厘米处进行短截，对结果母枝的多年生部分进行回缩时要剪至一年生结果母枝上，疏枝时不要留橛，以免成为病原越冬的场所。

7. 植株越冬　植株越冬的问题关系到葡萄园的可持续生产，山东范围内有需要埋土的产区，也有不需要埋土的产区，而且许多不埋土的产区也存在越冬风险。由于山东冬季干旱，无论是否需要埋土，都应该充分进行冬灌，保持良好的土壤墒情，以利于葡萄植株越冬。

（1）埋土产区越冬方法。在埋土产区，葡萄植株下架时应注意不要损伤枝条，以免使枝条感染根癌病。

（2）不埋土产区越冬方法。在不埋土产区，提倡采用生草法的土壤管理措施，以保持地温，减少冻害风险。

在有越冬风险的产区，可以在冬季进行根部培土以降低越冬风险，但开春后必须将根部培土去除，以免造成生长季根系上浮，增加翌年越冬风险。

（三）葡萄套袋

1. 套袋的目的

（1）套袋可以有效减少农药施用量，避免农药直接接触葡萄果实，减少果实的农药残留。果穗套袋后，一方面降低了最容易感病的葡萄果穗感染病原的机会，降低了果穗的发病率，从而减少了鲜食葡萄喷用农药的次数；另一方面，喷用农药时，药液不再直接接触葡萄果实，避免了药液直接渗入果实和使葡萄果实形成斑点的弊端，农药仅能通过维管束的运输系统进入果实内部，最终采收的果实果面光洁，农药残留大大降低。

（2）套袋隔绝了果穗与外界接触的机会，可使果面不受粉尘污染，也避免果面产生枝叶摩擦斑点，提高了果穗的外观品质。

（3）套袋果因所处环境更为稳定，对容易裂果的品种有减轻裂果的作用。

（4）无论是在袋内着色还是摘袋后着色的品种，套袋果的颜色都较未套袋果更为均匀和鲜亮，更能体现品种典型的着色。

（5）套袋果的病害、虫害和鸟害因果袋的隔绝作用，发生概率大大降低。

2. 套袋的缺点

（1）增加了管理成本。因需要购置果袋、占用人工的原因，在一定程度上增加了葡萄园的管理成本。

（2）降低了果粒大小。很多研究都证明，纸袋套袋后，在炎热地区会导致果粒大小的降低。

（3）导致日烧和延迟成熟。对一些容易日烧的品种，如果所处地区气候炎热，很容易加重果粒的日烧，并使成熟期延迟。

3. 套袋的选择　山东产区生长季降水多，果园潮湿、光照较弱，因此套袋首先要解决的是隔绝病害的问题，并在套袋设计时更多地考虑果袋的防水性能。基于这些考虑，果袋多采用质量较好的纸袋，并于外面增加防水涂层，以增强防水效果。

套袋还要考虑品种特点，着色品种应考虑使用白色纸袋，绿色品种可以考虑使用黑色或双层袋，成熟时需要保持绿色、避免变黄的品种可选用绿色或蓝色纸袋。

4. 套袋的时期和方法　为避免套袋后出现日烧等现象，还应在套袋时期和方法上加以注意。

套袋时期一般选择在果实坐果完成、植物生长调节剂使用结束后进行，过晚套袋会使套袋的效果变差，并加重日烧。

套袋前应针对所在地区和园区的病害发生情况、病原积累情况有针对性地对果穗进行喷药，以杀灭袋内病原，套袋过程中如遇雨天应停止套袋并重新喷药。

套袋可选择在阴天进行，也可选择在晴日的 16：00 以后进行，避免在近中午的时候套袋。

5. 摘袋时期　一般需要在采收前 10～15 天摘袋，以改善透光透气条件和促使果实着色。根据情况，摘袋时可不将果袋一次性摘除，先将底部打开，撑起，呈伞状，待采收时再全部除去。

除袋后至采收前主要是让浆果着色。除袋后将果穗周围的老叶、病叶、残叶摘除，剪除多余枝梢及副梢，摘除果穗周边 20 厘米以内的叶片，以架面下部有筛眼似的光影为准。酌留一部分叶片，对果穗遮阴，防止果粒日灼。同时及时转穗，保证光照，使果穗快速上色。

（四）葡萄果穗管理

1. 定穗

（1）定穗的时期。定穗就是根据目标产量，在花前适当的时期疏除过多的果穗，以达到节约养分、合理负载的目的。

定穗时期一般在新梢长至 15～20 厘米长、能够清晰判断出果穗质量的时候进行。

（2）定穗的标准。由于单位土地面积的有效叶面积是有一个合理范围的，所以也就限定了不同品种的产量上限，根据这个原则，单穗重较大的品种应适当少留果穗，单穗重较小的品种应适当多留果穗。

留穗时，应根据枝条强弱确定单枝留穗量，一般健壮枝条上保留一个果穗，较弱枝条上不留果穗，整体果穗量偏少或设定产量较高时，可在非常健壮的枝条上保留两个果穗。

疏除多余果穗时，一般应疏除上部果穗；下部果穗发育质量不佳时，也可疏除下部果穗而保留上部果穗。

2. 整穗 花穗整理的时期一般在果穗 10～15 厘米长、一半以上的小穗轴垂直于主穗轴时进行。

整穗时，需要根据最终的果穗形状来进行整理。对于大果型的品种来说，一般整成圆柱形，即将上部小穗疏除，留 4～5 厘米的穗尖，待坐果后疏果；对于小果型的品种来说，一般去除副穗，坐果后再行疏果。

3. 植物生长调节剂使用 使用赤霉素、细胞分裂素等植物生长调节剂并不会影响食品安全，有些品种（尤其是无核品种）在栽培过程中使用植物生长调节剂是必须的，但过量使用确实会影响食用品质，因此应在不影响食用品质的前提下适量使用植物生长调节剂。

（1）花前拉穗。对有些品种来说，花前 2/3 以上小穗轴垂直于主穗轴时，可以使用低浓度的赤霉素对花穗进行拉长。

（2）花期疏花。对有些品种来说，盛花期喷布极低浓度的赤霉素可以起到疏花的作用。

（3）坐果后膨大。对大多数品种来说，坐果后喷布赤霉素或赤霉素＋细胞分裂素可促进果粒膨大，绝大多数无核品种都需要在花后膨大果粒，使用浓度因品种而异，在合理范围内，应尽可能使用低浓度和适当增加次数的方法，来减轻植物生长调节剂对食用品质的副作用。赤霉素和细胞分裂素使用时，应严格控制浓度，尤其是细胞分裂素的浓度。

（4）乙烯利的问题。乙烯利对未成熟葡萄确有催熟作用，但却会严重降低口感和影响储运性能，因此不建议使用。对于成熟存在困难的品种，提倡用适当控制产量的方法来使成熟期提前，不建议使用乙烯利等催熟。

4. 疏果 疏果的作用是调整产量、整理穗形。

对于大果粒品种来说，一般需要整成圆柱形，方法是在花前已经整穗的基础上，疏除过多果粒，将单穗粒数调整到 40～60 粒，一般应调整为 5（2）＋4（4）＋3（5）＋2（4）＋1（2）的模式，即上部 2 个小穗留 5 粒，之下 4 个小穗留 4 粒，然后是 5 个 3 粒的、4 个 2 粒的和 2 个 1 粒的小穗。疏果时优先疏除朝向内侧、上侧和下侧的果粒，而保留朝向外侧的果粒。

对于小果粒品种来说，一般需要整成圆锥形，方法是疏除最上部的副穗和岐肩，保留 5 个小穗，然后疏除 2～3 个小穗（一层），之下再保留 3～4 个小穗并将穗尖疏除。

（五）葡萄简易避雨棚

1. 简易避雨棚的结构 简易避雨棚一般是指单行避雨棚，即在葡萄单行上搭设弓形避雨棚，包括立柱、角铁、钢管和拱架。立柱可采用水泥杆或镀锌钢管，一般 300 厘米以上，地下埋深 50～60 厘米，地上部 250 厘米以上，其中 180 厘米以下为叶幕，180 厘米以上为拱架支柱。角铁或钢管用来连接固定相邻行。

简易避雨栽培要求行距在 250～300 厘米，杆距为 500 厘米。拱架高为 70～80 厘米，长度一般为 230～250 厘米，钢丝拱架间距为 40～50 厘米，拱架顶棚钢丝一般用 2.8 毫米规格，拱架钢丝用 3.8 毫米规格，拱棚基部钢丝规格为 1.8 毫米。

2. 简易避雨栽培的管理

（1）简易避雨栽培的树形和架式。简易避雨栽培一般采用飞鸟式树形构建方式。

（2）避雨栽培条件下的温度管理。避雨栽培条件下，由于顶层加盖了拱形棚，对园区的散热造成了一定的不利影响。近年来因夏季高温持续时间不断变长，避雨棚下温度过高的问题也越来越加剧，高温伤害也给葡萄生产带来了许多严重问题。

因此新建避雨棚应该从以下几个角度来解决温度问题：

① 叶幕顶端和避雨棚脚部之间保留 20～30 厘米的空隙，以利空气流通。

② 相邻两行避雨棚之间尽可能留出更大间隙，以利散热。

③ 行头不用塑料布遮盖或在夏季时去除遮盖。

（3）避雨栽培条件下的病害管理。避雨栽培条件下，避免了雨水直接冲刷葡萄植株和果实，降低了果园湿度，也减少了霜霉病、白腐病、炭疽病等发病的概率。但避雨栽培由于减少了叶幕区域的光照，尤其是短波光，给白粉病的流行造成了便利，因此在栽培过程中应注重白粉病的防治。

（六）鲜食葡萄采收及贮藏

1. 采收前准备

（1）采收工具准备。采收果剪、线或布制帽子、手套（白色）、周转筐、托盘、短途运输车辆。

（2）检测工具准备。手持式折光测糖仪、托盘天平（100克）、游标卡尺（1/50 分度）、台秤（100 千克）。

（3）果穗整理。对于采摘前一周去掉套袋的葡萄，采摘前在树体上完成果穗修整，将不符合标准的果粒疏掉，不符合要求的果粒包括青果、小果、病果、裂果和畸形果。

2. 采收

（1）采收的标准。葡萄浆果充分成熟，即有色品种充分表现出固有品种色泽，同时果肉变软富有弹性，可溶性固形物达到葡萄等级标准规定（用手持式折光测糖仪测定），品种充分成熟而不过熟。

（2）采收时间。在晴天无风或早晨露水干后进行，忌在雨天、雨后或炎热日照下采收。

（3）采收方法。采收时一手持采果剪，一手紧握果穗梗，在果穗上保留 5～10 厘米果穗梗将果穗剪下，轻放在浅层周转筐中，每筐重量不超过 10 千克。周转筐摆放于短途转运车辆上，采收的葡萄要随采随运，快速运送到分选包装场所。整个采收过程中要求突出"快、准、轻、稳"4 个字，"快"就是采收、分选、装箱、包装等环节要迅速，保持葡萄的新鲜度；"准"就是下剪位要准；"轻"就是轻拿轻放，尽量不擦去果粉，不碰伤果皮，不碰掉果粒，保持果穗完整无损；"稳"就是采收时果穗要拿稳，运输时果箱摆稳。

3. 短途运输 采收后的葡萄必须尽快运送到分选包装处，运输车辆须用篷布覆盖或为厢式货车，车况良好，轮胎充气不能太足，驾驶时匀速行驶，禁止突然启动或刹车，转弯及路况不好时减速慢行，载货量实行少载多跑的原则，保证葡萄在规定时间内运到分选包装处。

4. 分选包装

（1）分选。分选工将周转筐搬至分选工作台上，按照标准对果穗进行修穗，除去不合格果粒和烂粒。严格按不同品种的分级标准进行分级，将不同等级的葡萄放到对应的包装箱中，大小粒不均匀的按小粒定级，着色不良的按等外果处理，严禁混级和以次充好。

（2）质检和定量。分选好的葡萄经过质检和定量岗位时，质检人员要检查等级是否符合，是否有青粒、烂粒，并用磅秤准确定量，交给包装工进行包装。

（3）包装。包装工按照标准的包装流程对果穗进行包装，需要长途运输的要在包装箱内放置适当的保鲜剂。

5. 预冷及贮藏　包装好的葡萄如需长途运输，还需要进行预冷，预冷时要通过流程设计，使冷风通过葡萄包装间隙，将热量带走的同时也能降低空气湿度，避免在预冷过程中因结露而降低储运性能。

预冷好的葡萄在贮藏和长途运输过程中需要保证处于 0～4 ℃环境下，以更好地保持果实品质。

（七）设施葡萄环境调控

1. 光照调控

（1）完善设施，提高透光率。设施方位适宜、采光结构合理，尽量减少遮光骨架材料。采用透光性能好、透光率高、衰减速度慢的透明覆盖材料，如聚乙烯棚膜、聚氯乙烯棚膜和醋酸乙烯-乙烯共聚棚膜（即 EVA 膜）等 3 种常用大棚膜，综合性能以 EVA 膜最佳，聚烯烃膜（PO 膜）透光性能更佳。经常清扫。

（2）加强调控，改善光照。正确揭盖保温覆盖材料。使用卷帘机等机械设备尽量延长光照时间。挂铺反光膜或将墙体涂为白色增加散射光。利用补光灯进行人工补光以增加光照强度。安装紫外线灯补充紫外线，促进果实着色和成熟，改善果实品质。采用转光膜改善光质。

（3）加强栽培管理，提高光效。合理密植。采用高光效树形和叶幕形，合理修剪，营造良好群体结构。加强肥水管理，提高叶片质量，增强光合效能。

2. 气温调控

（1）休眠解除期。尽量使温度控制在 0～9 ℃，从扣棚升温开始到休眠解除所需日期因品种而异，一般为 25～60 天。

（2）催芽期。从升温至萌芽一般控制在 25～30 天，缓慢升温，使气温和地温协调一致。第一周白天 15～20 ℃，夜间 5～10 ℃；第二周白天 15～20 ℃，夜间 7～10 ℃；第三周至萌芽白天 20～25 ℃，夜间 10～15 ℃。

（3）新梢生长期。白天 20～25 ℃；夜间 10～15 ℃，不低于 10 ℃。从萌芽到开花一般需 40～60 天。

（4）花期。白天 22～26 ℃；夜间 15～20 ℃，不低于 14 ℃。花期一般维持 7～15 天。

（5）浆果发育期。白天 25～28 ℃；夜间 20～22 ℃，不宜低于 20 ℃。

（6）着色成熟期。白天 28～32 ℃；夜间 14～16 ℃，不低于 14 ℃；昼夜温差 10 ℃以上。

3. 地温调控

（1）起垄栽培并覆盖地膜。

（2）利用秸秆发酵释放热量提高地温。

（3）挖防寒沟，深度以大于当地冻土层深度 20～30 厘米为宜，防寒沟可以填充 5～10 厘米的保温苯板或者填充秸秆杂草。

（4）将温室建造为半地下式。

4. 湿度调控

（1）催芽期。空气相对湿度 90％以上，土壤相对湿度 80％～90％。

（2）新梢生长期。空气相对湿度 60％左右，土壤相对湿度 70％～80％。

（3）花期。空气相对湿度 50％左右，土壤相对湿度 65％～70％。

（4）浆果发育期。空气相对湿度 60％～70％，土壤相对湿度 70％～80％。

（5）着色成熟期。空气相对湿度 50％～60％，土壤相对湿度 55％～65％。

（八）大泽山葡萄栽培技术

1. 园地选择与规划

（1）园地选择。新建葡萄园选择生态环境条件良好，远离工矿、企业、公路等，无污染源，适合葡萄生产的重点产区。园地土壤以壤土和沙壤土为宜，土层深度 60 厘米以上，土壤 pH 以 6.5～7.5 为宜，土壤肥沃，地下水位 1 米以下，山坡、丘陵建园坡度应小于 25°。

（2）园地规划。园地规划包括栽植小区的划分、道路的设置、建筑物（管理用房、工具及农资用房、包装场、配药池等）的安排和防护林带的营建等，尤其道路的规划要适应果园机械化管理和果品运输的要求。

2. 品种与苗木选择

（1）品种选择。以葡萄区域化和良种化为基础，结合当地自然条件，选择优良品种，实行适地适树。目前大泽山地区的主栽品种仍然以玫瑰香和泽香为主，近些年金手指、阳光玫瑰、克瑞森无核有了一定的快速发展。

（2）苗木选择。大泽山地区及环境相似区域建议选用品种纯正、根系大而完整、枝干粗壮充实、芽眼饱满的优质扦插壮苗。

3. 定植

（1）定植时期。生产上以当地萌芽前春栽为主。

（2）确定株行距架式架形。鲜食葡萄品种以篱架、小棚架或篱棚架为主，篱架株行距为（1.8～2.0）米×（0.8～1.0）米，每亩栽 330～440 株；小棚架或篱棚架为（4～5）米×（0.8～1.0）米，每亩栽 160～200 株。

（3）定植方法。挖定植沟对定植区域进行局部土壤改良，在增施有机肥的基础上，实行起垄栽植；深挖坑，浅栽苗，坑深刚好与苗根际相当为宜，边栽边覆土，踏实，使根系与土壤紧密结合。

（4）栽植行向。建议尽量南北行栽植，行向与风向、光照一致也可以增加葡萄园通透性，减少病害的发生。

（5）排灌系统。地头最好开挖排水沟，保证过多的水及时排出去，减少在雨水较大时造成的大水沤根，影响葡萄生长。

4. 栽后管理

（1）栽后浇一次透水，待土壤疏松后可以立即盖地膜保墒，栽后1周内，只要10厘米以下土层潮湿不干，则不要浇水，以免降低地温和影响土壤通气性，以后干旱时可浇水。

（2）生育期肥水管理。6月起进行根外和根际追肥，6～7月每月追施1次氮肥，每次每亩3～5千克尿素，每15天左右喷一次0.3％的尿素；7月起每10～15天喷一次，共喷2～3次0.3％的磷酸二氢钾；9月中下旬每亩施1 000千克左右优质圈肥或有机肥，条状沟施，施肥后应及时浇水，保持地面湿润。

5. 盛果期果园栽培管理

（1）精细修剪。目前，篱架多采用扇形整枝，棚架采用龙干或者多层扇形整枝。冬季修剪以中短梢为主，玫瑰香保留2～3芽修剪，泽香保留3～5芽修剪，每亩母枝量控制在1 600～1 800条，生长季节新梢控制在4 000条左右，合理布局架面，培养早期结果和优质丰产的树体结构，并及时摘心，处理副梢。

提倡今后篱架、棚架均采用长梢简化修剪，母蔓长度一般保留60厘米为宜，修剪后拉平与生长枝保持90°角。

（2）果穗管理。疏穗：根据负载量疏除多余葡萄穗，特别注意疏除双穗及过大、过小穗，疏除果穗岐肩，掐除穗尖。玫瑰香亩产量一般控制在1 800～2 200千克，泽香亩产量一般控制在2 600～3 000千克，选择优质纸袋于幼果黄豆粒大小时进行套袋。

6. 病虫害防治

（1）全面禁止使用剧毒、高残留和具有致癌、致畸、致突变的农药；限制使用全杀性、高抗性农药；严格控制使用激素类农药；推广应用高效、广谱、低毒、低残留农药，重点普及生物农药和昆虫生长调节剂。

（2）病害防治采用保护性杀菌剂与治疗性杀菌剂交替使用的

方法。葡萄冬季休眠期结合冬剪，认真清理病枝、病叶、病穗，并集中烧毁或深埋，葡萄发芽前普遍喷一次3～5波美度石硫合剂，铲除越冬病害；葡萄展叶后喷78％波·锰锌可湿性粉剂500倍液保护，葡萄开花前1～2天喷50％多菌灵可湿性粉剂600倍液或70％甲基硫菌灵可湿性粉剂800倍液，确保花期安全；花谢后喷78％波·锰锌可湿性粉剂500～600倍液，降雨或潮湿的环境喷70％甲基硫菌灵可湿性粉剂800倍液混加80％代森锰锌可湿性粉剂800倍液；幼果至果实膨大期喷78％波·锰锌500倍液，或80％波尔多液可湿性粉剂400倍液，或70％甲基硫菌灵800倍液交替喷洒；套袋后喷1：（0.5～1)：200的波尔多液（随葡萄生长逐步提高石灰比例）3～4次，应与78％波·锰锌、42％乙磷铝可湿性粉剂、80％代森锰锌、50％多菌灵交替使用。

（九）阳光玫瑰栽培技术

1. 树体管理 由于阳光玫瑰普遍存在病毒病的问题，为避免病毒给葡萄生产带来不利影响，阳光玫瑰必须选用壮苗建园。

遵循"壮树中庸枝"的原则，阳光玫瑰一般要稀植，推荐600厘米×300厘米的株行距，并以飞鸟架定植。建园时要充分培肥土壤，开100厘米宽、50厘米深的定植穴，定植完成后高出地面20厘米起垄。

鉴于阳光玫瑰的果实品质形成特点，推荐采用避雨栽培模式。

2. 枝梢管理 为平衡营养生长和生殖生长，促进更多养分向果实运输，应在花前对新梢进行摘心，有花穗以上留3叶摘心和留6叶摘心两种方案。

（1）留3叶摘心管理方案。在花穗以上留3叶摘心，能很好地促进花序分离，而且使关键叶片更好扩张，对果实品质的形成最为有利。但因为留3叶摘心后，副梢旺长期与花期重叠，需要对副梢及时进行处理，以免加剧花期营养竞争，影响坐果。副梢处理的方法是长留最上部副梢（可留 4～5 叶摘心），花穗节的副梢留 3～4 叶摘心，其余副梢留 1 叶摘心。花期过后，再次长出的副梢中，最前面的副梢长放，其余副梢一律留 1 叶摘心。

（2）留 6 叶摘心管理方案。在花穗以上留 6 叶摘心，对花序分离、关键叶片扩张和品质形成也有很好的效果，并且摘心后的副梢旺长期在花期之后，因此对副梢处理的时间要求没有留 3 叶摘心那么严格。留 6 叶摘心后，一般将第一个副梢长放，果穗节的副梢留 3～4 叶摘心，其余副梢留 1 叶摘心。

3. 花果管理 精细的花果管理是阳光玫瑰品质形成的关键，阳光玫瑰分有核果生产和无核果生产两种花果管理方法。

（1）有核果生产。

① 花序整形。花穗长至 15 厘米左右，2/3 的小穗轴垂直于主穗轴时，疏去上部的较大小穗，只保留穗尖 4～5 厘米长，16～18 个小穗，穗尖分叉时去掉其中一个分叉。

② 疏果整穗。坐果后一周，对果穗进行疏果整形，要求疏至单层果粒，按照 5（2）+4（5）+3（5）+2（4）+2（1）的顺序进行疏果，优先疏除朝上、朝下和朝向内侧的果粒，保留朝向外侧的果粒，每穗果留 40～60 粒。疏果时期要尽量早，并且一次到位，以确保果粒自然膨大。

③ 套袋。阳光玫瑰容易出现日灼现象，果穗节的副梢多保留几片叶片可以减轻日灼，将套袋时期延迟到硬核期后 10 天也能有效避免日灼，套绿色袋或蓝色袋有助于果粒保持绿色，增加商品价值。

（2）无核果生产。无核果生产的关键是两次植物生长调节剂的使用，其余管理同有核果的生产相同。

① 无核化处理。满花后 1～3 天，用 25 毫克/升赤霉素＋2 毫克/升氯吡脲＋200 毫克/升链霉素液蘸穗，可以阻止种子的形成，生产无核果。注意掌握蘸穗时期为满花后 1～3 天，过早容

易出现果粒小、僵果现象，过晚则会混入种子。蘸穗时，要在每天的 15:00 以后进行，将花穗整个浸入药液中，拿出后不摇落花穗上的药液。

② 果粒膨大。坐果后 7～10 天，对已经无核化的果粒，需要用植物生长调节剂进行膨果，此次一般选 25 毫克/升赤霉素＋2～5 毫克/升氯吡脲，喷雾使用，也可在上午蘸穗后摇落多余药液，因为过多药液会烧坏果面。

4. 营养管理　生产优质的阳光玫瑰还需要充足的矿质营养供应。

（1）萌芽期施氮。萌芽期每亩施 15 千克尿素或等量氮的复合肥，可以促进整齐萌芽。

（2）幼果膨大期补充复合肥。幼果膨大期每亩可以分 3 次共施入 40～50 千克高氮低磷中钾复合肥，以确保果粒细胞充分分裂和膨大。

（3）转色期后补充磷钾肥。自转色期开始，每次滴灌均加入高钾中氮的复合肥，并逐次降低氮的含量，适当增加磷的含量。

（十）夏黑葡萄栽培技术

1. 树体管理　夏黑葡萄长势旺盛，比较适宜采用棚架栽培，并采用飞鸟树形整形，树体整形参看飞鸟架整形模式。

根据夏黑的品种特点，飞鸟树形模式下，每米架面单侧适宜留 5～6 个枝条。

2. 枝梢管理　参考阳光玫瑰（P215）。

3. 花果管理

（1）果穗拉长。为拉长果穗，避免果穗过劲，并且减轻疏果的工作压力，可在果穗长 10～15 厘米、2/3 的小穗轴垂直于主穗轴时，用 5 毫克/升赤霉素喷穗或蘸穗，以拉长花穗。

（2）花序整形。花前 5～7 天，对花序进行整形，整形方法是疏去上部较大的小穗，仅留 20 个左右小穗（大约 6 厘米长）。

（3）保果处理。于满花后 1～3 天，用 25 毫克/升赤霉素蘸穗或喷穗，以保证坐果率，同时消除可能出现的种子，使整穗果无核化。

（4）果穗整形。坐果后 7～10 天，对果穗进行整形，将整个果穗修至穗轴 16 厘米长，去除上部若干大的小穗，将之后形状不好、较大的小穗剪除若干分枝，中间过密处剪掉部分小穗，以免果穗过紧。果穗修整后，每穗果保留 80～100 粒。

（5）植物生长调节剂膨果。花后 10～12 天，用 25 毫克/升 GA_3（赤霉素）喷穗进行膨果处理。

4. 营养管理　参考阳光玫瑰（P215）。

三、蓝莓

（一）农产品地理标志产品胶南蓝莓生产技术

1. 产地选择　基地远离城市和交通要道，距离公路 50 米以外，周围 3 千米以内没有工矿企业的直接污染源（"三废"的排放）和间接污染源（上风口或上游的污染）区域。阳光充足，冬季 7.2 ℃以下的低温时数在 450～850 小时以上，土壤疏松、土层深厚、通气良好，土壤排水性能好，湿润但不积水，坡度不超过 10°。土壤 pH 一般在 4.5～5.2。

2. 品种选择　选择适宜本市丘陵地、平地的北方高丛蓝莓。其喜冷凉气候，抗寒力较强，有些品种可抵抗 −30 ℃低温，适于我国北方沿海湿润地区及寒地发展。此品种群果实较大、品质佳、鲜食口感好，可以作鲜果市场销售品种栽培，也可以加工或庭院自用栽培。

3. 生产管理

（1）整地。土壤耕翻平整，行向以南北向种植为宜，根据灌丛大小确定行株距，高丛蓝莓品种为（2.0～2.5）米×（1.0～

1.2）米，半高丛蓝莓品种为（1.5～2.0）米×（0.8～1.0）米。挖 50 厘米×50 厘米×50 厘米定植穴，或 50 厘米×50 厘米定植沟。如果土壤 pH 大于 5.5 时必须采取措施降低土壤 pH，常用方法是施用硫黄粉（200～300 目）。如果土壤有机质含量低于8％时，需通过添加适量草炭土（泥炭土）、松针、锯木屑和烂树皮等酸性基质改良。一般如果农田土壤中有机质含量为 2％左右，则可按照草炭土与土壤体积比 1∶1 或 1∶2 的比例混合均匀即可基本满足蓝莓生长要求，同时每株可施入腐熟的优质农家肥5 kg。土壤改良操作可结合挖定植穴（沟）一起进行，但施用硫黄粉降低土壤 pH 在定植前一年进行为宜。

（2）栽植。选择经苗圃培育 2～3 年生的苗木建园，要求苗木株高达到 50 厘米以上，主茎基部直径 0.5 厘米以上，苗木健壮，分枝多，枝条粗壮，根系发达，无病虫害，无明显伤害，在早春 3 月中旬至 4 月上旬（苗木枝芽萌动前）进行栽植，栽植时将苗木根系适当伸展开，定植后及时浇透水。根据田间杂草发生情况，在整个生长季节中耕 3～5 次。由于蓝莓根系分布较浅，根系再生能力较弱，株丛下面的土壤中耕深度以 5 厘米左右为宜，行间可适当加深，一般不超过 15 厘米。采用行间生草、行内除草耕作方式，保持土壤湿度，提高果品质量。土壤覆盖物以锯末等为主，尤以容易腐解的软木锯末为佳，土壤覆盖锯末厚度为 10 厘米，宽度 100 厘米。覆盖同时必须与锯末一起增施氮肥，每平方米覆盖面积一次性增施纯氮素 35 克左右，施肥深度 10厘米。

（3）施肥。按 NY/T 496—2010 规定执行。使用的肥料应是在农业行政主管部门已经登记或免于登记的肥料，限制使用含氯复合肥，可以用营养均衡全面的农家肥、有机复合肥、或化学肥料，氮（N）、磷（P_2O_5）、钾（K_2O）比例一般（4～5）∶1∶（2～3）。农家肥等主要作为基肥施用，化学肥料主要作为追肥施用。此外，当土壤 pH 大于 5.2 时，用酸性肥料硫酸铵作为主要氮源；当土壤 pH 低于 5.2 时，用尿素作为主要氮源。土壤比较疏松的沙质土壤采用树冠下撒施法；对一般沙壤土和较黏土采用在灌丛一侧或两侧开沟或挖穴施用，深度为 10～20 厘米。施肥后要及时灌水、覆土。在对土壤施肥的同时，根据果树缺乏某种元素症状，通过叶面喷施含某元素肥料作为一种补充施肥方式。叶面施肥依照实际情况需要，可在蓝莓营养生长期、果实膨大期及成熟前喷施数次。

（4）水分管理。根据蓝莓生长特点与土壤墒情做好水分管理。一般情况下，蓝莓果园土壤含水量要维持在田间最大持水量的 60%～70%。在萌芽期、枝梢旺盛生长前期、果实迅速膨大期要保持充足的水分供应。在果实成熟期与采收前应适当控制水分供应，提高果实品质。晚秋季节减少水分供应，促进枝条成熟。入冬前灌一次封冻水。

（5）整形修剪。整形修剪时期分为冬季修剪和夏季修剪，以冬季修剪为主。幼龄树修剪定植第 1～3 年的幼树以培养扩大灌丛和整形为主，只在第 3 年允许少量结果，修剪方法主要是剪去花芽、细弱枝条或小枝组。成龄树修剪保持株丛中枝条生长和结果之间的平衡，防止株丛过早衰老，修剪方法主要是疏除株丛内的细弱枝、衰老枝、病虫危害严重枝、过密的枝条（或枝组），回缩老枝，每年培养新的枝组，适当疏除过多的花芽。

（6）病虫害防治。按照"预防为主，综合防治"的植保方针，选用生物农药和高效、低毒、低残留的化学农药，交替用药，改进施药技术，降低农药用量，化学农药按 GB/T 8321 的规定执行。冬前耕翻土地，可将部分成、幼虫翻至地表，使其风干、冻死或被天敌捕食，防效明显。施用充分腐熟的有机肥，防止招引成虫飞入田块产卵。成虫发生危害期在园内设置黑光灯或汞灯诱杀成虫。蓝莓果实成熟期，用防鸟网或稻草人、电驱鸟器等方式驱赶鸟类。

4. 采收、包装、运输、贮藏

（1）采收。蓝莓在花序中开花次序有先有后，果实的成熟期不一致，要分批采收，当果表面由最初的青绿色逐渐变成红色，再转变成蓝色或蓝黑色时即成熟，一般盛果期 2～3 天采收一次，初果和末果期 4～6 天采收一次。通常供鲜食、运输距离短且保藏条件好的在九成熟以上时采收，供加工饮料、果浆、果酒、果冻等在充分成熟后采收，供制作果实罐头的在八成熟时采收。采摘应在早晨至中午高温到来以前，或在傍晚气温下降以后进行。鲜食用果品采摘时要轻拿轻放，对病果、畸形果应单收单放。

（2）包装、运输。蓝莓果实在包装、运输过程中，要遵循小包装、多层次、留空隙、少挤压、避高温、轻颠簸的原则。装果容器采用较浅的透气纸箱、果盘等。鲜食销售的果实通常选用有透气孔的聚苯乙烯小盒，每小盒装 125 克，每个纸箱单层摆放 8 个小盒。加工用果实用大的透气型料筐或浅的周转箱、果盆等直接包装运输至加工厂。

（3）贮藏。蓝莓鲜果需要在 10 ℃以下低温贮存，即使在运输过程中也要保持 10 ℃以下温度。果实从田间温度降至 10 ℃以下低温，须经过预冷处理，去除田间果实热量，才能有效防止腐烂。预冷的方式主要有真空冷却、冷水冷却、冷风冷却。果实采收分级包装后，可速冻贮存，加工成速冻果。速冻果可以有效控制腐烂，延长贮存期，但生食风味略偏酸。冷冻要求温度在－20 ℃以下，10 千克或 13.5 千克一袋（聚乙烯袋装），装箱。运输过程中也要求冷冻。

（二）绿色食品蓝莓生产技术规程

1. 品种选择　一般选择适宜当地栽培的高产、优质、抗病性强的品种。

2. 园地选择 选择土层深厚、排灌设施良好的土地建园。要求园地阳光充足，土壤疏松、通气良好，土壤有机质含量大于5％、土壤 pH 在 4.0～5.5。

应在绿色食品和常规生产区域之间设置有效的缓冲带或物理屏障，以防止绿色食品生产基地受到污染。建立生物栖息地，保护基因多样性、物种多样性和生态系统多样性，以维持生态平衡。应保证基地具有可持续生产能力，不对环境或周边其他生物产生污染。

3. 土壤改良

（1）调整土壤 pH。当土壤 pH 大于 5.5 时，应施用 200～300 目的硫黄粉进行调整。

（2）增加有机质。土壤有机质含量低于 5％时，应通过添加适量草炭土（泥炭土）、松针、锯木屑和烂树皮等酸性基质进行改良。

4. 土壤管理

（1）清耕法。根据田间杂草发生情况，在整个生长季节中耕 3～5 次。

（2）生草法。行间种植三叶草、大豆等豆科作物，每年刈割 3 次，覆于行间。

（3）覆草法。土壤覆盖物以松针、作物秸秆和锯末为主，覆盖物厚度在 10 厘米以上。

5. 施肥 绿色食品生产中所使用的肥料应对环境无不良影响，有利于保护生态环境，保持或提高土壤肥力及土壤生物活性。绿色食品生产中应使用安全、优质的肥料产品，生产安全、优质的绿色食品。肥料的使用应对作物（营养、口感、品质和植物抗性）不产生不良后果。在保障植物营养有效供给的基础上减少化肥用量，兼顾元素之间的比例平衡，无机氮素用量不得高于当季作物需求量的一半。绿色食品生产过程中肥料种类的选取应以农家肥料、有机肥料、微生物肥料为主，化学肥料为辅。

（1）肥料种类。以用营养全面的农家肥和有机复合肥为主，有机复合肥氮（N）、磷（P_2O_5）、钾（K_2O）的比例通常为 1：1：1。

（2）施肥方法。对土壤比较疏松或沙质土壤采用全园撒施法；对土壤和黏土采用沟施或穴施，沟、穴深度一般壤土为 10 厘米，黏土为 15～20 厘米；叶施是在对土壤施肥的同时，根据果树缺乏某种元素症状，通过叶面喷施含某元素肥料的一种补充施肥方式。

（3）施肥时间。土壤追肥每年分 3 次，第一次在萌芽前（3 月下旬至 4 月上旬），第二次在开花前后（4 月下旬至 5 月上旬），第三次在果实采收前（5 月下旬至 6 月上旬），每次施肥间隔时间 4～5 周。基肥应在秋季施用。

（4）施肥数量。施肥量应根据土壤肥力状况、树体状况、田间管理水平、气候条件等因素来确定。一般定植第 1 年可株施氮（N）、磷（P_2O_5）、钾（K_2O）总量分别为 10、1、3 克左右，以后每年按 5：1：2 比例较上一年施肥量增加 30％～50％，定植第 5 年株施氮（N）、磷（P_2O_5）、钾（K_2O）施肥总量分别为 32、7、16 克左右。优质有机肥按每株 5～10 千克施用。

6. 水分管理

（1）灌溉时期。参考胶南蓝莓（P218）。

（2）灌溉方式。采用滴灌和喷灌。

7. 整形修剪

（1）时期。可分为冬季修剪和夏季修剪，其中以冬季为主、夏季为辅。

（2）幼龄树修剪。定植不满 3 年的幼树以培养扩大灌丛和整形为主。修剪方法主要是剪去除花芽、细弱枝条和小枝组。

（3）成龄树修剪。疏除株丛内的细弱枝、衰老枝、病虫枝、过密枝条或枝组，回缩老枝。每年培养新的枝组，并疏除过多的花芽。

（4）衰老树修剪。定植 15 年后，用割灌机沿地面平茬，留桩高度 2 厘米。

8. 病虫害防治　蓝莓主要病害有叶斑病、灰霉病和炭疽病，主要虫害有蛴螬、天牛、刺蛾、白蛾等。按照"预防为主，综合防治"的植保方针，坚持"农业防治、物理防治、生物防治为主，化学防治为辅"的无害化治理原则。

（1）农业防治。结合修剪、深翻等农事操作，去除病虫枝梢、叶、果及杂草，以减少菌源，降低虫口基数。

（2）物理防治。成虫发生危害期，使用频振式杀虫灯、糖醋罐（瓶）、粘虫板等诱杀害虫。

（3）生物防治。保护利用自然天敌，防治果园中害虫。利用昆虫性外激素诱杀成虫。

（4）化学防治。4 月中下旬至 5 月上中旬，喷施 50％多菌灵可湿性粉剂 700～1 000 倍液。开花期、浆果成熟前 20 天至采果结束之间禁止用药。

9. 采收　参考胶南蓝莓（P218）。

10. 生产废弃物处理　定期清园，把农药、肥料包装袋，病腐落叶清除出园。提倡对枝条、落叶等废弃物进行循环利用。

11. 贮藏　贮藏的适宜温度为 1～3 ℃。

12. 档案与记录　生产者需建立生产档案，记录品种、施肥、病虫草害防治、采收以及田间操作管理措施。所有记录应真实、准确、规范，并具有可追溯性。生产档案应有专人专柜保管，至少保存 3 年。

四、大樱桃

(一) 大樱桃建园

1. 园地选择 大樱桃园地要求有水浇条件、地下水位在 1.5 米以上、不宜积涝,以土层比较深厚、透气性好、保水力强的中性及微酸性沙壤土和壤土最为适宜,pH 在 8 以上的碱性土壤不适宜建园。

2. 品种配置与苗木选择

(1) 品种配置。选用丰产、优质、抗逆性强的品种,可供选择的优良品种有早大果、红灯、布鲁克斯、美早、桑提娜、萨米脱、友谊、拉宾斯等;注意早中晚熟品种的合理搭配;主栽品种和授粉品种合理搭配,一般应有两个以上的授粉品种,授粉树比例为 20%~30%,保证授粉品种与主栽品种授粉花期相遇且有较强的亲和力。

(2) 苗木选择。苗木高度 1.3 米以上,嫁接部位以上 5 厘米处直径达到 1 厘米,中部以上侧芽饱满,无损伤;侧根 3~5 条,须根较多。

3. 定植

(1) 整地施肥。栽植前平整土地,山丘地外高内低,泊地和宽幅梯田地起垄栽植,垄高 20~30 厘米。一般全面深翻或顺行挖宽 1 米、深 0.8 米的栽植沟,或长、宽、深各 0.8 米的栽植穴。将沟土与肥料拌匀后回填沟(穴)内,并灌水沉实,以备栽植。施肥量一般每亩施有机肥 3 米^3 左右。

(2) 适时栽植。一般在春季 3 月中旬前后,苗木幼芽萌动时栽植。

(3) 栽植密度。根据立地条件、土壤肥力、苗木类型、品种特性等确定栽植密度,确保成龄以后行间有足够的机械和人工操作空间。一般情况下,采用乔化砧木的株行距为 (3~4) 米×

(4~5)米，每亩定植33~56株；采用矮化砧木的株行距为（2~3）米×4米，每亩定植56~84株。

（4）栽植方法。栽植时，把苗木放在定植穴内，使根系自然舒展，填土过程中，要将苗木略微上提使根部与土壤密接，然后踏实。栽植深度与苗木在苗圃中原来生长深度相同或略深。最后将余土填平，浇水封穴，覆盖地膜。

（二）大樱桃园土壤管理

1. 土壤改良

（1）新建果园，建议在建园时对土壤进行一次性改良，对土壤瘠薄的丘陵山地，通过深翻使活土层达到60厘米以上；沙土地采取抽沙换土或客土，黏土地采取客土压沙等措施改良土壤。同时，通过增施优质有机肥，将根系周边土壤有机质含量调整到3%以上。

（2）建园时未彻底进行土壤改良的果园，结合秋季增施有机肥，逐年进行土壤改良。方法是在树冠外缘内侧挖施肥沟，深度不低于60厘米，宽度依施肥量而定，将有机肥与挖出的土充分混匀后施入。

2. 土壤管理

（1）果园间作。在充分留足树盘的前提下，大樱桃园建园初期可以在行间种植花生、豇豆等矮株型具有固氮能力的豆科作物，不宜间作高秆作物或需水量较大的蔬菜等。

（2）果园生草。在行间种植三叶草、苜蓿、黑麦草等，并及时刈割，覆盖于树盘。

（3）覆草。建议在麦收后进行。覆盖材料主要有麦糠、麦秸、田间杂草、紫穗槐叶，以及铡碎的其他作物秸、蔓等。覆草时顺行向进行，将草平铺在地面上，厚10~20厘米。其上撒一层厚约1厘米的园地土壤以防风吹，冬季刨园时将覆草翻入土中。

（4）地膜（无纺布）覆盖。宜选用厚度为 0.07 毫米的聚乙烯薄膜或无纺布。覆膜前，先整好树盘，灌水后，将聚乙烯薄膜覆盖在整好的树盘土面上，四周用土压实。覆膜后，不再灌水和中耕除草。一年后薄膜老化破裂时，可更换薄膜，继续覆盖。

（三）大樱桃园肥水管理

1. 合理施肥　大樱桃幼树期和初果期，强调施足基肥，一般不行追肥。盛果期树施足基肥的同时，适时配合追肥。

（1）秋施基肥。秋季落叶前（9 月中旬至 10 月）施用 1 次基肥，以农家肥为主，混加少量氮素化肥。施肥量按 1 千克鲜果施 2～3 千克优质农家肥计算，一般盛果期果园每亩施 2 000～3 000 千克优质腐熟农家肥。以沟施或撒施为主，施肥部位在树冠投影范围内。沟施为沿树冠外缘内侧挖深 60 厘米的浅沟，施肥后浇水；撒施为将肥料均匀地撒在树冠下，并深翻土 20 厘米。

（2）土壤追肥。每年 3 次，第一次在萌芽前后，以氮肥为主；第二次在果实膨大期，以磷、钾肥为主，氮、磷、钾混合使用；第三次在果实生长后期，以钾肥为主。施肥量依当地的土壤条件和施肥特点确定，结果树一般每生产 100 千克大樱桃需追施氮（N）1 千克、磷（P_2O_5）0.5 千克、钾（K_2O）1 千克。方法是树冠下开沟，沟深 15～20 厘米，追肥后及时灌水。

（3）叶面喷肥。每年 3～5 次，一般生长前期 2 次，以氮肥为主；后期 2～3 次，以磷、钾肥为主。常用肥料及浓度为尿素0.3%～0.5%，磷酸二氢钾 0.2%～0.3%，硼沙 0.1%～0.3%。最后一次叶面喷肥要在距果实采收期 20 天以前进行。

2. 科学灌水

有条件的果园争取配套水肥一体化或节水灌溉设施。除封冻水和防止晚霜危害的早春灌水以外，宜在树冠外缘内侧开小沟灌水，忌大水漫灌。

（1）花前水。大樱桃发芽（3 月中下旬）至开花期进行。灌水量以"水过地皮干"为度。

（2）催果水。谢花后至果实成熟前，灌水要勤，灌水量要大，视土壤墒情一般灌水2～3次，使10～30厘米深土层的含水量稳定在12%以上。

（3）采后水。采果后天气干旱时，可结合施肥进行灌水，以加速发挥肥效，促进花芽分化。

（4）封冻水。土壤封冻前大水漫灌一次，预防冬春土壤干旱，避免枝芽"冻旱"死亡。

（5）预防霜冻灌水。大樱桃开花期间和幼果发育初期，在晚霜出现前充分灌水，预防和减轻晚霜危害。

（四）大樱桃树形选择

大樱桃常用树形可分为自然开心形、自然丛状形、主干疏层形、改良主干形、细长纺锤形等，各具优势和特点，应根据生产实际合理选择。

1. 自然开心形　该树形在定植后4～5年内，暂时保留中心干，当第4或5年以后选出2～3层主枝及下层侧枝以后，去掉中心干。一般干高20～40厘米，全树3～4个主枝，开张角度30°左右，各主枝上下间隔30厘米以上。每主枝上有6～7个侧枝，开张角度50°～60°。该树形的优点是修剪量少、成形快、结果早、产量高，但易造成结果部位外移、骨干枝光秃和偏冠现象。

2. 自然丛状形　该树形由地面分生5～6个主枝，均匀地向四周延伸生长，每个主枝上有3～4个侧枝，以充分利用空间和光热资源。在主、侧枝上，根据空间大小，培养不同类型的结果枝组，成形后，树冠呈半圆形。这种树形的好处是主枝角度比较开张，树冠小，成形快，通风透光良好，进入结果期较早，管理较为方便，衰老后易于利用根蘖进行更新。缺点是树冠内部容易郁闭，层性明显的品种不宜采用这种树形。

3. 主干疏层形　该树形具有明显的主干和中心领导干。干高 50 厘米左右，全树有主枝 6～8 个，分 3～4 层错落分布。第一层有主枝 3 个，开张角度 60°左右，每主枝上有 4～6 个侧枝；第 2 层主枝 2 个，开张角度 45°左右；第 3、4 层各留 1 个主枝；第 2～4 层主枝上各有 2～4 个侧枝。第 1、2 层主枝间的层间距离为 70～80 厘米；第 2、3 层间的距离，应保持 60～70 厘米；第 3、4 层的间距可适当缩小。该树形适宜多数大樱桃品种的生长习性，特别适宜干性强、层性明显的那翁、大紫、黄玉等品种，适宜在土壤肥沃的平地果园采用。树体骨干牢固，产量较高，质量较好，经济寿命较长。

4. 改良主干形　该树形有中心领导干，干高不低于 50 厘米。中心领导干上有 6～8 个开张的主枝，分 2～3 层，层内主枝间距 15～20 厘米，层间距 30～60 厘米。该树形适应于果园机械化和果园密植的需要。

5. 细长纺锤形　该树形干高 70 厘米左右，树高和冠幅根据行距来定。行距 4 米时，树高为 3～3.5 米；行距为 5 米时，树高为 3.5～4 米；行距大时，冠幅大一些，但两行树的枝条不能交叉，需留有 1.2 米以上的空间。在中心干上，基部第 1 层有 3 个主枝，以上均匀轮状着生长势相近、水平生长的 15～20 个侧生分枝。基部三主枝基角 70°～80°，腰角 80°～90°，枝梢 90°至下垂；其他主枝和营养枝都是水平状，其梢部可下垂。整树的下部冠幅较大，上部较小，全树修长，呈细长纺锤形。该树形适于株行距（2～3）米×（4～5）米的密植栽培园，具有早果、丰产的特点。

（五）大樱桃整形与修剪

大樱桃修剪应综合运用刻芽、摘心、扭梢、拉枝、拿梢、疏枝等方法，以生产中应用较多的细长纺锤形和丛状形为例予以说明。

1. 细长纺锤形 细长纺锤形适于株行距（2～3）米×（4～5）米的密植栽培园，其整形要点如下：

（1）第一年。苗木高度70～80厘米处定干，剪口下第一个芽距剪口1.5厘米以上，第一个芽将萌生强旺枝做主干延长枝；抹去剪口下第一个芽以下10厘米以内的芽，再在其下面每隔约10厘米选取方位错开、饱满的3个芽，在选的芽上方1厘米处于萌芽期进行刻芽。定干后剪口要涂蜡或漆，减少水分蒸发。

（2）第二年。基部第一层主枝，如果有两级分枝，延长枝头不再短截，只是剪去轮生枝的枝头，把枝条拉成水平状或下垂状，削弱其生长势。如果只有一级分枝，则应在主枝延长枝40厘米处剪截，而侧枝剪留30厘米左右，继续促发新枝，拉平枝条。第一年形成的第二层主枝，在延长头打顶，主枝延长枝留40厘米，侧枝延长枝留30～35厘米，抹去剪口下枝条中部和梢部的背上芽，继续促发侧生分枝，拉平枝条。对主干延长枝与第二层主枝上方70厘米处下剪，留一个饱满芽做主干延长头，抹去此芽以下15厘米的芽，在其下方选间隔10厘米的3个方位错开、饱满的芽作为未来的第3层主枝。在选留的3个芽上方1厘米处萌芽时刻芽。

（3）第三年。基部第一层和第二层主枝以及其形成的侧枝、结果枝拉至水平或下垂，轮生枝的梢部剪截。第3层主枝剪截促发二级分枝，主枝延长枝剪留40厘米，侧枝延长枝剪留30厘米，枝条拉平。上部形成的第4层主枝，仍未发生分枝，剪留40厘米，促发一级分枝。主干延长枝剪留70厘米，顶芽下的主干最上部10厘米的芽全部抹去，留顶芽。抹芽以下的部位应选留相距各约10厘米的3个方位错开的饱满芽，发芽时在其上方刻芽。

（4）第四年。拉平枝条，剪去虫梢和轮生枝梢及病虫枝、过密枝，疏除直立枝。树高如果达不到3米或者主枝总数少于15

个，则在树冠选一直立生长的壮枝作为主干延长枝，剪留 50 厘米，抹去最上部 10 厘米的芽，选方位错开的 3 个饱满芽，于发芽时在其上方刻芽。没有形成二级分枝的主枝剪截促发二级分枝。

（5）第五年。拉平枝条，剪除病虫枝、过密枝、直立枝和虫梢及轮生枝梢。

2. 丛状形　该树形种植密度一般为（1.8～2.5）米×（4.5～5.5）米，树高 2.5 米，整形要点为：

（1）定植后树体在 30～40 厘米处定干，以促进主枝萌发。在晚春或者早夏，当主枝生长旺盛可以促进二次枝条的生长时，把主枝回缩到 4～5 个芽。第 1 年树体矮小，有 8～10 个二次枝条。第二年春季第三次短截，6～7 月第四次短截，第三年底树形形成。

（2）疏除内膛枝以增加树体内的光照，疏枝时不要过量。减少灌溉以控制树势，以利于翌年的果实合理负载。在第三年可获取少量产量，第四年后获得中等产量。

（六）大樱桃花果管理

1. 花期辅助授粉　大樱桃多自花不实，花期进行辅助授粉可显著提高坐果率，主要方法是人工授粉和昆虫授粉。

（1）人工授粉。

① 采花取粉。宜在铃铛花期进行，以与主栽品种授粉亲和力高的品种为主，采集混合花粉进行授粉。每千克鲜铃铛花可产带花药壳的干花粉 12.0～23.8 克。

② 授粉时间和次数。自大樱桃盛花初期开始，人工授粉 2～3 次。

③ 授粉方法。人工授粉时，可用毛笔或橡皮头蘸取花粉，点授到花朵柱头上即可，一般以开花的第 1～2 天点授效果最好。用作人工授粉的授粉器可自制：一种是适于在分枝型功能结果母枝上应用的球式授粉器，即在木棒或竹竿顶端，绑缚 1 个直径为

5～6厘米的泡沫塑料球或洁净纱布球，轻轻接触不同品种的花朵，达到采粉和授粉的目的；另一种是适用于单轴延伸型功能结果母枝的棍式授粉器，即在木棒或竹竿顶端绑缠长50厘米的泡沫塑料，外包一层洁净纱布，用其在不同品种花朵间滚动，达到采粉、授粉的目的。

（2）壁蜂授粉。樱桃园利用角额壁蜂授粉时，蜂巢宜设置在背风向阳的地方，蜂巢距地面1米左右，每巢内250～300支巢筒，开花初期每亩果园释放壁蜂100头左右。

2. 疏蕾和疏果

（1）疏蕾。疏除细弱果枝上的小花和畸形花。每花束状果枝上保留2～3个花蕾。

（2）疏果。一般在大樱桃生理落果后进行。每花束状果枝留3～4个果，最多4～5个果。主要疏除特小果和畸形果。

3. 促进果实着色　采收前适当摘除果实附近的遮光叶片，以增加树膛内的透光量，促使果实全面均匀着色；于果实采收前在树冠下铺反光膜，可以起到促进果实着色的作用。

（七）大樱桃采收技术

1. 确定采收期的依据

（1）果实的成熟度。依据着色情况、果个大小和风味等综合因素确定成熟度，生产中以果皮色泽作为确定成熟度的直接依据：黄色类型的品种，当底色褪绿变黄，阳面开始着有细晕时；红色或紫色类型品种，当果面着以全面红色时，即表明进入成熟期。

（2）品种特性。以烟台为例，早熟品种的采收期在5月下旬至6月初，中熟品种在6月上旬至6月中旬，晚熟品种在6月中旬至7月初；甜樱桃中的软肉品种，因成熟和变质较快，其采收期较短而集中；硬肉品种储运性好，采收期和采后处理的时间可以较长。

（3）气候状况。同一品种，在不同年份，往往因气候的影响，采收期提前或推后。如天气干热时，生长期缩短，采收期提前；天气冷凉湿润时，生长期延长，采收期推迟。

（4）果实用途。对就近销售的鲜食果实一般应在充分成熟、表现本品种特色时采收，外销鲜食或加工制罐的可以适当早采；用作酿酒的则要待果实充分成熟时采收。

2. 确定采收期的原则

（1）分期分批采收。同一片果园不同方位及同一株树上不同部位的果实，成熟期不尽一致，要根据果实成熟的情况，分期分批采收。

（2）适当晚采。生产当中早采现象极为突出，极大地影响了果实的品质，因此，要提倡适当晚采，既可增加产量，又为市场提供优质果品。

3. 采收时间　在晴好天气 10：00 以前或 16：00 以后采收，阴雨天、有雾、果面潮湿时不适宜采收。

4. 采收方法

（1）轻轻将果和果柄完整摘下，注意轻拿轻放，确保果实无划伤、扎伤、碰伤，避免挤压。

（2）采后宜放在阴凉处，避免阳光直射，及时剔除病果、僵果、烂果，并根据有关要求进行分级。

5. 容器要求

（1）采收容器内壁要光洁、柔软，容量不超过 5 千克。

（2）包装箱一般选用泡沫保温箱、纸箱和塑料周转箱，箱底部宜铺加弹性或软质材料，盛果量不超过容器容量的 2/3，以 10～15 千克为宜。

（八）大樱桃采后处理

1. 分级、包装

（1）果实采收后，剔除裂果、病烂果、畸形（连体）果、刺伤果、过熟果、僵果等，可按颜色、单果重等分级。选后放入有软衬垫的抗压力较强的容器内，如花格木条板箱、硬纸箱或塑料周转箱等，防止运输中发生碰压伤。

（2）包装形式分为采摘包装、运输贮藏包装和销售包装。采摘包装用小果篮（塑料、柳编均可），运输包装用塑料周转箱、纸箱等抗压力较强的包装物，箱内要衬软垫如包装纸、聚苯乙烯泡沫等。销售包装可根据市场要求设计。

2. 预冷、装袋

（1）预冷。田间采收的樱桃应于当天尽快运至彻底消毒、库温已降至−1 ℃的预冷间内，按品种、批次、等级分别摆放。果箱堆码成单排或双排，箱与箱之间要留有空隙。为使果实快速降温，每次入库量最多不要超过总库容量的 1/5。预冷库温设定在 −2～0 ℃（温度设定：上限 0 ℃，下限 −2 ℃），预冷标准为樱桃品温在 0 ℃±0.5 ℃，一般时间为 1～2 天即能达到预冷目的。预冷时要在包装箱内整体预冷，切忌倒出预冷，避免增加果实的碰压伤。如果采用聚苯泡沫箱，可采用箱体打孔、揭开上盖等措施，加速冷空气的对流。

（2）装袋。预冷品温达到要求温度后，将库温调至 0 ℃±0.5 ℃（上限 0.5 ℃，下限 −0.5 ℃），即可装袋。装袋要求在预冷间内完成，进一步剔除不适宜贮藏的病果、伤果、过熟果、无果柄果、畸形果等不适宜贮藏的果实，装袋后用扎口绳等扎紧袋口。存放樱桃要用保鲜袋包装，容量 1～2 千克，保鲜袋的选择以 0.05 毫米聚氯乙烯（PVC）专用保鲜袋为好。

3. 贮藏保鲜

（1）冷库贮藏。温度控制在 −1～0 ℃，最低气温不低于 −3 ℃，湿度控制在 90%～95%。贮藏过程中尽量不与其他的果品混存。在冷风机附近、冷风口处和紧靠墙体、顶板的地方避免存放樱桃。出库销售前应逐步升温回暖，在 18～24 ℃下进行出库。

（2）气调贮藏。温度控制在 0 ℃左右，相对湿度控制在 85％～90％，氧气浓度控制在 5％以下，二氧化碳浓度控制在 10％～15％。库温降至 0 ℃后，启动制氮机和二氧化碳脱除器分别进行库内快速降氧和脱除 CO_2，使库内温度及气体成分逐渐稳定在长期贮藏的适宜指标。密切关注库内温度和 O_2、CO_2 浓度的变化。出库前停止所有的气调设备的运转，小开库门缓慢升氧，经过 2～3 天库内气体成分恢复到大气状态后，方可进库操作。

五、茶

（一）绿色生态茶园建设

1. 茶园选址与规划

（1）选址。

① 选择背风向阳、土层较厚、土壤呈酸性（pH 4.5～6.5）、有水浇条件的地块，土壤质地为壤土、沙壤土或轻质黏壤土，地下水位在 1 米以下。

② 符合当地产业发展规划，产地环境良好，无污染，植被资源丰富，水源清洁，空气清新，土壤理化性状较好，山地坡度在 25°以下。

③ 远离大田作物和居民生活区，以有 1 千米以上隔离带为佳，茶园附近及上风口、河道上游无潜在的污染源。

（2）规划。

① 路网规划。园区面积大于 1 000 亩时，茶园内应设主干道，路面宽度 5～6 米，在两侧应开设排水沟与涵管，路边种植行道树；支道与主干道连接，路面宽 4.0～4.5 米，支道两边开设排水沟、涵道，种植行道树；步道连接支道并通向茶园地块，一般宽 1.5～2.0 米，相邻步道之间距离 50～80 米为好，步道边

设一条排水沟；环园道一般设在茶园的边缘，作为与林地、农田的分界，路宽 1.5～2.0 米。

② 水利网规划。茶园的水利系统包括蓄、排、灌 3 个方面，应结合茶园道路的规划，把沟、渠等水利设施统一规划，统一安排，做到沟渠相通，渠、塘、池、库相互连接。在园地上方挖截洪沟，沟深 50～80 厘米，宽 40～60 厘米，沟内每隔 5～8 米筑一个略低于沟面的土坝，用来蓄水积泥。在梯级茶园梯面内侧、横向道路内侧或坡地茶园水平带内设置横水沟，一般沟宽 30～40 厘米，深 20～30 厘米，沟内每隔 5～8 米筑一个略低于沟面的土坝。纵水沟设在道路两旁，与截洪沟、横水沟、隔离沟相连接，沟深 20～30 厘米，宽 40～50 厘米。一般每 5～10 亩茶园设一个蓄水池，并与排水沟相连接。进水口处挖一个沉沙坑，减少泥沙流入池内，雨后及时清除坑内泥沙。

③ 防护林网规划。防护林网分为主林带和副林带，主林带设在山脊、风口处或者在茶园西、北侧，与当地主要风向相垂直，可用乔木＋灌木 4～6 行，如黑松行距 1.5 米，株距 1.0～1.5 米；侧柏行距 1.0 米，株距 0.3～0.5 米；蜀桧行距 1.0 米，株距 0.5～1.0 米，也可用火炬松、竹子等，在乔木两旁栽植灌木。副林带设在路边、渠道旁、地埂上，可种乔木、灌木 2～3 行，常用树种有黑松、火炬松、侧柏、蜀桧等。日照强烈地区，应在茶园梯坎和人行步道栽种遮阴树，每亩种树在 10 株以内，树冠高出地面 2.5 米以上。

2. 茶树品种的选择

（1）根据品种的适制性和适应性，选用国家或省级审（认）定的无性系品种。

（2）合理配置早、中、晚生品种，不同适制性和不同抗逆性品种。适合山东种植的主要品种有黄山种、鸠坑种等有性系品种，福鼎大白、中茶 108、龙井 43、龙井长叶、鄂茶 1 号、白毫早、舒茶早、平阳特早等无性系品种。

3. 茶树种植

（1）园地开垦。开垦前根据规划全面清理园内障碍物，保留主道、沟渠两边、环园道、防护林带地段、园地边缘的树木，维护原有生态系统的特性及其生物多样性的相对稳定性。坡度在 15°以下的平缓地块修整成大块田，坡度在 15°～25°的地块建成等高梯田，并深翻 80 厘米以上，平整土地。

（2）土壤改良。种植前提前进行土壤肥力、重金属元素等检测，根据检测结果，有针对性地采取土壤改良措施。对不符合绿色生产要求的土壤进行有机或生物改良，土壤 pH 大于 6.5 的园地。用硫黄、硫酸亚铁或生理酸性肥料将土壤 pH 调节至适宜范围。

（3）挖种植沟、施基肥。确定好种植行后，按单行宽 60 厘米，双行宽 80 厘米，深 80 厘米的规格开挖施肥沟，每亩施用腐熟农家肥（堆肥、沤肥、厩肥）3 000～5 000 千克、腐熟饼肥 200～500 千克或茶树专用生物有机肥，加过磷酸钙 100 千克，按底土、心土、表土依次回填后灌水沉实，地势低洼地块建议起垄栽培，地势较高地区建议整成区畦。

（4）种植栽培。采用双行条栽种植，大行距 1.5～1.8 米，小行距 30 厘米，茶行两头预留 1 米的回车余地，以适应机械化生产要求。移栽无性系茶苗适宜在 3 月中下旬、9 月下旬或 10 月；播种茶籽适合在清明前后进行，最迟不晚于 4 月底。内陆地区比半岛沿海地区适当提前 10～15 天。

4. 茶园生态建设

（1）茶园铺草。茶园铺草可选用作物秸秆，一般每年两次，分别在春茶和秋茶结束后进行，铺草厚度 5～7 厘米，鲜草厚度适当增加。

（2）茶园种草、套种绿肥。茶园梯壁上可以种草护坡，草种可选百喜草、紫花苜蓿、沿阶草、三叶草等；茶园前 3 年可套种圆叶决明、平托花生、印度豇豆、花生等绿肥作物。

（3）茶园间作树。茶园行间可间作相思树、合欢、黄豆树、刺桐等豆科植物，作为遮阳树，也可以种植板栗、樱桃等经济林木，但要注意间作树的分枝高度应控制在 2 米以上，在主干不同方向的高度上留侧枝 3～4 个，在侧枝上留分枝 2～4 个，并使侧枝、分枝合理分布，遮光度控制在 30％～40％。

5. 茶园管理

（1）土肥水管理。茶园日常管理应合理安排浅耕、中耕和深耕，并与除草、施肥等作业结合。土壤相对含水量低于 70％时，宜进行节水灌溉，灌溉用水符合绿色食品有关要求。茶园施肥宜选用经过无害化处理的厩肥、各种饼肥、沤肥和农家肥等，并搭配部分速效化肥，肥料种类要符合绿色食品有关规定，禁止使用含有毒、有害物质的城市垃圾、污泥和其他物质等。

（2）病虫害绿色防控。对茶园病虫害坚持预防为主，农业防治为基础，以生物防治为中心、农药防治为辅助的综合防治方法。农药种类要符合绿色食品有关规定，禁止使用高毒、高残留农药，推荐使用低毒、低残留、易降解的植物源和脂溶性农药。

① 农业防治。分批采茶，采除叶蝉类、茶橙瘿螨等危害芽叶的病虫，抑制其种群发展。通过修剪，剪除分布在茶丛中上部的病虫源。秋末结合施基肥，进行茶园深耕，减少土壤中越冬的鳞翅目和象甲类害虫的数量。将茶树根际落叶和表土清理至行间深埋，以防治叶病和在表土中越冬的害虫。

② 物理防治。采用人工捕杀减轻茶毛虫、卷叶蛾类等害虫的危害，利用害虫的趋性进行灯光诱杀、色板诱杀、性诱杀或糖醋诱杀。

③ 生物防治。保护和利用当地茶园中的草蛉、瓢虫和寄生蜂等天敌昆虫，以及蜘蛛、捕食螨、蛙类、蜥蜴和鸟类等有益生物，减少人为因素对天敌的伤害。

（二）茶园肥水管理

1. 茶树营养诊断 有条件的地区可实行茶树叶片诊断和测土配方施肥，然后根据土壤理化性质、茶树长势、预计产量、制茶类型和气候等条件，确定合理的肥料种类、数量和施肥时间，制定施肥计划。

2. 肥料选择 限制使用含氯化肥，推荐施用生理酸性肥料，各种土杂肥、厩肥、绿肥、畜禽粪便等农家肥必须经发酵、充分腐熟后施用。所施用的商品肥料应为农业行政主管部门登记的肥料。

3. 施肥量 一般成龄茶园全年每亩氮肥（N）用量20～30千克、磷肥（P_2O_5）4～8千克、钾肥（K_2O）6～10千克。

4. 基肥的施用

（1）施肥时间和方法。基肥于当年秋季采摘结束后施用，有机肥与化肥配合施用。平地和宽幅梯级茶园在茶行中间、坡地，窄幅梯级茶园于上坡位置或内侧方向沿树冠外缘开沟深施，沟深20厘米以上，施肥后及时盖土。

（2）施肥量。一般每亩基肥施用量（按纯氮计）6～12千克（占全年的30％～40％）。根据土壤条件，配合施用磷肥、钾肥和其他所需营养。绿色茶园一般每亩施饼肥或商品有机肥200～400千克或农家有机肥1 000～2 000千克，根据土壤条件配合施用磷肥25千克左右、钾肥15千克左右和其他肥料。有机茶园施经无害化处理后的农家肥1 000～2 000千克或经有机认证机构认证的商品有机肥200～400千克，必要时配施一定数量的矿物源肥料和微生物肥料。绿色食品茶园施肥量，可参照有机茶园施肥量。AA级绿色食品茶园施有机肥，可配施农家肥料和微生物肥料，A级绿色食品茶园还可配其他肥料。

5. 追肥的施用

（1）施肥时间和方法。一般一年追肥3～4次。追肥以化肥为主，开沟施入，沟深 10 厘米左右，开沟位置按基肥的要求施用，施肥后及时盖土。第一次追肥在春茶前施，一般在 3 月中下旬施入，最迟不超过 4 月，早芽种要早施，阳坡和岗地茶园要早施。第二次追肥（夏肥）在春茶结束后，结合浅耕、除草施肥，一般在 5 月中下旬至 6 月上旬进行。第 3 次追肥（秋肥）在夏茶后秋茶前，一般 8 月中下旬至 9 月上旬。

（2）施肥量。追肥氮肥施用量（按纯氮计）每次每亩不超过 15 千克。绿色茶园追肥以化学肥料为主，如茶叶专用商品有机肥、复合肥或腐熟后的有机液肥（如沼液），在茶叶开采前 15～30 天开沟施入。一般幼龄茶园每亩春季施入茶叶专用有机肥 25～35 千克，配施尿素 10～15 千克，夏秋季施入尿素 20～25 千克，幼龄期茶园的追肥用量应随树龄增长逐年增加，具体视肥料性质而定。投产茶园春季每亩一般施茶树专用商品有机肥 30～40 千克，配施有效氮肥尿素 20～30 千克；或施用复合肥 30～40 千克，配合施尿素 20～30 千克。有机茶和绿色食品（茶）可施腐熟后的有机肥或商品有机肥，每亩每次施 60～100 千克，在茶叶开采前 30 天开沟施入。

6. 叶面肥的施用

（1）叶面肥施用的要求。茶树出现营养元素缺乏时可以使用叶面肥，叶面肥应与土壤施肥相结合，采摘前 10 天停止使用。

（2）施用方法。

① 严格按推荐使用剂量要求进行喷施。

② 叶面施肥最好在傍晚无风的天气进行，喷后 8 小时内如遇雨，应补喷一次。

③ 喷施叶面肥应均匀、充分，叶背也要喷施。

④ 每季叶面施肥的次数在 2～3 次以上，每次间隔 7～10 天。

⑤ 叶面喷施尿素、磷酸二氢钾、硫酸锌、硼沙和钼酸铵等，

为增加养分的渗透能力，可在叶面肥溶液中加入适量的湿润剂，如中性肥皂液或质量较好的洗涤剂等，以提高叶面追肥效果。

7. 茶园灌水

（1）茶园灌溉水源。水质应符合农田灌溉用水标准，含钙量低，呈微酸性。

（2）茶园灌溉适期。当茶树根系集中的土层含水率下降到田间持水量的 70％时，茶园应当及时灌溉。一定要浇足浇透越冬水，在土壤封冻前（一般在大雪节气前），灌水 2 次以上。

（3）茶园灌溉方法。把握"因地制宜、经济可行、适用高效、不损环境"的原则，确定合理的灌溉方法（浇灌、流灌、喷灌、滴灌）。

8. 茶园保水

（1）生物措施。

① 茶园种草。可选择鼠茅草、沿阶草、百喜草、紫花苜蓿等。

② 植树造林。在茶园建设的同时，合理规划林地和林带，保持茶园环境的多样性。

（2）工程措施。

① 修筑梯田。在坡地上开辟茶园，应修筑成梯田。

② 挖塘集水。在适合的低洼地带因地制宜挖塘集水是最大限度发挥降雨效益、满足灌溉用水的必要措施。

（3）栽培措施。

① 土壤覆盖。茶园土壤覆盖有铺草覆盖和地膜覆盖两种，在山东省以铺草覆盖为主，可选用农作物秸秆，铺草厚度 5 厘米以上。

② 增施有机肥，提高土壤保蓄水能力；及时中耕除草，减少水分蒸发和消耗，干旱季节浇水后对茶苗进行培土，也能提高抗旱能力。

③ 适时修剪。在雨季快要结束时进行轻修剪，减少蒸发量进行保水。

（三）茶园水肥一体化生产技术

茶园水肥一体化是根据茶树需求，对茶园水分和养分进行综合调控和一体化管理，是以水促肥、以肥调水，实现水肥耦合，全面提升茶园水肥利用效率的有效方法。

1. 园地选择　宜选择靠近水源、水质清洁、排灌方便、地势开阔的地块建设水肥一体化设施。

2. 设备配置　水肥一体化设备配置包括首部工程和管网系统。

（1）首部工程。

① 水泵和动力机。根据水源状况、灌溉面积、设计扬程等选用适宜的水泵种类，配置相应动力，水泵选型时工作点应位于高效区。田间灌溉水流量每亩一般为 1.5～4.5 吨/时，供水压力为 50～100 千帕。

② 控制设备。系统中应安装水肥匹配器、流量和压力调节设备等，现代茶园水肥一体化控制系统应与物联网系统相匹配，实行精准远程控制。

③ 过滤器。根据水源水质情况，配置相应的过滤器；根据水质、茶园面积和微灌管的总流量确定过滤器尺寸和数量，一般采用直径 32 毫米、40 毫米或 50 毫米过滤器等。

（2）管网系统。

① 给水管。管材及管件应选用符合国标的硬聚氯乙烯（PVC-U）管材，在管道适当位置安装进排气阀、逆止阀和压力调节器等装置。

② 输配管网。由干管、支管、毛管和控制阀等组成。地势差较大的地块需安装压力调节器，干管管材及管件应选用灌溉用硬聚乙烯（PVC-U）管材，支管、毛管管材及管件应选用聚乙

烯（PE）管材。干管根据灌溉面积和设计流量确定直径，支管直径一般为 32 毫米或 40 毫米，毛管按照灌水器选配。

③ 灌水（肥）器。可采用微喷头、微喷带、滴头或滴灌带等，视茶园种植结构、地势、茶园规划面积等设置相应的灌水（肥）器。

3. 技术措施

（1）水分管理。

① 水质要求。水质符合农田灌溉水质标准，采用灌溉的水中杂质粒度不大于 0.125 毫米。

② 适时灌溉。依据茶树需水特点和土壤墒情，适时灌溉，保持茶园土壤田间持水量不低于 70%。

（2）肥料管理。

① 肥料选用。宜选用经农业行政主管部门登记的茶树专用水溶肥料。

② 施肥量。针对土壤肥力、茶树需求及不同制茶类型，实行氮肥纯氮总量控制和配方施肥，一般投产茶园按照 $N：P_2O_5：K_2O=(3\sim4)：1：1$ 进行施肥，全年氮肥总用量控制在每亩施用 20～30 千克。

③ 施肥时期。按照少量多次的原则，每年春季茶树萌动前 10～15 天开始施肥，后期根据茶树需肥特点和土壤养分情况间隔施用。春茶生产季节增加施肥次数，封园后控制施肥次数和氮肥施用量。一般全年施用 8～12 次，每次施肥前先输水 10～15 分钟。

4. 系统维护　每次施肥后，用清水冲洗管道 15 分钟；每 30 天清洗肥料罐一次，并定期检修管道、灌水（肥）器及注肥泵等设备。

5. 技术档案　全年茶园肥水管理各项措施应进行记录，并保留 2 年以上。

（四）茶园人工生草技术

茶园人工生草宜在行距较宽且具有水浇条件（提倡水肥一体化设施）的开采茶园中应用。

1. 草种选择

（1）选择原则。有利于茶园培肥土壤；低矮、生长量大、覆盖率高；耐阴，耐瘠薄，耐践踏；根系应以须根为主；与茶树没有共生病虫害；地面覆盖的时间长而旺盛；生长期与采茶期交集时间短；有助提高茶树越冬能力。

（2）适宜草种。鼠茅草、黑麦草与高羊茅混合、沿阶草、百喜草、紫花苜蓿等。

2. 适播时间 春播时间为 3 月下旬至 4 月上旬，秋播为 8 月中旬至 9 月中旬。

3. 土壤准备

（1）灌水。播种前结合茶园管理，行间浇透水 1 次，或在适宜播种期内的雨后播种。

（2）施基肥。土壤翻耕前，在将要播种的闲行施用腐熟的农家肥或有机肥作基肥，每亩施肥量为 1 000～5 000 千克。

（3）土壤疏松与平整。选择操作便捷的机械，犁翻或旋耕茶园闲行土壤，疏松 20 厘米以内的土层土壤，并进行平整。清除土壤中石块、修剪的茶树枝叶等地表杂物。

4. 播种

（1）播种方式。

① 条播。行距 15～20 厘米，条播适宜春季播种。

② 撒播。将草种均匀撒在闲行内整理好并进行压实的土壤表面，撒播适宜秋季播种。

播种时，生草区域应与两侧茶树相距 30 厘米以上。

（2）播种量。条播每亩适宜播种量一般在 1～3 千克，其中鼠茅草 1.0～1.5 千克。撒播时种子实际播种量比条播时增加

20％～30％。

（3）播种深度。播种深度一般在 1.5～3.0 厘米。土壤黏重的地块播种深度宜浅，壤土和沙壤土地块播种深度宜稍深些。小粒种子的播种深度宜浅，大粒种子的播种深度宜稍深些。

（4）播后覆土镇压。无论条播还是撒播，播种后都要立即进行镇压。条播后用钉耙搂土覆盖；撒播后用钉耙进行同一方向轻耙，将种子耙入土中，然后压实。

（5）播后灌水。采用喷灌等方式及时补充水分，浇水一次以上，以保持 20 厘米以内土层的土壤湿润。

5. 施肥　春季返青季节给茶行内的生草追施氮肥，每亩施 5～10 千克的尿素，另根据茶树的实际需肥要求进行茶树的正常施肥。

6. 灌溉

（1）生长季节，根据茶园茶树的实际需水要求进行正常灌溉。

（2）越冬前应结合茶树冬灌，及时对生草灌水一次，利于生草越冬。

7. 刈割

（1）刈割时期。茶园内人工生草的自然生长高度达 25～30 厘米时或生草开花之前进行刈割，刈割次数为每年 1～3 次，肥水条件好的茶园可多割一次。鼠茅草和沿阶草等无须刈割。

（2）刈割留茬高度。刈割留茬的适宜高度为 5～12 厘米，豆科草种要留 1～2 个分枝，禾本科草需留心叶，确保种植的草具有再生能力。

（3）刈割后利用。刈割的草体可覆盖在闲行两侧靠近茶行的茶蓬下，覆盖厚度 10 厘米左右，也可直接撒在行内。

8. 更新　生草生长至 3～5 年后，生长衰弱，应及时翻压更新。翻压时将表层的有机质翻入土中，注意对茶行附近的土壤进行浅翻。翻压后，可休闲 1～2 年后重新播种或者直接播种。

（五）茶园主要虫害绿色防治

1. 绿色防控原则　坚持以"预防为主，综合防治"的植保方针和绿色植保发展理念，采用以农业防治为基础，以生态调控、物理防治和生物防治为重要手段，以化学防治为应急措施的策略。坚持因地制宜、着重防控主要虫害，优先采用绿色防控技术，科学、安全、合理使用高效、低毒、低残留农药，尽量减少化学农药使用量，保障茶产品质量安全和茶园生态环境安全。

2. 绿色防控技术措施

（1）预测预报。利用目测，网捕，黄、蓝色板和性诱剂诱捕器等措施对茶树害虫进行田间动态监控，确定害虫的最佳防控时期。

（2）生态调控措施。从建设和维护茶园整体生态系统出发，多措并举，推行农业防治，是茶园害虫绿色防控最根本的措施。

① 选用推广适宜当地生长环境、抗性强的无性系优良茶树品种，减少害虫发生；

② 加强肥培管理，增施有机肥，培养健壮植株，增强茶树抵御害虫的能力；

③ 合理修剪，及时分批采摘，剪除多余枝梢和枯枝，增强茶园通风透光，带走害虫产在枝干、叶片上的卵（叶蝉类、盲蝽类和粉虱等）及若虫（粉虱类、蚜虫、螨类和蚧类等），创造不利于害虫生长发育的环境及种群密度；

④ 行间铺草，保土保墒，增强肥力，恶化害虫生长环境，保护蜘蛛和步甲等天敌；

⑤ 合理间作，充分利用茶行间及周边空闲土地间作豆类、芝麻和芳香性植物等，改善茶园生态群落，吸引、保护和利用瓢虫、草蛉、食蚜蝇、寄生蜂和其他捕食性动物等天敌资源。

（3）物理防治措施。利用茶园害虫趋光、趋色等特性，集中诱捕害虫，降低成虫产卵量，抑制繁殖危害，降低虫口发生基数和防治成本。

① 色板诱杀。茶园内挂置黄、蓝色板可诱集害虫（叶蝉类、绿盲蝽、黑刺粉虱、成蚜）的发生量，减少虫口基数。黄、蓝色板以每亩挂置 20～25 个为宜。

② 安装诱虫灯。每 2 平方千米安装一台诱虫灯，安装地点应尽量选择远离公路和其他灯源、人为干扰少、交通便利且有电源的地方，有条件的茶园可整夜开灯，可诱集趋光性强的尺蠖类、叶蝉类等成虫。

（4）生物防治措施。生物防治措施既不污染环境，又能保护天敌种群数量，且可达到防治效果，是现今茶园防控害虫的首选措施。

① 充分保护和利用茶园天敌资源（以蜘蛛为主），并通过人工释放天敌来控制茶园虫害种群达到防治效果。释放扑食螨、小花蝽防治螨类害虫，用瓢虫、草蛉防治茶蚜，花绒寄甲、寄生蜂、赤眼蜂等防治天牛、金龟子等害虫。

② 实行性引诱，在茶园放置性诱剂装置，利用性诱剂和诱芯等诱杀茶尺蠖、小贯小绿叶蝉、绿盲蝽等害虫。

③ 采取生物农药防治，推广植物源生物农药，主要有苦参碱、藜芦碱、印楝素、苦皮藤素、蛇床子素、矿物油、石硫合剂等，可防治叶蝉类、粉虱类、茶蚜、盲蝽、尺蠖、细蛾类等害虫。

（5）化学防治措施。若生物农药防治错过最佳防治时期，不能控制病虫危害，仍有爆发趋势，甚至将致使茶园严重减产或树体死亡，可采用化学农药防治。

① 严格遵守《农药安全使用规范》和《农药合理使用准则》，按制定的防治指标适期施药，见表 3-2。

表3-2 茶园主要病虫害防治指标、适期及推荐药剂

病虫害名称	防治指标	防治适期	推荐使用药剂
茶小绿叶蝉	第一峰百叶虫量每平方米超过6头或超过15头；第二峰百叶虫量每平方米超过12头或超过27头	施药适期掌握在入峰后（高峰期前），且若虫占总量的80%以上	白僵菌制剂、印楝素、苦参碱、联苯菊酯、唑虫酰胺、茚虫威、虫螨腈
黑刺粉虱	小叶种2~3头/叶，大叶种4~7头/叶	卵孵化盛末期和成虫羽化高峰期	联苯菊酯、高效氯氟氰菊酯
茶蚜	有蚜芽梢率4%~5%，有蚜叶芽下二叶上平均20头/叶	发生高峰期，一般为5月上中旬，9月下旬至10月中旬	唑虫酰胺、噻虫胺、高效氯氰菊酯、高效氯氟氰菊酯、除虫菊素、印楝素
绿盲蝽	虫量达百芽1头	春季观察到茶芽出现被害的小红点后3~5天，秋季成虫迁入茶园时	茚虫威、唑虫酰胺、联苯菊酯、苦参碱、藜芦碱，秋冬季封园用石硫合剂
茶橙瘿螨	每平方厘米叶面积有虫3~4头，或指数值6~8	发生高峰期以前，一般为5月中旬至6月上旬，8月下旬至9月下旬	克螨特、四螨嗪、哒螨灵，秋冬季封园用石硫合剂
蚧类		若虫孵化高峰期和盛末期	辛硫磷、敌敌畏、溴氰菊酯，秋冬季封园用石硫合剂
茶芽枯病	叶罹病率4%~6%	春茶初期	苯菌灵、甲基硫菌灵
茶炭疽病	叶罹病率45%、成老叶罹病率10%~15%	发生高峰期以前，5月下旬至6月上旬、8月下旬至9月上旬	吡唑醚菌酯、苯醚甲环唑

② 根据防治对象及其在茶园中的发生规律，有针对性地使用高效、低毒、低残留农药品种，严格按照每种农药的安全间隔期采茶。

③ 推广静电喷雾、超低容量喷雾、无人机喷雾等施药技术，适当添加增效剂提高防治效果。蓬面害虫实行蓬面扫喷，茶丛中下部害虫采用侧位低容量喷雾。

④ 非生产季节可选用矿物源农药。

⑤ 禁止使用国家禁止在茶叶生产中使用的农药，药剂目录见表3-3。

表3-3 国家禁止在茶叶生产中使用的农药目录

类别	名称
有机氯类	六六六、滴滴涕、毒杀芬、艾氏剂、狄氏剂、林丹、硫丹、三氯杀螨醇
有机磷类	甲胺磷、甲基对硫磷、对硫磷、久效磷、磷胺、甲拌磷、甲基异柳磷、特丁硫磷、甲基硫环磷、治螟磷、内吸磷、灭线磷、硫环磷、蝇毒磷、地虫硫磷、氯唑磷、苯线磷、磷化钙、磷化镁、磷化锌、乙酰甲胺磷、乐果、杀扑磷、水胺硫磷、乙酰甲胺磷、氧乐果
有机氮类	杀虫脒、敌枯双
氨基甲酸酯类	克百威、涕灭威、灭多威、丁硫克百威
拟除虫菊酯类	氰戊菊酯
除草剂类	除草醚、氯磺隆、胺苯磺隆、甲磺隆、百草枯
其他	二溴氯丙烷、二溴乙烷、汞制剂、砷类、铅类、氟乙酰胺、甘氟、毒鼠强、氟乙酸钠、毒鼠硅、氟虫腈、福美肿、福美甲肿、氟虫胺、溴甲烷

（六）茶园主要病害绿色防控

1. 茶园主要病害绿色防控原则

从茶园整体生态系统出发，充分发挥茶园自然生态因素的作用，协调应用生态调控技术措施、抗病品种选育、生物防治、物理防治、安全、合理和科学用药等环境友好型防控技术措施，保护茶园生物多样性，降低茶园病害的发生概率，促进茶园生态系统健康，提升茶园生态环境质量，发挥茶园经济、生态和社会三重效益。

2. 绿色防控技术措施

（1）生态调控措施。

① 茶园清洁。剪除病叶、枯枝，清理死树，所有病叶、病枝和死树要清除到园外，病枝等要深埋或焚烧。

② 合理密植。茶树之间应有间隔，提高茶园的通透性。

③ 适时采修。合理修剪，及时分批采摘，剪除多余枝梢和枯枝，增强茶园通风透光，降低病原菌数量。

④ 施肥、深翻土壤、浇透水。增施有机肥，推广施用菌肥加复合肥，注意氮、磷、钾比例，适当增施磷、钾，沟深15～20厘米，亩施农家肥3 000千克左右，复合肥30～40千克，然后深翻土壤；采用行间机械翻耕，疏松土壤，培养健壮植株，增强茶树抗病能力。

⑤ 注意冬季防冻和春季的倒春寒。采用拱棚覆盖，春季结合当地气温情况，适时揭膜。

（2）选用抗病品种。选用福鼎大白、平阳特早、中茶108等抗病性强的品种。

（3）生物防控措施。在春茶采摘后，如有必要可根施或喷施木霉菌，根施需浇透水，喷洒叶片注意表面均匀。

（4）物理防控措施。对于茶叶煤污病，在园区或者园内周围种植芳香功能性植物，并在周围布设黄板和蓝板进行煤污病传媒昆虫的防控。

（5）化学防控措施。如有必要可采用化学防控措施，喷药时注意安全间隔期以及药剂的交替使用，做到叶面叶背喷洒均匀。

① 于11月下旬至12月下旬对叶片喷洒3～5波美度石硫合

剂预防病害及冻害，注意喷洒均匀。注意石硫合剂在气温超过25 ℃时不要喷施。

② 在茶树炭疽病、褐斑病、轮斑病、褐枯病和云纹叶枯病病害发病初期可喷施 0.3～0.5 波美度石硫合剂，或喷施 43%戊唑醇 500～800 倍液，或 10%苯醚甲环唑水分散粒剂 1 000～1 500 倍液。

③ 对于黑刺粉虱引起的煤污病可在黑刺粉虱一龄若虫孵化盛期可喷施 0.5%藜芦碱、0.3%苦参碱水剂，10%联苯菊酯乳油 3 000～5 000 倍液或者 2.5%高效氯氰菊酯水乳剂 2 000～4 000倍液。

（七）扁形绿茶机械加工

1. 鲜叶要求

（1）新鲜匀净，无夹杂物。同批次加工的鲜叶等级应一致。

（2）鲜叶等级分 1 级、2 级、3 级。具体要求见表 3 - 4。

表 3 - 4　扁形绿茶鲜叶原料分级指标

等　级	指　标
1 级	一芽一叶初展至一芽二叶初展，一芽一叶占 80%以上，芽叶匀整
2 级	一芽二叶初展至一芽三叶初展，一芽二叶占 80%以上、芽叶匀整
3 级	一芽二、三叶 65%以上、芽叶较完整，匀净

（3）鲜叶运输、贮存。

① 鲜叶采摘后及时送到加工厂，并注意保质保鲜，合理贮存。

② 运输时，应用清洁、透气性良好的食品级塑料周转筐、竹篮、竹篓等进行盛装，不得紧压，不得用布袋、塑料编织袋等不通气的容器盛装，防止发热变红。

③ 运输工具应清洁卫生，运输时避免日晒雨淋，不得与有异味、有毒的物品混装。

④ 鲜叶盛装、运输、贮存过程中，应轻放、轻翻，不得挤压。

2. 鲜叶摊放

（1）茶青摊放于清洁卫生、设施完好的贮青间、贮青槽或篾质簸盘，不允许直接摊放在地面。摊叶厚度为 1～4 厘米，摊放时间为 4～6 小时，嫩叶长摊，中档叶短摊，低档叶少摊，雨水叶、露水叶薄摊，通微风，加快水分蒸发。

（2）摊放程度以摊放叶含水量降至 68%～70%，芽叶稍软、色泽绿略暗、微显清香为适度。

3. 杀青　利用滚筒杀青方法进行杀青，温度 220～260 ℃为宜，感官温度用手背在投叶口处略感灼手开始连续投叶。要求投叶量稳定，火温均匀，并杀匀杀透。杀青叶色泽由鲜绿转为暗绿，叶质变软，无生青、焦边、爆点，芽叶完整，清香显露即为杀青适度，含水量 58%～62%。

4. 摊凉回潮　杀青叶应及时摊凉、降温和散发水汽，时间以 30～50 分钟为宜。

5. 理条　采用茶叶理条机，槽锅温度 140～160 ℃为宜，投叶量 1.0～1.5 千克，时间 2～3 分钟，程度四、五成干，叶条扁直、色泽润绿时下机摊凉。

6. 压扁做形

（1）采用茶叶多用机，温度 100～105 ℃为宜，投叶量 1～1.2 千克。先以速度 140～150 转/分钟，运行时间 2～3 分钟；然后将速度调到 120～125 转/分钟，加入压力棒 1～2 分钟，至叶色润绿，茶叶扁直，香气已显即起棒下机。

（2）采用多功能扁茶成形机，温度以 120～150 ℃为宜，投叶量为 200～300 克。炒至外形扁平挺直，含水率在 10% 左右。

7. 辉锅　采用茶叶辉锅抛光机，温度以 80～90 ℃为宜，投叶量按照不同机械型号推荐的使用量，炒至外形扁平光滑挺直，含水率在 4%～6%。

（八）卷曲形绿茶机械加工

1. 鲜叶要求

（1）新鲜匀净，无夹杂物。同批次加工的鲜叶等级应一致。

（2）鲜叶等级分特级、1级、2级、3级。具体要求见表3-5。

表 3-5　扁形绿茶鲜叶原料分级指标

等级	质量要求
特级	一芽一叶、二叶初展 70% 以上，芽叶匀整
1级	一芽一、二叶 80% 以上、芽叶匀整
2级	一芽二、三叶 65% 以上、芽叶较完整，匀净
3级	一芽三、四叶 50% 以上，可含少量同等嫩度的对夹叶或单片

（3）鲜叶运输、贮存。参考扁形绿茶机械加工（P248）。

2. 鲜叶摊放　摊放设施应清洁卫生，空气流通，不受阳光直射。摊放时间宜为 4～6 小时。摊放过程中，可轻翻 1～2 次。摊放程度以叶面开始萎缩，叶质由硬变软，叶色由鲜绿转暗绿，青草气消失，清香显露，摊放叶含水率降至 68%～72% 为宜。

3. 杀青　用滚筒杀青机杀青。筒体投料端内壁温度达到 210～230 ℃时投叶。80 型投叶 100～110 千克/小时，茶叶在筒体内通过时间 170～180 秒；90 型投叶 150～200 千克/小时，茶叶在筒体内通过时间 180～200 秒。

杀青应杀透杀匀，青草气散失，至手捏不沾、折梗不断、有触手感、茶香显露、含水率 55%～60%。在杀青过程中，应使用风扇和鼓风机辅助排湿。

4. 摊凉回潮　杀青叶及时冷却。茶叶充分摊凉后用回潮机或堆放回潮，回潮时间 60～120 分钟。摊凉回潮以茶梗与叶片中的水分重新分布，茶叶回软，手握茶叶能成团不刺手为宜。

5. 揉捻　杀青叶经摊凉回潮后进行揉捻。揉捻投叶量根据机型而定。揉捻时间根据原料嫩度不同控制在 20～60 分钟，压力按照"先轻后重逐步加压、轻重交替、最后松压"方式进行。出叶前不加压揉捻 3～5 分钟，以揉捻至成条率达到 85％～95％为适度。

6. 解块 揉捻出叶后及时解块，解块在解块机上进行，将茶叶团块散开。

7. 初烘或初炒

（1）初烘。揉捻叶利用热风烘干机进行初烘，热风温度110～130 ℃。

初烘应"高温、快速、摊薄、排湿"，保持叶色翠绿，烘至含水率30％～35％，至初烘叶稍有扎手感时出叶，手紧握成团松手即散。

（2）初炒。揉捻叶利用滚筒炒干机进行初炒，筒体温度160～180 ℃。炒制过程中使用风扇间歇排湿，炒至含水率30％～35％，初炒叶稍有扎手感时出叶，手紧握成团松手即散。

8. 二次摊凉 初烘叶或初炒叶应及时摊凉。摊凉使用竹匾、篾簟或摊凉平台等专用工具。摊凉时间为 30～40 分钟。摊凉以芽叶中的水分重新分布、手捏茶叶感觉软绵为宜。

9. 复烘或复炒

（1）复烘。利用热风烘干机进行复烘，热风温度 110～120 ℃，烘至含水率≤6％。

（2）复炒。利用滚筒炒干机进行复炒，筒体温度150～170 ℃，炒至含水率≤6％。

（九）红茶机械加工

1. 原料 鲜叶采摘标准。高档工夫红茶原料为一芽一叶至一芽二叶；中、低档工夫红茶原料以一芽二、三叶为主，要求芽叶新鲜、匀净，忌采病虫叶及其他非茶类杂物。

2. 萎凋 萎凋工艺分萎凋槽萎凋和室内自然萎凋两种方式，

有条件的地区推荐使用萎凋槽萎凋。

（1）萎凋槽萎凋。

① 摊叶。根据鲜叶的老嫩情况采取嫩叶薄摊、老叶厚摊，雨水叶及露水叶要薄摊。摊叶时要抖散摊平呈蓬松状态，保持厚薄一致，摊叶厚度一般为 15～20 厘米。

② 风量。风量大小根据叶层厚薄和叶质柔软程度适当调节。

③ 鼓风要求。鼓风机气流温度控制在 35 ℃左右，风量大小根据鲜叶含水量、叶层厚薄和叶质柔软程度适当调节，以不吹散叶层、不出现"空洞"为标准。根据萎凋叶的状态和萎凋的均匀程度，下叶前 10～20 分钟停止鼓热风，改为鼓冷风或停止鼓风。

④ 翻抖。鼓风 1 小时停止 10 分钟，进行翻抖，使上下层翻透抖松，翻抖动作要轻，抖得松，翻得透，避免损伤芽叶。

⑤ 程度。萎凋时间为 5～8 小时。萎凋叶含水率为 60％～64％为适度标准，其感官特征为：叶面失去光泽，叶色暗绿，青草气减退，叶形皱缩，叶质柔软，折梗不断，紧握成团，松手可缓慢松散。

（2）室内自然萎凋。

① 摊叶。将鲜叶均匀摊放在竹席或萎凋架上。嫩叶、雨水叶和露水叶薄摊，老叶厚摊。摊叶厚度一般为 3～8 厘米，摊叶时应抖散摊平茶叶呈蓬松状态，保持厚薄一致。

② 环境要求。室温，空气相对湿度为 65％±5％。

③ 翻抖。一般为 2 小时翻抖一次，翻抖时要求手势轻、抖得松、翻得透，避免损伤芽叶。

④ 程度。时间为 14～16 小时。叶相同萎凋槽萎凋。

3. 揉捻　包括初揉和复揉。

（1）初揉。装叶量以自然装满揉筒为宜。加压应掌握"轻、重、轻"的原则。时间 30～50 分钟，以揉捻叶紧卷成条、有少量茶汁溢出为揉捻适度。

（2）复揉。装叶量以揉筒的 2/3 为宜。加压应比初揉重，并掌握"轻、重、轻"的原则。时间 20～40 分钟，以茶条紧卷、紧细，茶汁充分外溢，黏附于茶条表面，用手紧握，茶汁溢而不成滴流为揉捻适度。出叶前不加压揉捻 3～5 分钟。

4. 解块　用解块机解散团块。

5. 发酵　在发酵室或发酵机中进行，控制好温度、湿度、通氧、摊叶厚度、时间等条件。

① 温度。室温控制在 24～27 ℃为宜，发酵叶温保持在 29～31 ℃。

② 湿度。发酵室要保持高湿状态，相对湿度达 95％以上，必要时采取喷雾或洒水等增湿措施。

③ 通氧。发酵室保持新鲜空气流通，以满足发酵过程需要的氧气。

④ 摊叶。厚度 8～12 厘米。嫩叶或小叶型宜薄摊，老叶或大叶型厚摊；气温低厚摊，气温高薄摊。摊叶时叶层厚薄要均匀，不要紧压，以保持通气良好。

⑤ 时间。需 3～5 小时，长短因揉捻程度、叶质老嫩、发酵条件不同而异，至发酵叶青草气消失，呈铜红色，出现花果香味时为适度。

6. 干燥　分毛火和足火。毛火以烘坯含水量 18％～20％、条索收紧、有较强刺手感、手捻成片为适度，及时摊凉。足火以烘坯含水量不超过 6％为适度，梗折即断，用手指碾茶条即成粉末。

7. 提香　用茶叶提香机进行提香，温度在 95～110 ℃，时间 45～60 分钟，至茶叶色泽褐红、甜香显著。

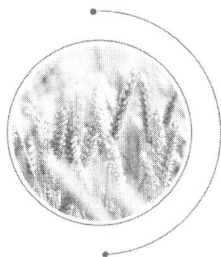

第四章
生态宜居美丽乡村

改善农村人居环境，建设好生态宜居的美丽乡村，让广大农民在乡村振兴中有更多获得感、幸福感，是实施乡村振兴战略的一项重要任务，事关全面建成小康社会，事关广大农民根本福祉，事关农村社会文明和谐。

第一节 浙江"千万工程"经验

2003年6月，在时任浙江省委书记习近平同志的倡导和主持下，以农村生产、生活、生态的"三生"环境改善为重点，浙江在全省启动这项"千村示范、万村整治"工程（以下简称"千万工程"），开启了以改善农村生态环境、提高农民生活质量为核心的村庄整治建设大行动。"'千村示范、万村整治'工程是推进新农村建设的龙头工程、统筹城乡兴'三农'的有效抓手、造福千万农民的民心工程，要让更多的村庄成为充满生机活力和特色魅力的富丽乡村。"习近平亲自部署：花5年时间，从全省4万个村庄中选择1万个左右的行政村进行全面整治，把其中1000个左右的中心村建成全面小康示范村。在浙江工作期间，习近平亲自抓这项工程的部署落实和示范引领，每年都召开一次全省现场会做现场指导。2003—2018年，浙江省15年间久久为功，扎实推进"千万工程"，造就了万千美丽乡村，取得了显著成效。

一、"千万工程"主要内容

（一）工程的总目标

用 5 年时间，对全省 10 000 个左右的行政村进行全面整治，并把其中 1 000 个左右的行政村建设成全面小康示范村（以下简称"示范村"）列入第一批基本实现农业和农村现代化的县（市、区），每年要对 10% 左右的行政村进行整治，同时建设 3～5 个示范村；列入第二、第三批基本实现农业和农村现代化的县（市、区），每年要对 2%～5% 的行政村进行整治，同时建设 1～2 个示范村。"千村示范、万村整治"工程由各市、县（市、区）负责实施，省里主要抓好指导和检查工作。

（二）示范村的要求

示范村要以全面建设小康为目标，按照"村美、户富、班子强"的要求，实现物质文明、精神文明与政治文明的协调发展，建设成农村新社区。具体要求是：

1. 在基层组织建设方面 村党组织坚强有力，成为"先锋工程"先进党组织；村级组织统一协调，村务管理民主规范，各项工作运作有序。

2. 在发展经济方面 集体经济实力强，人均农村经济总收入和农民人均纯收入达到基本实现现代化的标准。

3. 在精神文明建设方面 社区文化生活丰富，社会风尚良好，达到市级以上文明单位的标准。

4. 在环境整治方面

（1）布局优化。村庄建设规划要科学处理生产、生活、生态文化之间的关系，布局合理，组团建筑有个性特色、美观大方，组团建筑间相互协调；建筑布局能充分结合自然地形，借山用水，错落有致；农户住宅实用、美观。

（2）道路硬化。通村及村内路网布局合理，主次分明，村内主干道硬化；通行政村主干公路达到四级以上标准。

（3）村庄绿化。山区、半山区、平原的中心村建成区的绿化覆盖率，分别达到15％、20％、25％以上；村庄中有休闲健身绿地，主要道路和河道两边实现绿化，住宅之间有绿化带，农户庭院绿化。

（4）路灯亮化。村内主干道和公共场所路灯安装率达到100％。

（5）卫生洁化。给水、排水系统完善，管网布局规范合理，自来水普遍入户；村庄内有专用公共厕所，农户卫生厕所改造率达到100％；农户普遍使用清洁能源；保洁制度健全，垃圾等废弃物集中处理，生产和生活污水净化处理，达标排放，基本消除垃圾及废水污染。

（6）河道净化。保护好村域内现有的水面，河道清洁，水体流动，水质达到功能区划的要求；河道堤防和排涝工程建设符合国家规定标准。

（三）其他整治村的要求

其他整治村除了在村级组织建设、发展集体经济、文化社会事业、村务民主管理等方面要达到一定的标准外，并要根据各村区位特点、经济条件和社会发展水平，因地制宜地开展以治理"脏、乱、差、散"为重点的环境整治。具体要求是：

1. 环境整洁　做到按村庄规划搞建设，无私搭乱建建筑物和构筑物；垃圾集中存放，及时清运，消除露天粪坑和简陋厕所。

2. 设施配套　做到村庄主干道基本硬化；有较完善的给水、排水设施，河道应有功能得到恢复；搞好田边、河边、路边、住宅边的绿化。

3. 布局合理　有条件的地方，应结合新村规划，实施宅基地整理、自然村撤并和旧村改造。

（四）"千万工程"的政策措施

"千村示范、万村整治"工程涉及面广，工作难度大，浙江省要求各地按照统筹城乡经济社会发展的要求，积极制定落实各项政策措施，整合部门力量，千方百计增加投入。按照集中财力办大事的原则，落实必要的建设资金。整合各部门力量，组织实施有关项目。盘活存量土地，保证村庄建设必要的用地。

二、浙江经验的主要内容

15 年来，浙江省以实施"千万工程"、建设美丽乡村为载体，聚焦目标，突出重点，持续用力，先后经历了示范引领、整体推进、深化提升、转型升级 4 个阶段，不断推动美丽乡村建设取得新进步。总结浙江省 15 年推动"千万工程"的坚守与实践，主要有以下 7 方面经验。

（一）始终坚持以绿色发展理念引领农村人居环境综合治理

15 年来，浙江省通过深入学习和广泛宣传教育，让习近平总书记"绿水青山就是金山银山"理念深入人心，成为推进"千万工程"的自觉行动。把可持续发展、绿色发展理念贯穿于改善农村人居环境的各阶段各环节全过程，扎实持续改善农村人居环境，发展绿色产业，为增加农民收入、提升农民群众生活品质奠定基础，为农民建设幸福家园和美丽乡村注入动力。

（二）始终坚持高位推动，党政"一把手"亲自抓

习近平总书记在浙江工作期间，每年都出席浙江省"千万工程"工作现场会，明确要求凡是"千万工程"中的重大问题，地方党政"一把手"都要亲自过问。坚持农村人居环境整治"一把手"责任制，把农村人居环境整治纳入为群众办实事内容，纳入党政干部绩效考核和末位约谈制度，强化监督考核和奖惩激励。注重发挥各级农办统筹协调作用，发展改革、财政、国土、环保、住建等部门配合，明确责任分工，集中力量办大事。

（三）始终坚持因地制宜，分类指导

注重规划先行，从实际出发，实用性与艺术性相统一，历史性与前瞻性相协调，一次性规划与量力而行建设相统筹，专业人员参与充分听取农民意见相一致，城乡一体编制村庄布局规划，因村制宜编制村庄建设规划，注意把握好整治力度、建设程度、推进速度与财力承受度、农民接受度的关系，不搞千村一面，不吊高群众胃口，不提超越发展阶段的目标。坚持问题导向、目标导向和效果导向，针对不同发展阶段的主要矛盾问题，制定针对性解决方案和阶段性工作任务。不照搬城市建设模式，区分不同经济社会发展水平，分区域、分类型、分重点推进，实现改善农村人居环境与地方经济发展水平相适应、协调发展。

（四）始终坚持有序改善民生福祉，先易后难

坚持把良好的生态环境作为最公平的公共产品、最普惠的民生福祉，从解决群众反映最强烈的环境脏乱差做起，到改水改厕、村道硬化、污水治理等提升农村生产生活的便利性，到实施绿化亮化、村庄综合治理提升农村形象，到实施产业培育、完善公共服务设施、美丽乡村创建提升农村生活品质，先易后难，逐步延伸。从创建示范村、建设整治村，以点串线，连线成片，再以星火燎原之势全域推进农村人居环境改善，探索农村人居环境整治新路子，实现了从"千万工程"到美丽乡村、再到美丽乡村升级版的跃迁。

（五）始终坚持系统治理，久久为功

坚持一张蓝图绘到底，一件事情接着一件事情办，一年接着一年干，充分发挥规划在引领发展、指导建设、配置资源等方面的基础作用，充分体现地方特点、文化特色，融田园风光、人文景观和现代文明于一体。

（六）始终坚持真金白银投入，强化要素保障

建立政府投入引导、农村集体和农民投入相结合、社会力量

积极支持的多元化投入机制,省级财政设立专项资金、市级财政配套补助、县级财政纳入年度预算,真金白银投入。

(七) 始终坚持强化政府引导作用,调动农民主体和市场主体力量

坚持调动政府、农民和市场三方面积极性,建立"政府主导、农民主体、部门配合、社会资助、企业参与、市场运作"的建设机制。

第二节 农村人居环境整治

2018年2月中共中央办公厅、国务院办公厅印发了《农村人居环境整治三年行动方案》,重点推进农村生活垃圾治理,开展厕所粪污治理,梯次推进农村生活污水治理,提升村容村貌,加强村庄规划管理和完善建设和管护机制。到2020年,实现农村人居环境明显改善,村庄环境基本干净整洁有序,村民环境与健康意识普遍增强。2018年12月,中央农办、农业农村部等18部门印发《农村人居环境整治村庄清洁行动方案》,在全国范围内集中组织开展农村人居环境整治村庄清洁行动,清理农村生活垃圾,清理村内塘沟,清理畜禽养殖粪污等农业生产废弃物,带动和推进村容村貌提升。各地区各部门认真贯彻党中央、国务院决策部署,把改善农村人居环境作为社会主义新农村建设的重要内容,大力推进农村基础设施建设和城乡基本公共服务均等化,农村人居环境建设取得显著成效。

青岛市认真贯彻落实党中央国务院和山东省委省政府的部署,按照"一年提标扩面、两年初见成效、三年全面提升"的要求分年度有序推进。到2020年基本实现村庄规划编制、生活垃圾收运处置、无害化卫生厕所改造全覆盖,生活污水处理率大幅提高,生态环境质量显著提升,村民环境与健康意识普遍增强,管护长效机制基本建立，村庄环境干净整洁有序，广大农村呈现"生产美、生活美、生态美"的全新面貌。

一、农村垃圾综合治理

在实现城乡环卫一体化全覆盖的基础上，逐步建立完善农村生活垃圾处理市场化运作、减量化处理、资源化利用、数字化管理、法制化保障的工作机制，到 2020 年 98％以上的村庄实现生活垃圾无害化处理，力争实现农膜基本回收、农作物秸秆综合利用率达到 92％。

（一）提高农村生活垃圾收运处置能力

在"户集、村收、镇运、县处理"的垃圾收运处理体系基础上，建立健全城乡环卫一体化长效运行机制，完善考核推进、村庄保洁、经费保障和分担等制度，推行全域视频监控数字化考核平台，提高常态化运作、精细化管理水平。实施农村生活垃圾分类试点，探索垃圾分类收集方式，推进就地源头分类减量和资源回收利用。完善区（市）垃圾处理场、镇（街道）垃圾转运站、垃圾场点以及农村废旧物品回收站等基础设施建设，推动区（市）生活垃圾焚烧发电厂建设，加快青岛西海岸新区、莱西市垃圾焚烧处理场建设，实现青岛西海岸新区、即墨区、胶州市、平度市、莱西市建有垃圾焚烧发电厂或非填埋式垃圾集中处理场。

（二）推进农业生产废弃物资源综合利用

以畜禽养殖和农业种植有机废弃物资源化利用为重点，推进农业生产废弃物收集、转化、应用三级网络建设。推广应用符合国家标准的农膜，开展全生物可控降解地膜试验示范，建立健全废旧农地膜回收利用体系，扶持农地膜回收网点和废旧农地膜加工能力建设；建立健全秸秆收储运体系，推进秸秆机械还田和饲料化利用，实施秸秆能源化集中供气、发电和秸秆固化成型燃料供热等项目。建设一批畜禽粪污原地收储、转运、固体粪便集中堆肥等设施和有机肥加工厂。实施畜禽粪污资源化利用整县推进项目。建设畜禽粪污处理和资源化利用设施，全市畜禽粪污综合利用率达到81％以上，规模养殖场粪污处理设施装备配套率达到100％。

（三）推进非正规垃圾堆放点排查整治

开展农业生产废弃物、工业固体废弃物、河湖水面漂浮垃圾等非正规垃圾堆放点排查，全面摸清堆放位置、主要成分、堆放年限等基本情况，建立工作台账，实行销号管理，整治完成一个，销号一个。清理村庄内外、道路两侧、沟渠内积存的建筑和生产生活垃圾，重点整治垃圾山、垃圾围村、垃圾围坝等问题，消除房前屋后的粪便堆、杂物堆，实现村庄周边无垃圾积存、街头巷尾干净通畅、房前屋后整齐清洁。禁止城市向农村堆弃垃圾，防止城市垃圾"上山下乡"。

二、农村"厕所革命"

扎实推进农村"厕所革命"，让农村群众用上卫生的厕所。2020年，全部镇（涉农街道）300户以上自然村基本完成农村公共厕所无害化建设改造。按照市场化运作模式，形成管理、收集、利用并重和责任、权利、利益一致的长效管护机制。

（一）推进户用卫生厕所建设改造

合理选择改厕模式，按照群众接受、经济适用、维护方便、不污染公共水体的要求，普及不同水平的卫生厕所。农村无害化卫生改厕实行整镇整村推进，与农村生活污水治理统筹推进，提倡改厕与改水同步进行，建设分散小型污水处理设施，采用单户、多户、整村处理的方式，将厕所、厨房、洗浴等生活污水全部收集一体化处理。规划接入污水集中处理管网的村庄，改厕全面采用水冲式厕所，实现集中收集处理。不具备集中处理条件的村庄，推广使用三格化、双瓮式、粪尿分集式等无害化卫生厕所改造模式，鼓励使用生活污水全部收集一体化处理设施。引导农村新建住房配套建设无害化卫生厕所。

（二）鼓励建设农村公共厕所

在人口规模较大，以及发展乡村旅游村庄的文化活动中心、集贸市场、村庄游园、游客中心等公共活动场所，配套建设符合相关要求和标准的公共厕所。农村现有公厕，未达标的要进行改造提升，逐步消除旱厕、露天厕所。将公厕保洁、设施设备管理维护纳入村庄保洁范围，保障厕所外观整洁、内部干净、方便实用。2020 年，实现 300 户以上的自然村至少建设一座符合《城市公共厕所设计标准》（CJJ 14—2016）三类标准以上的公共厕所。

三、农村生活污水治理

到 2020 年，55％以上的村庄对生活污水进行处理，其中农村生活污水治理示范县村庄污水处理率达到 80％以上，农村新型社区基本实现污水收集处理。

（一）合理统筹规划布局

各区（市）要按照统筹城乡生活污水处理、统筹改水改厕的原则，组织编制县域村镇生活污水治理专项规划。规划要与总体规划、县域乡村建设规划以及农村环境综合整治规划等衔接，合理确定镇村污水处理设施及配套管网的布局、规模，科学安排年度建设任务，明确建设规模、投资估算、资金来源和保障措施等内容。对集中式饮用水水源地、自然保护区等环境敏感区域的村庄，优先解决污水治理问题，严禁在集中式饮用水水源地保护区设置排污口。

（二）创新污水治理模式

因地制宜采用污染治理与资源利用相结合、工程措施与生态措施相结合、集中与分散相结合、单户与多户相结合的建设模式和处理工艺。推动城镇污水管网向周边村庄延伸覆盖，城市、镇区和园区周边的村庄接入城镇污水管网。位置偏远、达到一定规模的村庄，鼓励采用生态处理工艺，推广成本低、能耗低、维护少、效率高的污水处理技术，建设经济实用的氧化塘、净化槽、小型人工湿地等无动力或微动力污水处理设施。落实农村生活污水处理排放标准。

（三）加强水环境治理和水污染防治

加强农村水环境治理，以村庄周边、房前屋后的河塘沟渠为重点，实施清淤疏浚，采取综合措施恢复水生态，基本消除农村黑臭水体。加强水污染防治，严守生态保护红线，严查工业违法排污，重点保护河湖、山体和天然林，原则上不进行大挖大填。开展农村生活节水行动，加强生活用水循环节约利用，促进污水源头减量和尾水回收利用。

（四）加大粪污处理利用力度

在农村新型社区、规模较大的村庄、城市近郊区等建设污水集中处理站；一般村庄采用小型改厕污水处理一体化设备，推广"改厕＋污水一体化"处理模式，使粪便得到有效处理。规模养殖场（小区）污水实施集中处理，推动有机肥还田，有条件的区（市）建设规模化沼气工程。

四、村容村貌提升

（一）实施农村道路"户户通"工程

大力推进"四好农村路"建设，组织开展"三年集中攻坚"专项行动，全面提升农村路网状况水平。加快推进农村道路硬化建设，实现穿村公路和村内主干道路硬化全覆盖，解决村内道路泥泞、村民出行不便等问题。实施"户户通"工程，严格执行《村庄道路建设规范》，同步设计施工给水、排水、电力、通信、绿化等基础设施或预留管线埋设空间。按照村庄规模形态、地形地貌和交通布局，合理确定村庄内部道路等级，因地制宜选择混凝土、沥青、砖石、卵石等路面材料，鼓励选用乡土生态材料平整铺装。引导历史文化名村、传统村落、美丽宜居村庄等特色村庄在道路硬化建设时突出地方特色，采用地方建筑元素，保护和延续村落风貌。2020年，全市农村基本实现村内道路"户户通"。

（二）整治公共空间和庭院环境

结合乡村规划的实施和管理，集中清理私搭乱建、乱堆乱放、乱涂乱画、电气线路私拉乱接等现象，拆除废旧棚房。统筹建设晾晒场、柴草集中堆放点、农机棚等生产生活性公用设施。整治农村闲置废弃房屋，通过发展精品民宿、集体公共用房等多种方式盘活、处置和利用。引导村庄适度建设小广场等公共活动场所，严禁脱离农村实际，建设大公园、大广场、大牌坊等形象工程。开展美丽庭院创建活动，引导农户整齐堆放生产工具、生活用品、农用物资等物品，促进庭院内外整洁有序、室内卫生舒适。

（三）推进村庄绿化亮化

坚持绿色发展理念，利用村边荒山、荒地、荒滩等闲置土地，以乡土树种为主，合理推进环村林建设，组织开展植树造林、湿地恢复等活动。加强街道、庭院和公共场所绿化，建设绿色生态村庄，增加村庄绿量。到2020年，全市乡村绿化覆盖率达到30%。推广使用节能灯具和新能源照明设备，科学设置照明设施间距，在村庄主干道两侧和文化广场、学校、村民中心等重要场所安装照明设施，提高村庄公共照明使用效率。

（四）推进卫生村镇创建

深入开展爱国卫生运动，创建一批卫生县城、卫生镇、卫生村，发挥典型示范作用，提高农民群众健康卫生水平。到2020年，全市的国家级卫生县城、卫生镇比例均达到8%以上，省级卫生村比例达到 30% 以上。

（五）打造农村特色风貌

加大历史文化名村和传统村落保护力度，实施挂牌保护建设，建立传统村落名录，建立传统村落警示和退出机制。编制村庄保护发展规划，加强对古居、古井、古树、古桥、匾额等历史文化要素的保护利用，注重注入旅游元素，发展乡村旅游。弘扬传统红色文化、农耕文化，加大传统舞蹈、传统戏剧、民间传说、民俗、地名文化、传统技艺等非物质文化遗产的保护和传承，延续村庄传统文脉。开展乡村风貌建设提升行动，突出乡土特色和地域民族特点，编制乡村风貌整体设计和乡村风貌建设技术导则，塑造齐鲁特色乡村风貌。开展田园建筑示范，引导建筑师下乡开展农房设计指导，推动建设一批富有乡村气息、与自然环境协调、造型简洁大方、比例和谐、尺度恰当、色彩适宜的田园建筑。推进农村抗震设防和节能环保建设，引导村民采用新技术、新材料建设绿色民居。开展装配式建筑农村应用示范项目建设。

五、村庄规划管理

2018 年，全市县域乡村建设规划实现全覆盖，省确定的贫困村编制完成村庄规划；2020 年，全市村庄规划覆盖率达到 100%。

（一）科学编制村庄规划

全面完成县域乡村建设规划编制，与区（市）土地利用总体规划、土地整治规划、村土地利用规划、农村社区建设规划等充分衔接，推行多规合一。优化村庄功能布局，突出实用性，符合农村实际，满足农民需要，体现乡村特色，明确人居环境整治重点，做到农房建设有规划管理、行政村有村庄整治安排、生产生活空间合理布局。

（二）完善规划编制机制

各区（市）政府安排、引导并考核镇村规划编制工作，镇政府负责组织编制镇、村规划，报区（市）政府审批。突出以村民委员会为主体的编制方式，建立村民广泛参与机制，村庄规划在报送审批前，应当经村民会议或村民代表会议讨论同意，让村民参与规划、了解规划、熟悉规划、认同规划，实现村民对规划要求的自我约束和自我管理。通过探索建立驻镇规划师制度、选派规划设计专业技术人员等方式，强化村庄规划指导，有效解决基层人才短缺、技术力量薄弱的短板。

（三）加强村庄规划管理

推进实用性村庄规划编制实施，将村庄规划的主要内容纳入村规民约。强化规划实施，规划一经批准，必须严格执行，不得随意更改；确需调整修改的，必须依照规定程序，报原批准机关批准。加大规划实施检查力度，对违反规划的行为，按规定追究相关部门和人员责任。充实乡镇规划建设管理机构和人员，加强乡村建设规划许可管理，建立健全违法用地和违法建设查处机制。

六、运行管护机制

（一）创新实施多元化管护模式

以利用促保护，鼓励采取市场化运作手段，支持环保设备生产企业、第三方环保服务公司、旅游开发公司等市场主体，通过"认养、托管、建养一体"等模式开展后期管护，有条件的农村新型社区及经济强村可以探索建立物业公司。探索建立"建设运营一体、区域连片治理"的农村基础设施建设运行模式，以区（市）为单位划分片区，项目统一打包，吸引社会资本参与。鼓励有条件的区（市）推行城乡垃圾污水处理统一规划、统一建设、统一运行、统一管理。提倡相邻村庄联合建设基础设施，实现区域统筹、共建共享。简化农村人居环境整治建设项目审批和招投标程序，支持村级组织等承接村内环境整治、村内道路、植树造林等小型涉农工程项目，降低建设成本。

（二）完善长效运行管护机制

推行环境治理依效付费制度，健全服务绩效评价考核机制，保障设施可持续运转。将农村人居环境基础设施运行纳入环境监管网格化管理，并委托第三方通过电话调查、实地暗访等形式进行监管。区（市）、镇（街道）加强督导检查和技术支持，村级担负监管主体责任，依托村务监督委员会加强对农村人居环境基础设施运行维护的全过程监督。围绕村庄基础设施的规划、建设、管理、运营、维护等主要环节，组织开展专业化培训，把当地村民培养成为村内公益性基础设施运行维护的重要力量。

第三节　农业面源污染防治

农业面源污染主要是指在农业生产活动过程中，各种投入品和废弃物等污染物在土壤圈内运动并向水圈扩散，致使土壤、含水层、湖泊、河流、滨岸、大气等生态系统遭到污染的现象。我国农业面源污染主要来源包括畜禽水产养殖、化肥、农药、农作物秸秆和废旧地膜。根据中央和山东省统一部署，青岛市加强农业面源污染综合防治，重点做好以下工作。

一、化肥减量增效

严格执行化肥质量标准，探索推广高效缓控释肥料、生物肥料等新型产品和先进施肥机械。推进测土配方施肥技术应用，提高农民科学施肥意识和技能，提高化肥利用率。到 2020 年，主要农作物测土配方施肥技术推广覆盖率稳定在 90％以上，全市化肥使用量较 2015 年减少 6％以上，化肥利用率达到 40％以上。

实施有机肥增施替代工程。示范推广化肥机械深施、种肥同播、有机肥替代化肥等绿色高效技术。将有机肥替代化肥、退化土壤治理等技术列为耕地保护与质量提升、农产品质量安全行业关键技术培训重点内容。积极争取果菜茶有机肥替代化肥示范县建设项目。到 2020 年，商品有机肥施用量增加到 22 万吨。

二、农药减量控害

全域禁止销售和使用高毒高残留农药，鼓励和支持高效低毒低残留农药、生物农药等新型产品和先进施药器械的推广应用，逐步减少化学农药的使用量。严格执行农药禁、限用有关规定，全面落实农药经营许可制度和限制使用农药（含高毒农药）定点经营制度，加强农民用药技术指导。大力推广精准施药和科学用药技术，开展统配统施、统防统治等专业化技术服务。到 2020年，全市主要农作物农药使用量较 2015 年减少 10％以上，农药利用率达到 40％以上，主要农作物病虫害绿色防控覆盖率达到 40％以上，主要农作物病虫害专业化统防统治覆盖率达到 40％以上。提高农药包装废弃物回收处置率，要求农药生产者、销售者和使用者将农药包装废弃物交由专门机构或者组织进行无害化处理。

三、畜禽粪污资源化利用

推进养殖设施生产清洁化和产业模式生态化。到 2020 年，全市畜禽粪便处理利用率达到 90％以上，污水处理利用率达到 63％以上，粪污综合利用率达到 81％以上。及时优化调整畜禽养殖布局，开展畜禽养殖标准化示范创建活动。推广节水、节料等清洁养殖工艺和干清粪、微生物发酵等实用技术。引导生猪、奶牛生产向环境容量大区域转移。严格规范兽药、饲料添加剂等投入品使用，实现源头减量。指导畜禽规模养殖场（区）粪污处理设施配建和提档升级，2019 年底，规模畜禽养殖场（区）全部规范化配套建设粪污贮存、处理和利用设施（或委托他人代为综合利用和无害化处理）并正常运行，配建率提前 1 年达到 100%。

四、全面实施秸秆综合利用行动

将符合有关标准和要求的还田利用量作为统计污染物削减量的重要依据。强化秸秆禁烧管控，严格落实各级政府秸秆禁烧主体责任，加强秸秆禁烧考核；落实环境空气质量生态补偿奖惩，将秸秆禁烧纳入网格化环境监管体系，在夏收和秋收阶段加大监管力度，开展秸秆禁烧专项巡查。努力拓展秸秆肥料化、饲料化、能源化、基料化、原料化利用渠道，到 2020 年，全市秸秆综合利用率达到 95%。

五、地膜污染防治

开展地膜污染防治示范工程，推广使用 0.01 毫米以上标准地膜，加快推进农膜回收综合利用工作。

六、农用地土壤保护与修复

推进涉镉等重金属重点行业企业排查整治，切断镉等重金属污染物进入农田途径。有关区（市）要对威胁地下水、饮用水水源安全的严格管控类耕地制定环境风险管控方案。根据土壤污染状况和农产品污染物超标情况，制定受污染耕地安全利用方案，划定特定农产品禁止生产区域，严禁种植食用农产品。对农产品重金属超标问题突出的耕地，划入严格管控类。根据农用地污染程度、环境风险及其影响范围，确定治理与修复重点区域，完成国家下达的污染耕地安全利用和治理修复指标。

第四节 建设美丽乡村

美丽乡村是经济、政治、文化、社会和生态文明协调发展，规划科学、生产发展、生活宽裕、乡风文明、村容整洁、管理民主，宜居、宜业的可持续发展乡村。建设美丽乡村是建设美丽中国的基础，是实施乡村振兴战略的核心内容。牢固树立和践行"绿水青山就是金山银山"的发展理念，统筹山水林田湖草系统治理，促进农业绿色发展，加强农村生态环境保护，改善农村人居环境，建设生态宜居美丽乡村，让乡村呈现环境生态优美、政治生态文明、社会和谐发展的美好景象，让老百姓获得实实在在的幸福感。

一、国家级美丽乡村建设

2013 年，国家财政部、农业部开展了全国"美丽乡村"创建活动。财政部将美丽乡村建设作为一事一议财政奖补工作的主攻方向，启动美丽乡村建设试点，农业部出台了关于开展"美丽乡村"创建活动的意见。2015 年，国务院农村综合改革工作小组办公室牵头制定了《美丽乡村建设指南》（GB/T 32000—2015）。2016 年，财政部印发关于进一步做好美丽乡村建设工作的通知，美丽乡村建设以中央和省财政为主，原则上共同安排每村不少于 300 万元奖补资金，突出充实建设内容，村庄建设与乡风文明并重，参照《美丽乡村建设指南》（GB/T 32000—2015）明确几类切实可行的美丽乡村建设模式加以推广。农业部发布了中国"美丽乡村"十大创建模式，分别为产业发展型、生态保护型、城郊集约型、社会综治型、文化传承型、渔业开发型、草原牧场型、环境整治型、休闲旅游型、高效农业型。每种美丽乡村建设模式，分别代表了某一类型乡村在各自的自然资源禀赋、社会经济发展水平、产业发展特点以及民俗文化传承等条件下建设美丽乡村的成功路径和有益启示。

二、浙江杭州美丽乡村建设

浙江是全国美丽乡村标准化建设的重要发源地和实践地。2010年，浙江省委省政府印发《浙江省美丽乡村建设行动计划（2011—2015年）》，到2015年，力争全省70％左右县（市、区）达到美丽乡村建设工作要求，60％以上的乡镇开展整乡整镇美丽乡村建设。2014年，在总结提炼安吉县美丽乡村建设成功经验的基础上，作为我国首个美丽乡村省级地方标准，《美丽乡村建设规范》正式实施，让浙江的美丽乡村建设开始"有标可循"。为打造美丽乡村升级版，省委、省政府出台了《浙江省深化美丽乡村建设行动计划（2016—2020年）》。2019年颁布了《新时代美丽乡村建设规范》省级地方标准，在生态优良、村庄宜居、经济发展、服务配套、民生保障和治理有效6个方面设置了100余项指标要求，新增垃圾分类、数字乡村、就业服务等内容，创新性地将指标项目分为否决性指标、基础性指标和发展性指标，为新时代美丽乡村提供建设指引和评价依据。

为深入践行"绿水青山就是金山银山"发展理念，杭州市制定了《杭州市美丽乡村建设升级版行动计划（2016—2020年）》，部署了10项工作任务，着力优化美丽环境、发展美丽经济、传承美丽人文，深入推进全域景区化建设，努力实现秀丽宜居生态美、产业融合生产美、人文和谐生活美，让农村成为农民的幸福家园、市民的第二故乡，力争本市美丽乡村建设始终走在全省乃至全国前列。

1. 修复村庄生态环境 以农村道路、村内桥梁、沟渠、线杆、公共厕所、拆后景观修复等为重点，全面提升农村整体环境。

2. 创建农村精品小镇　以特色产业为主导，打造一批集优美生态、新型业态、休闲旅游、智慧管理等功能于一体，一二三产融合发展的农村精品小镇。

3. 保护农村历史文化村落　加大对古屋、古巷、古道、古桥、古亭等古迹遗存保护与修缮力度，注重传统艺术、民俗技艺、人文典故、地域风情等非物质文化遗产的保护与传承，整理编撰"古村故事"。

4. 打造美丽乡村精品示范线　按照"村点出彩、沿线美丽、面上洁净"的总体要求，以沿路沿景区、沿产业带、沿山水线、沿人文古迹等为区域重点，深化提升沿线环境综合整治，基本实现精品线"镇镇通"。

5. 普及农村生活垃圾分类处理　全面开展以"分类收集、定点投放、分拣清运、回收利用、科学处理"为主的农村生活垃圾分类及减量化资源化处理工作。以乡镇为单位，因地制宜合理配置和建设机械设备处理、清洁焚烧和太阳能堆肥处理等设施，建立农村垃圾分类和数字监控长效运维管理机制。

6. 提升农村生活污水治理水平　按照"应纳尽纳、应集尽集、应治尽治、达标排放"的要求，基本实现全市行政村和规划保留自然村全覆盖。

7. 深化美丽乡村示范创建　依托美丽乡村先进县创建成果，突出连线成片建设和样本示范带动，深入开展省级美丽乡村示范县、美丽乡村示范乡镇（街道）和省级特色精品村创建活动。

8. 推进农村能源生态建设　坚持"因地制宜、多能互补、综合利用、讲究效益"原则，以农林牧废弃物资源化综合利用为重点，开展农村清洁可再生能源开发和农村能源先进技术研究，助推农村生态文明建设。

9. 加强"杭派民居"示范村建设　依托当地自然风貌和山水资源，结合农村新型业态培育，分期选择生态环境较好、区位条件优越、文化底蕴深厚、交通快捷便利的中心镇、中心村和传统与特色村落，继续打造具有鲜明杭州地方特色、满足现代生活需求的新型村落样板与农村民居典范。

10. 开展智慧农村建设　以"互联网＋农村"为手段，建设集村级管理、为民服务、对外宣传于一体的美丽乡村数字化应用平台。

三、山东青岛美丽乡村建设

2016 年，山东省制定了美丽乡村建设规范地方标准《生态文明乡村（美丽乡村）建设规范》（DB37/T 2737），省委办公厅、省政府办公厅印发《关于推进美丽乡村标准化建设的意见》，省财政厅出台了《山东省省级美丽乡村示范村建设奖补资金管理办法》，坚持用标准化的理念推进美丽乡村建设，实现基础设施配置标准化、公共服务功能标准化、工程建设质量标准化、长效管护机制标准化，全面提高美丽乡村建设的科学化水平。

为深入贯彻落实中央关于建设美丽中国的战略部署，统筹城乡一体化发展，提升社会主义新农村建设水平，实现全面建成小康社会的目标，青岛市根据省委省政府统一部署，制定了《美丽乡村标准化建设行动计划（2016—2020 年）》。以美丽乡村示范片区和美丽乡村示范镇建设为引领，科学推进美丽乡村标准化建设"十百千"创建工程，到 2020 年底，新建美丽乡村示范片 10 个，培育美丽乡村示范镇 5 个，全市 30％以上的村庄建成美丽乡村。

（一）美丽乡村示范村创建条件

对照《山东省美丽乡村建设标准》《山东省省级美丽乡村示范村创建细则》村庄建设、产业振兴、人才振兴、文化振兴、生态振兴、组织振兴和建设成效 7 个方面 100 分标准，在年度创建能达到 90 分以上。

（1）与美丽乡村示范镇、美丽乡村片区建设相融合，片区化打造，符合村庄结构优化调整要求，与乡村振兴战略相衔接，具有长期保留价值。

（2）村"两委"班子健全，工作基础好，群众威望高；村民对开展美丽乡村建设意愿强烈、积极性高。

（3）村庄资源禀赋、社区党群服务和产业基础较好，集体经济收入较高。

（4）村庄规模较大，原则上户数不低于 200 户。

（5）人居环境整治工作扎实，村庄清洁行动"三清一改"、改厕改造升级、村庄通户道路硬化、生活垃圾分类处理、农村生活污水有效治理全面达标，长效管护机制有效运行。

（6）城市建成区内、列入五年内拆迁规划、村庄房屋闲置率超过 30％的村庄，不纳入申报范围。

（7）市级示范村不能与 2016—2019 年度省、市级美丽乡村示范村重复，不能与美丽移民村、宜居宜业美丽乡村以及其他市级财政奖补超过 200 万元的项目重复。

（二）美丽乡村示范片区

按照片区化打造、标准化建设、景区化提升，打造美丽乡村示范片区。市级示范村原则上向示范片区集中。示范片区域内原则上包含村庄不低于 5 个，市级以上美丽乡村示范村不少于 3 个，片区内所有村庄都达到清洁村庄标准。示范片区要提供详细标识区域内各村庄位置的布点图，示范村需标注创建年度。

（三）美丽乡村示范镇

整镇（街道）建制全域推进美丽乡村建设，连片打造美丽乡村示范村，完善清洁村庄治理长效机制。原则上示范镇镇域内美丽乡村示范村达到 10％，省级清洁村庄达到 25％。

青岛美丽乡村建设典型案例

（一）城阳区青峰社区美丽乡村建设

青峰社区位于城阳区惜福镇街道东南隅的王乔崮脚下。过去，这里是一个贫穷偏僻的小山村，山路崎岖泥泞，低矮的平房破旧不堪，当地村民以种植果树为生，大多居住在 60 多平方米的狭小平房里。社区启动旧村改造后，原来低矮的平房不见了，取而代之的是一栋栋精美的小洋楼。2017 年，青峰社区围绕省级美丽乡村示范村建设的具体要求，逐项分解落实，重点实施环境提升建设，打造 AAA 级毛公山旅游景区，积极发展生态旅游和红色旅游，成为远近闻名的旅游特色村庄。

青峰社区严格按照上级美丽乡村建设要求，由社区书记牵总头，分管负责人各负其责，综合协调实施美丽乡村创建工作，安排专人对各个建设项目进行跟踪和管理，确保各项建设任务保质保量完成。

突出人性化规划理念。聘请专业机构对毛公山农场、健身广场、AAA 级景区标识牌、全景地图及游览线路进行设计，突出红色文化、田园生态、传统文化三者的深度融合。结合国家 AAA 级旅游景区创建工作，不断完善基础设施配套和乡村公共服务体系建设，努力走出一条秉持生态理念、立足本土优势、生态效益和经济效益双赢的可持续发展之路。

青峰社区投资 800 余万元全面启动美丽乡村建设工程。按照"能绿则绿、宜绿必绿"原则实施绿化补植 2 000 余平方米，社区绿化率达到 90% 以上；升级改造 30 亩生态果园农场，增加了桌凳、凉亭等设施，增强了对游客吸引力，提高了综合效益；完成社区文化健身广场项目 800 余平方米，安装篮球架、乒乓球台、健身器材，设置长条座椅，丰富了社区文化生活设施。

按照"阳光社区"建设要求，积极创建"惜福·家"品牌。推动家家户户挂国旗，倡导居民立家规、传家训、树家风。居民积极响应，将自家的家训制作成对联式的门匾悬挂在门口，让崇德向善、勤俭持家、尊老爱幼、明事知理、诚实守信等优秀传统美德再放光芒，实现以家风带民风、正社风。共产党员户全部亮明身份，以优良的党性和作风引领社区家国情怀，形成党风正、政风清、家风好、民风淳的社区氛围，传递了正能量，展现了社区柔性治理带来的崭新局面。

（二）即墨区灵山镇西姜戈庄村

西姜戈庄村位于灵山镇政府驻地北部 6 千米、烟青路 209 省道东侧，村庄交通便利、景色秀美、民风淳朴。村庄系明朝永乐时姜姓所建，现有 510 户、1 735 人，党员 61 人，耕地 4 600 亩，国家 3A 级景区玫瑰小镇坐落于村西。2015 年村庄被农业部命名为"中国最美休闲乡村"，2016 年姜戈庄作为即墨区美丽乡村精品示范村进行建设，2017 年姜戈庄村升级为省级示范村创建村庄。村庄聘请浙江大学城乡规划设计研究院对村庄、道路、广场、绿化、亮化、景观、水系、公共设施等进行整体规划，村庄建设与玫瑰小镇融为一体，如诗如画，实现了街净、路阔、村美的良好面貌。

在美丽乡村建设中，以"优美村落、秀美街巷、景美庭院、和美家庭、德美村民"五美创建为载体，把生态文明建设与道德素质建设有机融为一体，引导村民争创"美丽家庭"、争做"文明有德人"；以"传承家风"为重点，开展"立家规、传家训、树家风、圆家梦"活动；编写了村规、村训、村歌，精心设计了文化广场、文化长廊、社会主义核心价值观石刻、雕塑小品、中华传统文化街、感恩文化街、孝道文化街、和文化街、法治文化墙、户外 LED 屏等载体，让人们在耳濡目染中受到熏陶、得到启迪、升华心灵。

姜戈庄村依托美丽乡村建设，因地制宜打造占地 2 000 亩的玫瑰小镇，发展玫瑰种植、玫瑰产品生产开发、旅游观光，打造以玫瑰花为主题的爱情旅游胜地、婚纱摄影基地、影视基地。村庄借助临近玫瑰小镇的独特优势，大力发展玫瑰产业。一方面鼓励农户流转土地、加盟种植玫瑰，引导村民进园务工等，每年增加收入 600 余万元；另一方面通过打造优美的环境，吸引玫瑰小镇的游客到村庄休憩，发展特色餐饮、民宿体验等休闲旅游业态，与玫瑰小镇高端洗浴、餐饮、住宿实现错位发展，安置劳动力 200 多人，带动发展瓜果种植 300 亩，进一步促进了农民致富增收，村庄由过去的贫困村变成了远近闻名的富裕村。

（三）莱西市院上镇姜家许村

姜家许村，位于莱西市院上镇东偏北 5 千米处，全村共 1 200 多人，1 700 多亩土地。先后被评为"山东省文明村庄""青岛市卫生模范村庄""莱西市小康村""莱西市文明村"等，被选为青岛市首批建设"美丽乡村"示范点。2015 年，姜家许村荣获山东省"美丽乡村示范村"称号。

村庄以"更新观念调结构，发展致富建强村"为思路，积极调整产业结构，依托本村的自然优势和交通优势，因地制宜发展优质葡萄产业。以藤稔葡萄为主，现已发展葡萄大棚 200 多个、300 多亩，每个大棚年收入可达 7 万元，姜家许村成了远近知名的富裕村。依托优质葡萄产业，大力发展乡村旅游，规划以葡萄采摘、传统农家乐和休闲观光相结合、互补充的发展思路，着力将姜家许打造成集种植、旅游休闲为一体的绿色生态观光园。通过以企带村、以村促企，提高农业产业化、现代化程度，提高农业生产规模化水平，实现了企业、村集体、农户多方共赢。如清溪菩提树现代农业园流转农民土地800亩，开展农业规模化、组织化生产，农民每年每亩土地可收入租金1200元，村集体每年可收入15万元。

村里邀请专家进行规划设计，把美丽乡村建设规划与经济社会发展规划、农业和旅游业发展规划、文化特色产业相衔接，规划建设休闲采摘区、花海采风区、林果观光区、沽河游览区、传统民俗区、服务配套区六大功能板块，打造公园式的姜家许村。传承百年的蟾公老酒坊、采用传统制作工艺的豆腐坊、馒头坊都被深入挖掘，与乡村休闲体验相结合，让老工艺焕发了新光彩。游客可以亲身体验到老手艺，而用古法酿制的酒和用传统技艺制出的豆腐、馒头也能成为特色产品，销售给游客。目前，文化体验区内采用古法酿酒的老酒坊也已经建成，游客可以直接参观到"纯粮固态发酵、传统工艺窖藏"的古法酿酒制作工艺，这种民俗和旅游相结合的产业新模式为村庄发展注入了新鲜活力和充足后劲。先后开展了环境卫生整治、拆违建绿、农村改厕、污水管网连片整治等工程，同时修建完善村庄道路，打造金蟾湾主题公园、街头景观带，推进民宿体验工程等，高标准打造乡村旅游品牌。探索"自治＋法治＋德治"的乡村治理模式，建立健全民主管理、民主决策等制度，特别是在环境卫生整治上，建立卫生公约，实行网格化管理，划分责任片区，分区负责，做到村、巷道路有人管、有人扫，垃圾有人清运，巩固美丽乡村建设成果。

第五章
村级组织体系与乡村治理

村级组织体系是乡村治理的主体，乡村治理的责任者和实施者。乡村治理是指在一定的制度框架和政策体系下，建设充满活力、和谐有序的乡村社会的活动。乡村治理是国家治理、基层治理的重要组成部分。中国特色社会主义进入了新时代，建立健全党组织领导的自治、法治、德治相结合的乡村治理体系，推进乡村治理体系和治理能力现代化，这是中国特色乡村治理体制理论创新和实践创新的结果，标志着中国特色乡村治理体制的形成。

第一节　村级组织

村级组织体系包括基层党组织、村民自治组织、村务监督组织、集体经济组织和农民合作组织及其他经济社会组织。

一、村基层党组织

村党组织全面领导村民委员会及村务监督委员会、村集体经济组织、农民合作组织和其他经济社会组织。村党组织书记应当通过法定程序担任村民委员会主任和村级集体经济组织、合作经济组织负责人。村党组织的主要职责是：

（1）宣传和贯彻执行党的路线方针政策和党中央、上级党组织及本村党员大会（党员代表大会）的决议。

（2）讨论和决定本村经济建设、政治建设、文化建设、社会建设、生态文明建设和党的建设以及乡村振兴中的重要问题并及时向乡镇党委报告。需由村民委员会提请村民会议、村民代表会议决定的事情或者集体经济组织决定的重要事项，经村党组织研究讨论后，由村民会议、村民代表会议或者集体经济组织依照法律和有关规定作出决定。

（3）领导和推进村级民主选举、民主决策、民主管理、民主监督，推进农村基层协商，支持和保障村民依法开展自治活动。领导村民委员会以及村务监督委员会、村集体经济组织、群团组织和其他经济组织、社会组织，加强指导和规范，支持和保证这些组织依照国家法律法规以及各自章程履行职责。

（4）加强村党组织自身建设，严格组织生活，对党员进行教育、管理、监督和服务。负责对要求入党的积极分子进行教育和培养，做好发展党员工作。维护和执行党的纪律。加强对村、组干部和经济组织、社会组织负责人的教育、管理和监督，培养村级后备力量。做好本村招才引智等工作。

（5）组织群众、宣传群众、凝聚群众、服务群众，经常了解群众的批评和意见，维护群众正当权利，加强对群众的教育引导，做好群众思想政治工作。

（6）领导本村的社会治理，做好本村的社会主义精神文明建设、法治宣传教育、社会治安综合治理、生态环保、美丽村庄建设、民生保障、脱贫致富、民族宗教等工作。

村党组织应当履行《中国共产党农村基层组织工作条例》赋予的职责任务，加强对经济工作的领导，坚持以经济建设为中心，贯彻创新、协调、绿色、开放、共享的发展理念，加快推进农业农村现代化，持续增加农民收入，不断满足群众对美好生活的需要。加强精神文明建设，打造充满活力、和谐有序的善治乡村，形成共建共治共享的乡村治理格局。

村党组织应当发挥党员在乡村治理中的先锋模范作用。组织党员在议事决策中宣传党的主张，执行党组织决定。组织开展党员联系农户、党员户挂牌、承诺践诺、设岗定责、志愿服务等活动，推动党员在乡村治理中带头示范，带动群众全面参与。密切党员与群众的联系，了解群众思想状况，帮助解决实际困难，加强对贫困人口、低保对象、留守儿童和妇女、老年人、残疾人、特困人员等人群的关爱服务，引导农民群众自觉听党话、感党恩、跟党走。

二、村民委员会

村民委员会是村民自我管理、自我教育、自我服务的基层群众性自治组织，履行基层群众性自治组织功能，增强村民自我管理、自我教育、自我服务能力。村民委员会在村基层党组织领导下，承担以下职责：

（1）支持和组织村民依法发展各种形式的合作经济和其他经济，承担本村生产的服务和协调工作，促进农村生产建设和经济发展。

依照法律规定，管理本村属于村农民集体所有的土地和其他财产，引导村民合理利用自然资源，保护和改善生态环境。

尊重并支持集体经济组织依法独立进行经济活动的自主权，维护以家庭承包经营为基础、统分结合的双层经营体制，保障集体经济组织和村民、承包经营户、联户或者合伙的合法财产权和其他合法权益。

（2）宣传宪法、法律、法规和国家的政策，教育和推动村民履行法律规定的义务、爱护公共财产，维护村民的合法权益，发展文化教育，普及科技知识，促进男女平等，做好计划生育工作，促进村与村之间的团结、互助，开展多种形式的社会主义精神文明建设活动。

支持服务性、公益性、互助性社会组织依法开展活动，推动农村社区建设。多民族村民居住的村，村民委员会应当教育和引导各民族村民增进团结、互相尊重、互相帮助。

（3）村民委员会及其成员应当遵守宪法、法律、法规和国家的政策，遵守并组织实施村民自治章程、村规民约，执行村民会议、村民代表会议的决定、决议，办事公道，廉洁奉公，热心为村民服务，接受村民监督。

三、村务监督委员会

村务监督委员会或者其他形式的村务监督机构，负责村民民主理财，监督村务公开等制度的落实，发挥在村务决策和公开、财产管理、工程项目建设、惠农政策措施落实等事项上的监督作用。

（一）村务监督委员会的职责

对村务、财务管理等情况进行监督，受理和收集村民有关意见建议。村务监督委员会及其成员有以下权利：

（1）知情权。列席村民委员会、村民小组、村民代表会议和村"两委"联席会议等，了解掌握情况。

（2）质询权。对村民反映强烈的村务、财务问题进行质询，并请有关方面向村民作出说明。

（3）审核权。对民主理财和村务公开等制度落实情况进行审核。

（4）建议权。向村"两委"提出村务管理建议，必要时可向乡镇党委和政府提出建议。村务监督委员会及其成员要依纪依法、实事求是、客观公正地进行监督，不直接参与具体村务决策和管理，不干预村"两委"日常工作。

（5）主持民主评议权。村民会议或村民代表会议对村民委员会成员以及由村民或村集体承担误工补贴的聘用人员履行职责情况进行民主评议，由村务监督委员会主持。

（二）村务监督委员会监督内容

村务监督委员会要紧密结合村情实际，重点加强以下方面的监督：

（1）村务决策和公开情况。主要是村务决策是否按照规定程序进行，村务公开是否全面、真实、及时、规范。

（2）村级财产管理情况。主要是村民委员会、村民小组代行管理的村集体资金资产资源管理情况，村级其他财务管理情况。

（3）村工程项目建设情况。主要是基础设施和公共服务建设等工程项目立项、招投标、预决算、建设施工、质量验收情况。

（4）惠农政策措施落实情况。主要是支农和扶贫资金使用、各项农业补贴资金发放、农村社会救助资金申请和发放等情况。

（5）农村精神文明建设情况。主要是建设文明乡风、创建文明村镇、推动移风易俗，开展农村环境卫生整治，执行村民自治章程和村规民约等情况。

（6）其他应当监督的事项。

四、集体经济组织

集体经济组织要发挥在管理集体资产、合理开发集体资源、服务集体成员等方面的作用。

（一）农村集体资产

农村集体资产包括农民集体所有的土地、森林、山岭、草原、荒地、滩涂等资源性资产，用于经营的房屋、建筑物、机器设备、工具器具、农业基础设施、集体投资兴办的企业及其所持有的其他经济组织的资产份额、无形资产等经营性资产，用于公共服务的教育、科技、文化、卫生、体育等方面的非经营性资产。这三类资产是农村集体经济组织成员的主要财产，是农业农村发展的重要物质基础。

（二）开展集体资产清产核资

集体资产清产核资是顺利推进农村集体产权制度改革的基础和前提。要对集体所有的各类资产进行全面清产核资，摸清集体家底，健全管理制度，防止资产流失。在清产核资中，重点清查核实未承包到户的资源性资产和集体统一经营的经营性资产以及现金、债权债务等，查实存量、价值和使用情况，做到账证相符和账实相符。对清查出的没有登记入账或者核算不准确的，要经核对公示后登记入账或者调整账目；对长期借出或者未按规定手续租赁转让的，要清理收回或者补办手续；对侵占集体资金和资产的，要如数退赔，涉及违规违纪的移交纪检监察机关处理，构成犯罪的移交司法机关依法追究当事人的刑事责任。清产核资结果要向全体农村集体经济组织成员公示，并经成员大会或者代表大会确认。清产核资结束后，要建立健全集体资产登记、保管、使用、处置等制度，实行台账管理。各省级政府要对清产核资工作作出统一安排，从2017年开始，按照时间服从质量的要求逐步推进，力争用3年左右时间基本完成。

（三）明确集体资产所有权

在清产核资基础上，把农村集体资产的所有权确权到不同层级的农村集体经济组织成员集体，并依法由农村集体经济组织代表集体行使所有权。属于村农民集体所有的，由村集体经济组织代表集体行使所有权，未成立集体经济组织的由村民委员会代表集体行使所有权；分别属于村内两个以上农民集体所有的，由村内各该集体经济组织代表集体行使所有权，未成立集体经济组织的由村民小组代表集体行使所有权；属于乡镇农民集体所有的，由乡镇集体经济组织代表集体行使所有权。有集体统一经营资产的村（组），特别是城中村、城郊村、经济发达村等，应建立健全农村集体经济组织，并在村党组织的领导和村民委员会的支持下，按照法律法规行使集体资产所有权。集体资产所有权确权要严格按照产权归属进行，不能打乱原集体所有的界限。

（四）强化农村集体资产财务管理

加强农村集体资金资产资源监督管理，加强乡镇农村经营管理体系建设。修订完善农村集体经济组织财务会计制度，加快农村集体资产监督管理平台建设，推动农村集体资产财务管理制度化、规范化、信息化。稳定农村财会队伍，落实民主理财，规范财务公开，切实维护集体成员的监督管理权。加强农村集体经济组织审计监督，做好日常财务收支等定期审计，继续开展村干部任期和离任经济责任等专项审计，建立问题移交、定期通报和责任追究查处制度，防止侵占集体资产。对集体财务管理混乱的村，县级党委和政府要及时组织力量进行整顿，防止和纠正发生在群众身边的腐败行为。

第二节　加强和改进乡村治理

推进乡村治理体系和治理能力现代化，实现乡村有效治理是乡村振兴的重要内容。行政村是乡村治理的基本单元，要强化自我管理、自我服务、自我教育、自我监督，健全基层民主制度，完善村规民约，推进村民自治制度化、规范化、程序化。以自治增活力、以法治强保障、以德治扬正气，健全党组织领导的自治、法治、德治相结合的乡村治理体系，构建共建共治共享的社会治理格局，走中国特色社会主义乡村善治之路，建设充满活力、和谐有序的乡村社会，不断增强广大农民的获得感、幸福感、安全感。

一、完善村党组织领导乡村治理的体制机制

农村基层党组织是党在农村全部工作和战斗力的基础。要认真落实《中国共产党农村基层组织工作条例》，组织群众发展乡

村产业，增强集体经济实力，带领群众共同致富；动员群众参与乡村治理，增强主人翁意识，维护农村和谐稳定；教育引导群众革除陈规陋习，弘扬公序良俗，培育文明乡风；密切联系群众，提高服务群众能力，把群众紧密团结在党的周围，筑牢党在农村的执政基础。

建立以基层党组织为领导、村民自治组织和村务监督组织为基础、集体经济组织和农民合作组织为纽带、其他经济社会组织为补充的村级组织体系。村党组织全面领导村民委员会及村务监督委员会、村集体经济组织、农民合作组织和其他经济社会组织。村民委员会要履行基层群众性自治组织功能，增强村民自我管理、自我教育、自我服务能力。村务监督委员会要发挥在村务决策和公开、财产管理、工程项目建设、惠农政策措施落实等事项上的监督作用。集体经济组织要发挥在管理集体资产、合理开发集体资源、服务集体成员等方面的作用。农民合作组织和其他经济社会组织要依照国家法律和各自章程充分行使职权。

全面落实村党组织书记县级党委备案管理制度，建立村"两委"成员县级联审常态化机制。村党组织书记应当通过法定程序担任村民委员会主任和村级集体经济组织、合作经济组织负责人，村"两委"班子成员应当交叉任职。村务监督委员会主任一般由党员担任，可以由非村民委员会成员的村党组织班子成员兼任。村民委员会成员、村民代表中党员应当占一定比例。健全村级重要事项、重大问题由村党组织研究讨论机制，全面落实"四议两公开"。加强基本队伍、基本活动、基本阵地、基本制度、基本保障建设，实施村党组织带头人整体优化提升行动，持续整顿软弱涣散村党组织，整乡推进、整县提升，发展壮大村级集体经济。全面落实村"两委"换届候选人县级联审机制，坚决防止和查处以贿选等不正当手段影响、控制村"两委"换届选举的行为，严厉打击干扰破坏村"两委"换届选举的黑恶势力、宗族势力。坚决把受过刑事处罚、存在"村霸"和涉黑涉恶、涉邪教等问题的人清理出村干部队伍。坚持抓乡促村，落实县乡党委抓农村基层党组织建设和乡村治理的主体责任。落实乡镇党委直接责任，乡镇党委书记和党委领导班子成员等要包村联户，村"两委"成员要入户走访，及时发现并研究解决农村基层党组织建设、乡村治理和群众生产生活等问题。健全以财政投入为主的稳定的村级组织运转经费保障制度。

二、发挥党员在乡村治理中的先锋模范作用

组织党员在议事决策中宣传党的主张，执行党组织决定。组织开展党员联系农户、党员户挂牌、承诺践诺、设岗定责、志愿服务等活动，推动党员在乡村治理中带头示范，带动群众全面参与。密切党员与群众的联系，了解群众思想状况，帮助解决实际困难，加强对贫困人口、低保对象、留守儿童和妇女、老年人、残疾人、特困人员等人群的关爱服务，引导农民群众自觉听党话、感党恩、跟党走。

三、规范村级组织工作事务

清理整顿村级组织承担的行政事务多、各种检查评比事项多问题，切实减轻村级组织负担。各种政府机构原则上不在村级建立分支机构，不得以行政命令方式要求村级承担有关行政性事务。交由村级组织承接或协助政府完成的工作事项，要充分考虑村级组织承接能力，实行严格管理和总量控制。从源头上清理规范上级对村级组织的考核评比项目，鼓励各地实行目录清单、审核备案等管理方式。规范村级各种工作台账和各类盖章证明事项。推广村级基础台账电子化，建立统一的"智慧村庄"综合管理服务平台。

四、增强村民自治组织能力

健全党组织领导的村民自治机制，完善村民（代表）会议制度，推进民主选举、民主协商、民主决策、民主管理、民主监督实践。进一步加强自治组织规范化建设，拓展村民参与村级公共事务平台，发展壮大治保会等群防群治力量，充分发挥村民委员会、群防群治力量在公共事务和公益事业办理、民间纠纷调解、治安维护协助、社情民意通达等方面的作用。

五、丰富村民议事协商形式

健全村级议事协商制度，形成民事民议、民事民办、民事民管的多层次基层协商格局。创新协商议事形式和活动载体，依托村民会议、村民代表会议、村民议事会、村民理事会、村民监事会等，鼓励农村开展村民说事、民情恳谈、百姓议事、妇女议事等各类协商活动。

六、全面实施村级事务阳光工程

完善党务、村务、财务"三公开"制度，实现公开经常化、制度化和规范化。梳理村级事务公开清单，及时公开组织建设、公共服务、脱贫攻坚、工程项目等重大事项。健全村务档案管理制度。推广村级事务"阳光公开"监管平台，支持建立"村民微信群""乡村公众号"等，推进村级事务即时公开，加强群众对村级权力有效监督。规范村级会计委托代理制，加强农村集体经济组织审计监督，开展村干部任期和离任经济责任审计。

第三节　培育文明乡风

乡村振兴，乡风文明是保障。必须坚持物质文明和精神文明一起抓，提升农民精神风貌，培育文明乡风、良好家风、淳朴民风，不断提高乡村社会文明程度。

一、积极培育和践行社会主义核心价值观

坚持教育引导、实践养成、制度保障三管齐下，推动社会主义核心价值观落细落小落实，融入文明公约、村规民约、家规家训。通过新时代文明实践中心、农民夜校等渠道，组织农民群众学习习近平新时代中国特色社会主义思想，广泛开展中国特色社会主义和实现中华民族伟大复兴的中国梦宣传教育，用中国特色社会主义文化、社会主义思想道德牢牢占领农村思想文化阵地。完善乡村信用体系，增强农民群众诚信意识。推动农村学雷锋志愿服务制度化常态化。加强农村未成年人思想道德建设。

二、实施乡风文明培育行动

弘扬崇德向善、扶危济困、扶弱助残等传统美德，培育淳朴民风。开展好家风建设，传承传播优良家训。全面推行移风易俗，整治农村婚丧大操大办、高额彩礼、铺张浪费、厚葬薄养等不良习俗。破除丧葬陋习，树立殡葬新风，推广与保护耕地相适应、与现代文明相协调的殡葬习俗。加强村规民约建设，强化党组织领导和把关，实现村规民约行政村全覆盖。依靠群众因地制宜制定村规民约，提倡把喜事新办、丧事简办、弘扬孝道、尊老爱幼、扶残助残、和谐敦睦等内容纳入村规民约。以法律法规为依据，规范完善村规民约，确保制定过程、条文内容合法合规，防止一部分人侵害另一部分人的权益。建立健全村规民约监督和奖惩机制，注重运用舆论和道德力量促进村规民约有效实施，对违背村规民约的，在符合法律法规前提下运用自治组织的方式进行合情合理的规劝、约束。发挥红白理事会等组织作用。鼓励地方对农村党员干部等行使公权力的人员，建立婚丧事宜报备制

度，加强纪律约束。

三、发挥道德模范引领作用

深入实施公民道德建设工程，加强社会公德、职业道德、家庭美德和个人品德教育。大力开展文明村镇、农村文明家庭、星级文明户、五好家庭等创建活动，广泛开展农村道德模范、最美邻里、身边好人、新时代好少年、寻找最美家庭等选树活动，开展乡风评议，弘扬道德新风。

四、加强农村文化引领

加强基层文化产品供给、文化阵地建设、文化活动开展和文化人才培养。传承发展提升农村优秀传统文化，加强传统村落保护。结合传统节日、民间特色节庆、农民丰收节等，因地制宜广泛开展乡村文化体育活动。加快乡村文化资源数字化，让农民共享城乡优质文化资源。挖掘文化内涵，培育乡村特色文化产业，助推乡村旅游高质量发展。加强农村演出市场管理，营造健康向上的文化环境。

第四节　推进依法治理

健全党组织领导的自治、法治、德治相结合的乡村治理体系，以自治增活力、法治强保障、德治扬正气，促进法治与自治、德治相辅相成、相得益彰。着力推进乡村依法治理，教育引导农村干部群众办事依法、遇事找法、解决问题用法、化解矛盾靠法。

一、强化乡村司法保障

依法打击和处理破坏农村生态环境、侵占农村集体资产、侵犯农民土地承包经营权等违法犯罪行为，惩治破坏农村经济秩序犯罪，严厉打击农村黑恶势力及其"保护伞"、邪教组织，坚决把受过刑事处罚、存在村霸和涉黑涉恶涉邪教等问题的人清理出村干部队伍，打击收买外籍妇女为妻、非法收养儿童、"黄赌毒"违法犯罪活动。

二、加强平安乡村建设

推动扫黑除恶专项斗争向纵深推进，严厉打击非法侵占农村集体资产、扶贫惠农资金和侵犯农村妇女儿童人身权利等违法犯罪行为，推进反腐败斗争和基层"拍蝇"，建立防范和整治"村霸"长效机制。依法管理农村宗教事务，制止非法宗教活动，防范邪教向农村渗透，防止封建迷信蔓延。加强农村社会治安工作，推行网格化管理和服务。开展农村假冒伪劣食品治理行动。打击制售假劣农资违法违规行为。加强农村防灾减灾能力建设。全面排查整治农村各类安全隐患。

三、调处化解乡村矛盾纠纷

坚持和发展新时代"枫桥经验"，进一步加强人民调解工作，做到小事不出村、大事不出乡、矛盾不上交。畅通农民群众诉求表达渠道，及时妥善处理农民群众合理诉求。持续整治侵害农民利益行为，妥善化解土地承包、征地拆迁、农民工工资、环境污染等方面矛盾。推行领导干部特别是市县领导干部定期下基层接访制度，积极化解信访积案。组织开展"一村一法律顾问"等形式多样的法律服务。对直接关系农民切身利益、容易引发社会稳定风险的重大决策事项，要先进行风险评估。

四、加大基层小微权力腐败惩治力度

规范乡村小微权力运行，明确每项权力行使的法规依据、运行范围、执行主体、程序步骤。建立健全小微权力监督制度，形成群众监督、村务监督委员会监督、上级部门监督、会计核算监督和审计监督等全程实时、多方联网的监督体系。织密农村基层权力运行"廉政防护网"，大力开展农村基层微腐败整治，推进农村巡察工作，严肃查处侵害农民利益的腐败行为。

五、加强农村法律服务供给

健全乡村基本公共法律服务体系。深入推进公共法律服务实体、热线、网络平台建设，鼓励乡镇党委和政府根据需要设立法律顾问和公职律师，鼓励有条件的地方在村民委员会建立公共法律服务工作室，进一步加强村法律顾问工作，完善政府购买服务机制，充分发挥律师、基层法律服务工作者等在提供公共法律服务、促进乡村依法治理中的作用。

第五节　农村基础设施建设和公共服务

农村基础设施不足、公共服务落后是农民群众反映最强烈的民生问题，也是城乡发展不平衡、农村发展不充分最直观的体现。全面建成小康社会，必须加快补上农村基础设施和公共服务短板让亿万农民有更多获得感。

一、加大农村公共基础设施建设力度

推动"四好农村路"示范创建提质扩面，启动省域、市域范围内示范创建。在完成具备条件的建制村通硬化路和通客车任务基础上，有序推进较大人口规模自然村（组）等通硬化路建设。支持村内道路建设和改造。加大成品油税费改革转移支付对农村公路养护的支持力度。加快农村公路条例立法进程。加强农村道路交通安全管理。完成"三区三州"和抵边村寨电网升级改造攻坚计划。基本实现行政村光纤网络和第四代移动通信网络普遍覆盖。落实农村公共基础设施管护责任，应由政府承担的管护费用纳入政府预算。做好村庄规划工作。

二、提高农村供水保障水平

全面完成农村饮水安全巩固提升工程任务。统筹布局农村饮水基础设施建设，在人口相对集中的地区推进规模化供水工程建设。有条件的地区将城市管网向农村延伸，推进城乡供水一体化。中央财政加大支持力度，补助中西部地区、原中央苏区农村饮水安全工程维修养护。加强农村饮用水水源保护，做好水质监测。

三、扎实搞好农村人居环境整治

分类推进农村厕所革命，东部地区、中西部城市近郊区等有基础有条件的地区要基本完成农村户用厕所无害化改造，其他地区实事求是确定目标任务。各地要选择适宜的技术和改厕模式，先搞试点，证明切实可行后再推开。全面推进农村生活垃圾治理，开展就地分类、源头减量试点。梯次推进农村生活污水治理，优先解决乡镇所在地和中心村生活污水问题。开展农村黑臭水体整治。支持农民群众开展村庄清洁和绿化行动，推进"美丽家园"建设。鼓励有条件的地方对农村人居环境公共设施维修养护进行补助。

四、提高农村教育质量

加强乡镇寄宿制学校建设，统筹乡村小规模学校布局，改善办学条件，提高教学质量。加强乡村教师队伍建设，全面推行义务教育阶段教师"县管校聘"，有计划安排县城学校教师到乡村支教。落实中小学教师平均工资收入水平不低于或高于当地公务员平均工资收入水平政策，教师职称评聘向乡村学校教师倾斜，符合条件的乡村学校教师纳入当地政府住房保障体系。持续推进农村义务教育控辍保学专项行动，巩固义务教育普及成果。增加学位供给，有效解决农民工随迁子女上学问题。重视农村学前教育，多渠道增加普惠性学前教育资源供给。加强农村特殊教育。大力提升中西部地区乡村教师国家通用语言文字能力，加强贫困地区学前儿童普通话教育。扩大职业教育学校在农村招生规模，提高职业教育质量。

五、加强农村基层医疗卫生服务

办好县级医院，推进标准化乡镇卫生院建设，改造提升村卫生室，消除医疗服务空白点。稳步推进紧密型县城医疗卫生共同体建设。加强乡村医生队伍建设，适当简化本科及以上学历医学毕业生或经住院医师规范化培训合格的全科医生招聘程序。对应聘到中西部地区和艰苦边远地区乡村工作的应届高校医学毕业生，给予大学期间学费补偿、国家助学贷款代偿。允许各地盘活用好基层卫生机构现有编制资源，乡镇卫生院可优先聘用符合条件的村医。加强基层疾病预防控制队伍建设，做好重大疾病和传染病防控。将农村适龄妇女宫颈癌和乳腺癌检查纳入基本公共卫生服务范围。

六、加强农村社会保障

适当提高城乡居民基本医疗保险财政补助和个人缴费标准。提高城乡居民基本医保、大病保险、医疗救助经办服务水平，地级市域范围内实现"一站式服务、一窗口办理、一单制结算"。加强农村低保对象动态精准管理，合理提高低保等社会救助水平。完善农村留守儿童和妇女、老年人关爱服务体系，发展农村互助式养老，多形式建设日间照料中心，改善失能老年人和重度残疾人护理服务。

七、改善乡村公共文化服务

推动基本公共文化服务向乡村延伸，扩大乡村文化惠民工程覆盖面，鼓励城市文艺团体和文艺工作者定期送文化下乡。实施乡村文化人才培养工程，支持乡土文艺团组发展，扶持农村非遗传承人、民间艺人收徒传艺，发展优秀戏曲曲艺、少数民族文化、民间文化。保护好历史文化名镇（村）、传统村落、民族村寨、传统建筑、农业文化遗产、古树名木等。

八、治理农村生态环境突出问题

大力推进畜禽粪污资源化利用，基本完成大规模养殖场粪污治理设施建设。深入开展农药化肥减量行动，加强农膜污染治理，推进秸秆综合利用。在长江流域重点水域实行常年禁捕，做好渔民退捕工作。推广黑土地保护有效治理模式，推进侵蚀沟治理，启动实施东北黑土地保护性耕作行动计划。稳步推进农用地土壤污染管控和修复利用。继续实施华北地区地下水超采综合治理。启动农村水系综合整治试点。

第六章
乡村振兴惠农政策

乡村振兴战略按照产业兴旺、生态宜居、乡风文明、治理有效、生活富裕的总要求，建立健全城乡融合发展体制机制和政策体系，出台一系列配套惠农政策，把农业农村作为财政支出的优先保障领域，公共财政更大力度向"三农"倾斜，构建完善财政支持实施乡村振兴战略政策体系。

第一节　普惠补贴类

一、农业支持保护补贴政策

（一）政策内容

财政部、农业农村部针对农业"三项补贴"（即农作物良种补贴、种粮农民直接补贴和农资综合补贴）实施过程中存在的问题，研究出台了调整完善农业补贴政策的指导意见。山东省依据指导意见，调整完善农业"三项补贴"政策，主要内容为将农业"三项补贴"合并为农业"支持保护补贴"，政策目标调整为支持耕地地力保护和粮食适度规模经营。

（二）操作流程

青岛市耕地地力保护补贴依据各区市核定的小麦种植面积进行补贴，补贴标准为 126 元/亩（山东省补贴标准为每亩不低于125 元）。

操作流程：村民向村委会自行报告小麦种植面积→村委会核实→核实后进行公示，无异议后上报给镇（街）→镇（街）汇总公示无异议后上报区（市）→市农业农村局、市财政局汇总并联合上报省农业农村厅、省财政厅备案→市财政拨付资金，通过齐鲁惠农"一本通"直接发放到户。

在粮食适度规模经营方面，青岛市采取物化补助、购买社会化服务等方式，支持以种粮大户（含种粮家庭农场）为主体的粮食适度规模经营主体，具体补贴标准由区市确定。

操作流程：种粮大户向土地所在村委会自行申报→所在村进行初核→乡镇政府审核，并实地核查种植的粮食作物、面积等→县级农业农村部门对种粮大户申报资料、申报流程进行复核→县级财政部门拨付资金。

二、小麦穗期病虫害"一喷三防"补助政策

（一）政策内容

为提高小麦产量，力夺夏粮丰收，促进全年粮食稳产增产，实行穗期病虫害"一喷三防"，根据青岛地区小麦生产布局确定补助范围与实施面积，补助对象为项目区内实施小麦"一喷三防"的生产经营主体，补助标准根据年度财政经费预算安排确定。

（二）操作流程

补助方式可采取实物补贴的形式，由中标单位进行实物配送；有条件的区市也可全部或部分通过政府采购方式采购喷防专业化服务组织，集中开展专业化统防统治。具体实施方式由项目区市结合当地实际研究确定。

操作流程以即墨区蓝村镇为例：各村依据小麦种植面积确定补助面积并上报区农业农村局→根据小麦生产特点及近年用药情况确定补助用品种类数量→区政府进行补助用品采购→适时适期

组织统一喷防→督查验收村统防统治效果及补贴落实情况。

三、动物防疫补助政策

（一）政策内容

1. 强制免疫补助 根据国家和省重大动物疫病强制免疫政策规定，青岛市对家禽高致病性禽流感、牲畜口蹄疫两种动物疫病实行畜禽养殖场免疫后直接补贴。补贴的强制免疫疫苗品种包括重组禽流感（H5＋H7）亚型灭活疫苗、猪牛羊O型口蹄疫疫苗、种牛奶牛A＋O型口蹄疫疫苗。

2. 强制扑杀补助 根据农业农村部、财政部和省市相关政策要求，对染疫扑杀的生猪、羊、肉牛、奶牛、马、禽等给予补助。例如规定，因染疫扑杀的猪每头补助800元（非洲猪瘟扑杀1 200元/头）、羊补助500元/只、肉牛补助3 000元/头、马补助12 000元/匹、禽补助15元/羽。

3. 养殖环节无害化处理补助 根据相关政策规定，对体长低于30厘米以及死胎、流产的仔猪，不得予以补助；对体长超过30厘米的病死猪以及牛羊禽兔等畜禽和毛皮动物胴体，各区市可以综合考虑本地区所需处理病死畜禽的品种、大小、重量以及收集、转运、处理等环节的具体成本，科学确定各种畜禽和毛皮动物胴体收集、转运、处理等环节的具体补助标准，可参照市级相关政策。

4. 基层动物防疫安全协管员工作补助 根据市级有关文件规定，对基层动物防疫安全协管员给予补助。劳务派遣费用由各区市财政负担。

（二）操作流程

强制免疫补助政策：对符合补助条件的养殖场户实行"先打后补"，逐步实现养殖场户自主采购、财政直补。养殖场户根据疫苗使用和效果监测情况，自行选择国家批准使用的相关动物疫病疫苗。自主采购养殖者应当做到采购有记录、免疫可核查、效果可评价，具体条件及管理办法由各省（区、市）结合本地实际制定。对目前暂不符合条件的养殖场户，继续实施市级疫苗集中招标采购以实物的形式调拨发放到养殖场（户）。

四、屠宰环节无害化处理补贴政策

（一）政策内容

根据国家、省市相关政策规定，对生猪（牛、羊）屠宰企业病害猪（牛、羊）及产品进行无害化处理补贴。青岛市补贴标准为：病害猪损失补贴每头 800 元，病害牛损失补贴每头 4 000 元，病害羊损失补贴每头 267 元，无害化处理费用补贴每头 80 元；经检疫检验确认为不可食用的猪、牛、羊产品，按每 90 千克 800 元补贴，无害化处理费用为每 90 千克补贴 80 元。

（二）操作流程

1. 无害化处理程序 对经检疫或肉品品质检验检出病害活猪（牛、羊）、死因不明的生猪（牛、羊）、经检疫或肉品品质检验确认为不可食用的生猪（牛、羊）产品，进行无害化处理。

2. 补贴程序 屠宰企业根据相关规定填报表格资料，向区市畜牧兽医主管部门、财政局提出补贴申请。区市畜牧兽医主管部门会同财政部门进行现场核查验收，符合要求的在相关网站公示，确认无异议后会同区市财政局联合向市农业农村局、财政局提出补贴申请。市农业农村局会同市财政局对有关区市进行现场抽查复核，并在相关网站进行公示。公示无异议的，按相关程序规定拨付屠宰企业。

五、奶牛性控冻精补贴政策

（一）补贴范围

根据青岛市有关文件要求，优先选择存栏奶牛 30 头以上，自愿使用性控冻精进行奶牛改良的奶牛场实施补贴。全市经济薄弱村、贫困村养殖户，自愿实施奶牛性控冻精补贴项目的，不受养殖头数的限制，按照现行奶牛性控冻精补贴项目标准给予财政补贴。

（二）补贴标准

按照每头奶牛使用两支性控冻精、每支冻精按 150 元的标准给予补贴。市财政配套安排补贴资金 155 万元，其中性控冻精补贴 150 万元、冻精运转补贴 5 万元（每支冻精运转费补贴 5 元），用于全市政府采购性控冻精的保管、运输和使用登记等工作。性控冻精差价部分由种公牛站或奶牛场自愿承担。

六、农机购置补贴政策

（一）政策内容

农机购置补贴政策在全市所有农业区、市范围内实施，补贴对象为直接从事农业生产的个人和农业生产经营组织。

（二）操作流程

1. 自主购机　符合补贴条件有购机意向的个人持本人身份证、农业生产经营组织持组织机构代码证，自主选择经销商购机，并向经销商索要购机发票和售后服务凭证。

2. 办理申请　购机者购机后须携带身份证、户口本、购机发票、齐鲁惠农"一本通"等相关材料原件和所购机具，到户口所在区、市农机部门填写《农机购置补贴申请表》（此表可在经销商处或到当地农机部门领取），办理补贴申请手续，农机部门按照要求对申请者的资质进行审核，对所购机具进行现场核实，农机报废更新补贴手续同步办理。在补贴资金能满足农民补贴需要的情况下，按照申请先后顺序，即"先到先补"的原则当场确定补贴资格，直至补贴资金用完为止。

3. 资金兑付　经资格确定、机具核实、公示无异议后，区、市农机部门在每月底前将补贴对象资金结算统计表和补贴资金发放清册报送当地财政部门，区、市财政部门经审核无误后，将补贴资金拨付至购机者的齐鲁惠农"一本通"，补贴给农业生产经营组织的资金，拨付至经营组织账户。

七、农机安全监理免费政策

1. 全国统一实施　免收拖拉机和联合收割机号牌（含号牌架、固封装置）费、行驶证费、登记证费、驾驶证费和安全技术检验费。

2. 青岛市统一实施　免收农机驾驶人考试费，免收农机职业技能培训鉴定费。

第二节　支农项目类

一、休闲农业和乡村旅游发展支持政策

（一）政策内容

推荐评选国家级、省级休闲农业和乡村旅游示范单位。2010年起，国家农业农村部、国家文化和旅游部联合开展《全国休闲农业和乡村旅游示范县创建活动》和《中国最美休闲乡村推介活动》。2016年起，山东省农业农村厅、山东省文化旅游局开展《山东省休闲农业和乡村旅游示范县示范创建活动》和《山东省美丽休闲乡村推介活动》。青岛市每年推荐一批休闲农业和乡村旅游示范单位争创国家级、省级休闲农业和乡村旅游示范单位。

中国美丽休闲乡村和山东省美丽休闲乡村创建活动以村为主体单位。参加创建的村应以农业为基础、农民为主体、乡村为单元，依托悠久的村落建筑、独特的民居风貌、厚重的农耕文明、浓郁的乡村文化、多彩的民俗风情、良好的生态资源，因地制宜发展休闲农业和乡村旅游，功能特色突出，文化内涵丰富，品牌

知名度高，农民利益分享机制完善，具有很强的示范辐射和推广作用。示范带动作用强，经营管理规范，服务功能完善，基础设施健全，从业人员素质较高，发展成长性好。年营业收入达到1 000万元以上，年接待游客10万人次以上，当地农村劳动力占职工总数的60%以上。

（二）操作流程

根据国家、省通知要求，组织申报。由符合条件的乡村提出申报，区县、市、省逐级审核推荐，报农业农村部或省农业农村厅评审认定，评选结果网上公示无异议后予以公布。

二、现代农业产业园和农业产业强镇建设支持政策

（一）政策内容

1. 现代农业产业园建设　根据国家、省有关要求，结合青岛市实际，开展国家级、省级、市级现代农业产业园建设工作，通过建设以规模化种养基地为基础，依托农业产业化龙头企业带动、聚集现代生产要素、"生产＋加工＋科技"的现代农业产业园，支持改善产业园基础设施、提高公共服务能力、推进主导产业全产业链开发。2020年，继续加强产业园建设指导，健全管理制度，强化宣传研究，推动各级梯次建设现代农业产业园，形成以产业园为主要抓手推进乡村产业振兴的工作局面。

2. 农业产业强镇建设　选取主导产业优势明显的乡镇，通过做大做强特色主导产业、培育产业融合主体、发展新产业新业态新模式、规范完善利益联结机制，建设一批多主体参与、多业态打造、多要素集聚、多利益联结、多模式创新的国家级和市级农业产业强镇。支持发展农产品初加工、精深加工、综合利用，培育新业态新模式。扶持一批管理运营规范、联农带农能力强的农业专业合作社、家庭农场、农产品加工企业等。探索适合当地的乡村产业发展模式，带动农民就业增收。

（二）操作流程

根据国家、省、市通知要求，经区市申报，通过市级、省级专家评审，报农业农村部评定。按照各级评定结果，获得相应级别农业产业园建设资格。

三、农业产业化龙头企业支持政策

（一）政策内容

根据有关文件要求，推荐国家级、省级农业产业化重点龙头企业，完善市级农业产业化重点龙头企业认定标准，认定市级农业产业化重点龙头企业，并对农业产业化重点龙头企业实行有进有出动态监测管理。

（二）操作流程

经单位自愿申报，区市审核推荐，市级专家评审，网上公示等程序，分别报农业农村部、省农业农村厅、市农业产业化联席会议成员单位认定后，予以公布。

四、支持农业"新六产"发展和农业产业化联合体发展政策

（一）政策内容

推动农村产业融合发展，根据相关文件精神，培育创建农业"新六产"示范县、示范主体，包括农业产业化龙头企业、农民专业合作社、家庭农场。省、市出台相关政策支持培育农业产业化联合体，加强扶持和服务，依托龙头企业，带动农民合作社和家庭农场，开展全产业链建设，推进主体联合融合发展，完善利益联结机制，发挥带农作用。

（二）操作流程

经单位自愿申报，区市审核推荐，市级专家评审，网上公示等程序，市级公布名单，省级主体需报省农业农村厅认定后，予以公布。

五、农产品品牌建设政策

（一）政策内容

根据青岛市政府关于加快发展品牌农业规划要求，到2020年，打造10个在全国具有较强市场竞争力的知名农产品品牌，创建100个农产品区域公用品牌、100个优质农产品品牌、100个农产品电商品牌，认证1 000个"三品一标"产品，农产品品牌价值达到100亿元。各级要加大财政投入力度，对获得绿色食品、有机食品和农产品地理标志产品登记的给予倾斜；支持农产品品牌规划、培育、营销、宣传和标准化生产基地建设，充分发挥财政资金的撬动作用，调动金融资金、社会资金参与农产品品牌建设。

（二）操作流程

经品牌主体自愿申报，区（市）农业农村（海洋、园林和林业）行政主管部门审核推荐，青岛市农业农村（海洋、园林和林业）行政主管部门复查，报青岛市品牌管理领导小组办公室，并由小组办公室组织专家评审，上报市品牌管理领导小组审核认定，予以公布。

六、果菜茶有机肥替代化肥支持政策

（一）政策内容

为落实2018年中央1号文件精神，推进有机肥替代化肥，促进农业绿色发展，遴选果菜茶生产和畜牧养殖大县大市，开展有机肥替代化肥试点。

（二）操作流程

项目申报及实施主体为县级人民政府。项目资金补贴对象主要是新型农业经营主体，用于引导农民就地就近积造施用有机肥。可适当补贴配套设施建设、收集清运设备购置、菌种草种和商品有机肥等物资采购；安排少量资金用于农业部门开展宣传培训、技术指导、施肥调查、耕地质量监测、试验示范和检测评估等工作。

七、耕地保护与质量提升补助政策

(一)政策内容

以保障国家粮食安全、农产品质量安全和农业生态安全为目标,以粮食生产功能区、重要农产品生产保护区和特色农产品优势区为重点,集成推广土壤改良培肥和化肥减量增效技术,提升耕地质量。选择即墨区、平度市开展化肥减量增效示范,示范面积各 2 万亩,采用政府购买服务、物化补助等形式,集成推广配方施肥、机械施肥、水肥一体化等高效施肥技术,引导和鼓励农民应用缓释肥料、水溶肥料、生物肥料等高效、新型肥料,增施有机肥。

(二)操作流程

根据农业农村部和财政部下达的专项资金预算和任务清单,制定本市实施方案和资金分配方案。西海岸新区、即墨区和胶州市、平度市、莱西市负责项目具体实施。

八、畜禽养殖废弃物资源化利用补助政策

(一)政策内容

为加快推进青岛市畜禽养殖废弃物资源化利用工作,根据相关文件要求,对 2018—2019 年畜禽规模养殖场废弃物处理设施配建项目、粪污综合利用先进模式创新示范项目、农牧结合种养循环项目、区域性畜禽粪污集中处理中心项目进行补助。

(二)操作流程

1. 申报条件 参与项目实施的养殖场规模标准要求:生猪年出栏量 500 头以上,奶牛存栏量 100 头以上,肉鸡/肉鸭年出栏量 50 000 只以上,蛋鸡/蛋鸭存栏量 10 000 只以上,肉牛年出栏量 100 头以上,羊年出栏量 500 只以上,兔存栏量 3 000 只以上,其他畜禽由各设区市根据本地实际确定。实施畜禽养殖废弃

物处理设施配建项目规模养殖场，其生产经营活动应遵守相关法律法规，位于非禁养区内；实施其他项目的养殖场在符合上述条件的基础上，应取得养殖场备案登记手续、动物防疫条件合格证、环境影响评价审批或备案。在畜牧业安全监管信息平台规范完整填报畜禽养殖档案，在农业农村部直联直报信息平台完整填报相关信息。两年内无重大动物疫病发生，且无非法添加物使用不良记录。通过各省级农业农村行政部门认定，且在有效期内。种畜禽养殖场须具备《种畜禽生产经营许可证》。

2. 补助标准

（1）畜禽规模养殖场废弃物处理设施配建项目。对 2017 年末全市登记在册的规模养殖场未配建相应设施的，经配建后达到"三防"等要求并通过区市验收的，按照确定的建设内容的投资额（不含已纳入农机购置补贴目录设备和已享受其他财政补助设备）的 50% 的比例给予补贴，每处补贴不超过 10 万元。

（2）粪污综合利用先进模式创新示范项目。对完成项目建设内容、运行正常并通过验收的，按照确定的建设内容的投资额（不含已纳入农机购置补贴目录设备和已享受其他财政补助设备）的 40% 的比例给予补贴，单个项目补贴不超过 80 万元。

（3）农牧结合种养循环项目。对采取种养结合模式实现畜禽粪便全量收集水肥一体化还田利用、运行正常并通过验收的，按照确定的建设内容的投资额（不含已纳入农机购置补贴目录设备和已享受其他财政补助设备）的 40% 的比例给予补贴，单个项目补贴不超过 80 万元。对自有或流转（租赁）土地 500 亩以上实施"粮改饲"发展草食畜牧业试点项目的养殖场，经验收合格后给予一次性补助，要求拥有相对集中连片的土地使用权证明文件或土地租赁合同或种植收购协议且青贮窖的容积应与实际青贮数量匹配，种植全株青贮玉米 1000 亩以上，春播、夏播平均亩产分别达到 5 吨和 3.5 吨（鲜重）以上并全部完成收贮的，市财政每亩补助 200 元；种植苜蓿等优质牧草 500 亩以上，平均亩产苜蓿 3.2 吨（鲜重，四茬）以上并全部完成收贮的，市财政每亩补助 600 元，对一个实施主体补助不超过 60 万元。对新采用生物发酵床模式的养殖场，分别按每平方米垫料成本的 40%，且不超过 150 元的标准给予一次性补贴，单场补贴不超过 50 万元。

（4）新建区域性畜禽粪污集中处理中心项目。对年处理畜禽粪便达到 1 万立方米以上的新建畜禽粪污集中处理中心，并运行正常通过验收的，按照确定的建设内容的投资额（不含已纳入农机购置补贴目录设备和已享受其他财政补助设备）的 40% 的比例给予补贴，单个项目补贴不超过 200 万元。

上述财政补助项目，所补助单个主体只能享受一次，不得交叉实施项目。财政部门根据畜牧部门验收情况，按照先建后补的方式给予补助，2015 年以来实施市畜牧局、市财政局青牧字〔2015〕85 号、青牧字〔2016〕35 号、青牧字〔2017〕70 号文件中畜禽粪便治理类项目及已列入国家畜禽粪污资源化利用整县推进项目的企业及养殖场，不再予以补助。

九、蜂业质量提升行动支持政策

（一）政策内容

依据青岛市农业农村局《关于印发青岛市蜂业质量提升行动项目实施方案的通知》（青农字〔2019〕27 号），2019 年，将对引进良种蜂王、蜜蜂养殖标准化示范场及休闲观光蜂业园区（农庄）建设、蜜蜂授粉场户、养蜂专用材料购置和信息化建设进行补贴。

1. 良种扩繁补贴 用于引进蜜蜂良种蜂王。补贴品种为中蜂和西蜂，崂山区和城阳区重点补贴中蜂。补贴蜂王必须是从取得省级颁发生产经营许可证的一级以上种蜂场购进的蜂王。种蜂供应单位应取得省级颁发的《种畜禽生产经营许可证》。

2. 蜜蜂养殖标准化示范场补贴　用于提升蜜蜂养殖标准化水平。存续经营两年以上，中蜂蜂群规模 100 群以上或西蜂蜂群规模 150 群以上。

3. 休闲观光蜂业园区（农庄）补贴　用于促进蜂业多元融合发展。对以蜂文化宣传、休闲观光、蜜蜂知识科普、养蜂生产及产品展示等为内容的休闲观光蜂业园区（农庄），给予一次性财政补助。

4. 蜜蜂授粉场户补贴　可用于提高蜜蜂授粉效率和普及率。通过签订合作协议，对为青岛区域设施作物授粉 100 个大棚以上或大田作物授粉 500 亩以上，且自愿纳入全市蜜蜂养殖监管系统的蜜蜂授粉场户，给予一次性财政补贴。

5. 专用材料补贴　可用于购置标准蜂箱（配备电子标识）、巢框、巢础等。对自愿纳入全市蜜蜂养殖监管系统的养蜂场（户）进行补贴。

上述补贴范围，除良种蜂王补贴外，同一法人主体，不重复补贴。

6. 信息化建设补贴　可用于提升蜂业信息化水平。享受财政补贴的保种场、标准化示范场，蜂箱必须统一采用无线射频识别（RFID）方式标识；自愿进行蜂箱标识的养蜂场（户）做好标识相关工作；保种场、部分标准化示范场安装视频监控系统。应用统一 RFID 标识的养蜂场（户）受全市蜜蜂养殖监管系统监管。

（二）操作流程

按照各区市通知要求，符合条件的蜜蜂养殖场户提出申报，区市农业农村局给予评审筛选，确定拟补贴名单公示无异议后，报市农业农村局备案，项目验收结果公示后无异议，拨付资金。

十、农机报废更新补贴试点政策

（一）政策内容

依据农业部、财政部和商务部《2012 年农机报废更新补贴试点工作实施指导意见》在西海岸新区、即墨区、胶州市、平度市、莱西市、城阳区范围内，实施农机报废更新补贴。

（二）申报流程

1. 申报对象 在试点区、市内依法报废旧机并换购新机的农民或直接从事农机作业的农业生产经营服务组织，可申请享受农机报废更新补贴。

2. 补贴标准 适用于已在农业机械安全监理机构登记，达到报废标准或虽未到达报废年限但无法修理使用的拖拉机、联合收割机。其中小型拖拉机报废年限为10年、大中型拖拉机报废年限为15年、履带拖拉机报废年限为12年、自走式联合收割机报废年限为12年、悬挂式联合收割机报废年限为10年。

农机报废更新补贴额按报废拖拉机、联合收割机的机型和类别确定，具体补贴标准如表6-1与表6-2：

表6-1 拖拉机报废补贴标准

机型	类别	报废年限/年	补贴额/元
手扶拖拉机	皮带传动	10	500
	直联传动	10	800
轮式拖拉机	20马力*以下	10	1 000
	20（含）～50马力（含）	15	2 500
	50～80马力（含）	15	5 000
	80～100马力（含）	15	8 000
	100马力以上	15	11 000
履带拖拉机		12	10 000

---

* 马力为非法定单位，1马力≈735瓦。——编者注

表6-2　联合收割机报废补贴标准

机型	类别	报废年限/年	补贴额/元
自走式全喂入稻麦联合收割机	喂入量0.5~1千克/秒（含）	12	3 000
	喂入量1~3千克/秒（含）	12	5 000
	喂入量3~4千克/秒（含）	12	7 000
	喂入量4千克/秒以上	12	10 000
自走式半喂入稻麦联合收割机	3行，35马力（含）以上	12	6 000
	4行（含）以上，35马力（含）以上	12	16 000
悬挂式玉米联合收割机	1~2行	10	3 000
	3~4行	10	5 000
自走式玉米联合收割机	2行	12	6 000
	3行	12	12 000
	4行及以上	12	18 000

十一、农机深松整地作业补助政策

（一）政策内容

依据《全国农机深松整地作业实施规划（2016—2020年）》的要求，在西海岸新区、即墨区、胶州市、平度市、莱西市适宜地区开展农机深松整地。2018年青岛市级农机深松整地作业补助标准为31元/亩（其中人工检测或第三方核查1元/亩）。

（二）操作流程

1. 申报条件　经区、市农机主管部门确定，开展农机深松作业的农机合作社、农机大户、家庭农场、种粮大户等农业生产经营组织都可以申报补助资金。

2. 申报流程　各区、市农机主管部门为项目主体实施单位，负责本辖区的深松整地相关工作，制定具体的实施方案。以公开、公正、公平的方式，确定实施深松作业的农机服务组织，签订合同，开展作业服务。负责组织检查验收并公示结果，拨付作业补助资金。要坚持阳光操作，全面公开补助程序、补助标准和补助方式，严格项目实施全过程监管。提倡引入第三方检验深松作业质量机制，大力推行"互联网＋深松"监管，对作业机具符合要求、作业质量合格的作业面积汇总，形成深松整地作业大数据。

十二、扶持家庭农场发展政策

青岛市委市政府要求工商、税务、金融等部门和机构要依照国家有关规定简化手续、减免税费，落实家庭农场免收登记注册费、验照年检费和工本费的规定。对拖拉机和捕捞、养殖渔船免征车船税，直接用于农、林、牧、渔业的生产用地免缴城镇土地使用税。对符合条件的家庭农场，免征教育费附加、地方教育费附加、水利建设基金、文化事业建设费和残疾人就业保障金等相关税费。加大财政扶持力度，农业综合开发、土地整理、新增千亿斤粮食产能规划田间工程、农田水利设施建设等项目安排，要优先向家庭农场等新型农业经营主体倾斜，主要用于基本农田灌溉排水、土壤改良、道路整治、机耕道和电力配套等工程建设。金融机构要加大对家庭农场的信贷支持，把示范性家庭农场作为信贷支农重点，有效满足家庭农场的合理信贷需求。积极拓宽抵押贷款担保物范围，允许利用厂房、渔船、存货、生产大棚、大型农机具、农田水利设施产权和生产订单、农业保单、应收账款等进行抵押贷款，优先向资信情况良好的家庭农场发放信用贷款。支持龙头企业为其带动的家庭农场提供贷款担保。保险机构要针对家庭农场特点积极开发适合其实际需求的农业保险产品，不断扩大险种覆盖面，降低家庭农场的生产经营风险。对家庭农场所需的农产品加工场地等建设用地，在符合土地利用规划、城市建设规划和农业相关规划的前提下，由当地政府予以优先安排，按规定办理用地有关手续。电力、水利部门要优先保障家庭农场生产用电用水，家庭农场种植、养殖、农产品初加工、初级市场农产品大批包装的用电用水，按照农业生产用电用水价格执行。

十三、扶持农民合作社发展政策

加大财政支持力度，综合采用贷款贴息、信贷担保、以奖代补、定向委托、政府购买服务等方式，支持符合条件的农民合作社等新型农业经营主体兴建生产服务设施、建设原料生产基地、扩大生产规模、推进技术改造升级、建立科技研发机构等。对国家支持发展农业和农村经济的建设项目，可以委托和安排有条件的农民合作社实施。农机具购置补贴等政策要向适度规模经营的农民合作社等新型农业经营主体倾斜。落实税费优惠政策，建立农民专业合作社登记"绿色通道"，农民专业合作社登记监管过程中不收费、不年检、不罚款。税务、银行、质监等部门要采取费用减免等措施，为农民专业合作社办理税务登记、银行开户、机构代码证等提供优质高效服务。农民专业合作社从事符合规定的农、林、牧、渔业项目所得，依法减征、免征企业所得税。农民专业合作社从事农业机耕、排灌、病虫害防治、植物保护、动物疫病防治、农牧保险以及相关技术培训业务取得的收入依法免征营业税。农民专业合作社销售本社成员生产的农产品，视同农业生产者销售自产农产品免征增值税。合作社向本社成员销售农膜、种子、种苗、化肥、农药、农机免征增值税。农民专业合作社与本社成员签订的农业产品和农业生产资料购销合同，免征印花税。改善基础设施条件，对于财政投资建设的各类小型农业设施，优先安排农民合作组织等作为建设管护主体。鼓励农民合作社合建或与农村集体经济组织共建仓储烘干、晾晒场、保鲜库、农机库棚等农业设施。农民合作社所用生产设施、附属设施和配套设施用地，符合国家有关规定的，按农用地管理。对农民合作社从事农业种植、养殖及农产品初加工用电，按农业生产用电价格执行。优化金融信贷服务，各农村金融机构要把农民专业合作社纳入信用评定范围，对信用等级较高的农民合作社，应在同等条件下实行贷款优先、利率优惠、额度放宽、手续简化的正向激励机制。积极拓宽抵押贷款担保物范围，允许利用厂房、渔船、存货、生产大棚、大型农机具、农田水利设施产权和生产订单、农业保单、应收账款等进行抵押贷款。鼓励发展新型农村合作金融，稳步开展农民合作社内部信用合作试点，通过互助解决小额资金需求。建立人才培养机制，鼓励农民工、大中专毕业生、退伍军人、科技人员等返乡下乡创办领办合作社。

十四、农业生产社会化服务扶持政策

鼓励各类服务组织，提供联合一站式服务，服务农业产前的投入品供给、产中的农事操作、产后的初加工和市场销售，有效促进农业产业链条延伸、农产品保值增值。鼓励农民合作社发挥其服务成员、引领农民对接市场的纽带作用，向社员提供各类生产经营服务，提高服务能力。引导龙头企业充分利用技术、服务和管理方面的优势，通过基地建设和订单方式为农户提供全程服务，发挥其服务带动作用。支持各类专业服务公司发展，发挥其服务模式成熟、服务机制灵活、服务水平较高的优势，积极发展覆盖全程、综合配套、便捷高效的农业社会化服务。引导专业大户、经纪人等农村能人开展项目推介、生产组织、市场营销等多种形式的中介服务。项目任务实施县要结合本地实际，区分轻重缓急，集中解决关键问题，重点选择 1～3 个关键薄弱环节集中进行补助。安排服务小农户农业生产社会化服务的补助资金或面积，占比应高于 60%。应根据农业生产不同领域、不同环节、不同对象和市场发育成熟度，确定不同财政补助标准，原则上财政补助占服务价格的比例不超过 30％，单季作物亩均各关键环节补助总量不超过 100 元。对贫困地区、丘陵山区，原则上财政补助占服务价格的比例不超过 40％，单季作物亩均各关键环节补助总量不超过 130 元。面向小农户开展的服务，补助资金可以补服务主体，也可以补农户，坚持让小农户最终受益。2019 年，由西海岸新区、即墨区、胶州市、平度市、莱西市农业农村部门和财政部门结合当地实际具体实施。

十五、农民教育培训政策

（一）政策内容

根据国家政策要求，2019 年启动农民教育培训三年提质增效行动，将农业经理人、现代创业创新青年培训、现代青年农场主培训、新型农业经营主体带头人纳入培育对象库，并完成跟踪服务。

（二）操作流程

1. 基本条件 思想品德端正、遵纪守法、诚信经营，初中及以上文化程度，年龄不超过 60 周岁，从事农业生产服务，并具有一定的规模、效益和示范带动作用。其中现代青年农场主培育对象应当具有高中及以上文化程度，年龄 18～45 周岁。同一培育对象三年内不得重复享受补助资金支持。

2. 组织报名 区、市农业农村部门根据年度培训计划，在广泛开展宣传发动和摸底调查的基础上，选拔有意愿、有需求、有基础的农民参训，主要面向家庭农场、专业大户、农民专业合作社、农业企业、农创客、农业社会化服务组织等新型农业经营主体带头人和技术、管理、服务骨干人员，优先培训"农业农村部新型农业经营主体直报系统"中的人员。组织、指导和协助其登录中国农村远程教育网（www.ngx.net.cn）"新型职业农民培育申报系统"，或手机下载"云上智农"APP，在线提交申报。

3. 遴选公示　区、市农业农村部门对申报人员提交的证明材料审查核实，对申报人员进行遴选和公示，并建立培育对象个人档案。

4. 精准培训计划　培训机构应当认真执行服务标准、履行服务合同，以学员需求为基础，结合新型职业农民培育课程体系，制订详细具体、切实可行的培训计划，对培训目标、培训内容、学时分配、日程安排、培训教师、培训地点、培训方式、考核、满意度评价等做出具体安排。

5. 考核与跟踪服务　根据课程的性质和特点，以判断学员对所学知识掌握程度、生产经营水平和产业发展能力为主要内容，采取笔试、问答、技能操作、撰写学习心得等形式进行考核。做好培育对象生产需求的跟踪指导和服务。

第三节　金融支农类

一、农业政策性保险保费补贴政策

（一）政策内容

纳入中央和青岛市财政政策性保险保费补贴范围的品种为小麦保险、玉米保险、花生保险、马铃薯保险、日光温室大棚蔬菜保险、葡萄种植保险、能繁母猪保险、奶牛保险、育肥猪保险、肉兔保险、马铃薯目标价格保险（只在平度市南村镇、即墨区移风店镇试点），按照政策性农业保险"自主自愿"等原则，农民缴纳部分保费后，其余部分由各级财政按比例承担。

1. 小麦保险

（1）保险费。22.5 元/亩，保险金额为 500 元/亩。

（2）保险责任。小麦保险期间内（生长期、收获期）暴雨、洪水（政府行蓄洪除外）、内涝、风灾、雹灾、冻灾、旱灾、地震等自然灾害，火灾、泥石流、山体滑坡等意外事故，以及病虫草鼠害等保险责任。

（3）保费补贴比例。各级财政对小麦政策性保险按照90％给予补贴，其余10％由农户（或其他投保主体）自担。

2. 玉米保险

（1）保险费。22.5元/亩，保险金额为500元/亩。

（2）保险责任。玉米保险期间内（生长期、收获期）暴雨、洪水（政府行蓄洪除外）、内涝、风灾、雹灾、冻灾、旱灾、地震等自然灾害，火灾、泥石流、山体滑坡等意外事故，以及病虫草鼠害等保险责任。

（3）保费补贴比例。各级财政对玉米政策性保险按照90％给予补贴，其余10％由农户（或其他投保主体）自担。

3. 花生保险

（1）保险费。10元/亩，保险金额为400元/亩。

（2）保险责任。花生保险期间内（生长期、收获期）暴雨、洪水（政府行蓄洪除外）、内涝、风灾、雹灾、冻灾、旱灾、地震等自然灾害，泥石流、山体滑坡等意外事故，以及病虫草鼠害等保险责任。

（3）保费补贴比例。各级财政对花生政策性保险按照80％给予补贴，其余20％由农户（或其他投保主体）自担。

4. 马铃薯保险

（1）保险费。40元/亩，保险金额为1 000元/亩。

（2）保险责任。马铃薯保险期间内（生长期、收获期）暴雨、洪水（政府行蓄洪除外）、内涝、风灾、雹灾、冻灾、旱灾、地震等自然灾害，泥石流、山体滑坡等意外事故，以及病虫草鼠害等保险责任。

（3）保费补贴比例。各级财政对马铃薯政策性保险按照80％给予补贴，其余20％由农户（或其他投保主体）自担。

5. 设施农业政策性保险

（1）日光温室大棚作物保险。

① 保险费。采取分项分档方式，种植户可结合实际情况自行选择。保险金额设置 2 档，分别为 22 500 元/亩、32 500 元/亩，对应的保险费分别为 450 元/亩、650 元/亩。

② 保险责任。保期限内（生长期、收获期）火灾、暴雨、洪水（政府行蓄洪除外）、风灾、雹灾、暴雪和设施损坏造成的冻灾保险责任。

③ 保费补贴比例。各级财政对日光温室大棚作物保险的保费按照 60％ 给予补贴，其余 40％ 由种植户自担。

（2）大、中拱棚作物保险。

① 保险费。采取分项分档方式，种植户可结合实际情况自行选择。钢架大中拱棚保险金额设置 2 档，分别为 10 000 元/亩、16 000 元/亩，对应的保险费分别为 300 元/亩、480 元/亩。竹架大中拱棚保险金额设置 2 档，分别为 6 000 元/亩、10 000 元/亩，对应的保险费分别为 240 元/亩、400 元/亩。

② 保险责任。保险期限内（生长期、收获期）火灾、暴雨、洪水（政府行蓄洪除外）、风灾、雹灾、暴雪和设施损坏造成的冻灾保险责任。

③ 保费补贴比例。各级财政对大、中拱棚作物保险的保费按照 60％ 给予补贴，其余 40％ 由种植户自担。

6. 葡萄种植保险

（1）保险费。200 元/亩，保险金额为 4 000 元/亩。

（2）保险责任。保险期限内（生长期、收获期）冻灾、雹灾、风灾、火灾、暴雨和因暴雨造成的涝灾保险责任。保险葡萄发生保险责任范围内的损失，损失率在 20％（不含）以下时，承保公司不予赔付；损失率在 20％（含）以上时，由承保公司结合保险金额按照核定损失计算赔付。

（3）保费补贴比例。葡萄种植保险保费的 40％ 由葡萄种植户自担，其余 60％ 由青岛市及区（市）两级财政分摊。

（4）保险责任。保险期限内（生长期、收获期）冻灾、雹灾、风灾、火灾、暴雨以及因暴雨造成的涝灾保险责任。免赔约定：每次事故实行10％的绝对免赔率或300元的绝对免赔额，两者以高者为准。

（5）保费补贴比例。青岛市级财政对葡萄种植保险的保费按照80％给予补贴，其余20％由种植户自担。

7. 能繁母猪保险

（1）能繁母猪保险费。72元/头，保险金额为1 200元/头。

（2）保险责任。能繁母猪政策性保险责任包括：非洲猪瘟、猪丹毒、猪肺疫、猪水泡病、猪链球菌、猪乙型脑炎、附红细胞体病、伪狂犬病、猪细小病毒、猪传染性萎缩性鼻炎、猪支原体肺炎、旋毛虫病、猪囊尾蚴病、猪副伤寒、猪圆环病毒病、猪传染性胃肠炎、猪魏氏梭菌病、口蹄疫、猪瘟、高致病性蓝耳病及其强制免疫副反应、非洲猪瘟等重大病害所引致的能繁母猪直接死亡；暴雨、洪水（政府行蓄洪除外）、风灾、雷击、地震、冰雹、冻灾等自然灾害所引致的能繁母猪直接死亡；泥石流、山体滑坡、火灾、爆炸、建筑物倒塌、空中运行物体坠落等意外事故所引致的能繁母猪直接死亡。当发生上述列明的高传染性疫病政府实施强制扑杀时，承保公司应对投保农户进行赔偿，并可从赔偿金额中相应扣减政府扑杀专项补贴金额。

（3）保费补贴比例。保费由中央补贴40％，地方财政补贴40％，投保养殖场（户）承担20％。

8. 奶牛保险

（1）保险费。400元/头，保险金额为5 000元/头。

（2）保险责任。奶牛政策性保险责任包括：暴雨、洪水（政府行蓄洪除外）、风灾、雷击、地震、冰雹、冻灾；泥石流、山体滑坡、火灾、爆炸、建筑物倒塌、空中运行物体坠落；口蹄疫、布鲁氏菌病、牛结核病、牛焦虫病、炭疽、伪狂犬病、肺结核病、牛传染性鼻气管炎、牛出血性败血症、日本血吸虫病等列明原因造成保险奶牛的直接死亡。当发生上述列明的高传染性疫病政府实施强制扑杀时，承保公司应对投保农户进行赔偿，并可从赔偿金额中相应扣减政府扑杀专项补贴金额。

（3）保费补贴比例。保费由中央补贴 40％，地方财政补贴 40％，投保养殖场（户）承担 20％。

9. 育肥猪保险

（1）育肥猪保险费。48 元/头，保险金额为 800 元/头。

（2）保险责任。育肥猪政策性保险责任包括：猪丹毒、猪肺疫、猪水泡病、猪链球菌、猪乙型脑炎、附红细胞体病、伪狂犬病、猪细小病毒、猪传染性萎缩性鼻炎、猪支原体肺炎、旋毛虫病、猪囊尾蚴病、猪副伤寒、猪圆环病毒病、猪传染性胃肠炎、猪魏氏梭菌病、口蹄疫、猪瘟、高致病性蓝耳病及其强制免疫副反应、非洲猪瘟等重大病害所引致的育肥猪直接死亡；暴雨、洪水（政府行蓄洪除外）、风灾、雷击、地震、冰雹、冻灾等自然灾害所引致的育肥猪直接死亡；泥石流、山体滑坡、火灾、爆炸、建筑物倒塌、空中运行物体坠落等意外事故所引致的育肥猪直接死亡。当发生上述列明的高传染性疫病政府实施强制扑杀时，承保公司应对投保农户进行赔偿，并可从赔偿金额中相应扣减政府扑杀专项补贴金额。

（3）保费补贴比例。保费由中央补贴 40％，地方财政补贴 40％，投保养殖场（户）承担 20％。

10. 肉兔保险

（1）肉兔保险费。1.75 元/只，保险金额为 25 元/只。

（2）保险责任。肉兔政策性保险责任包括：病毒性出血症、疥癣病、球虫病、魏氏梭菌病、葡萄球菌病、仔兔黄尿病、瘫软症、大肠杆菌病、泰泽氏病、溶血性链球菌病所引致的肉兔直接死亡；雷电、暴雨、洪水（政府行蓄洪除外）、风灾、冰雹、冻灾所引致的肉兔直接死亡；山体滑坡、泥石流、火灾、建筑物倒塌、空中运行物体坠落所引致的肉兔直接死亡。

（3）保费补贴比例。各级财政对肉兔政策性保险保费按照80％给予补贴，其余20％由农业龙头企业、农业合作社或养殖户自担。

11. 马铃薯目标价格保险（只在平度市南村镇、即墨区移风店镇试点）

（1）保险费。126元/亩，保险金额为1 800元/亩。

（2）保险责任。在保险期间内，当保险马铃薯的实际价格低于目标价格时，视为保险事故发生，保险人对跌幅部分进行相应赔付，高于目标价格时不发生赔付。

（3）保费补贴比例。试点期间，青岛市级财政对马铃薯目标价格保险保费按照60％给予补贴，其余40％由种植户自担。

（二）操作流程

农户投保（直接向承保公司投保或通过村委会上报镇、街道政府后，由村委或镇、街道政府向承保公司投保）→（发生灾害后）向承保公司报案（农户可直接向承保公司报案，也可通过村委逐级报案）→现场核损→登记审核报批→下发赔款。

二、农业信贷担保政策

（一）政策内容

全国各级农业信贷担保机构实行市场化运作，财政资金主要通过资本金注入、风险补偿等形式予以支持，一般由财政部门履行出资人职责，会同有关部门加强对日常运营的监管。在业务范围上，农业信贷担保体系专注服务农业适度规模经营、专注服务新型农业经营主体，不得开展非农担保业务，确保农业信贷担保贴农、为农、惠农、不脱农。服务范围限定为粮食生产、畜牧水产养殖、菜果茶等优势特色产业，农资、农机、农技等农业社会化服务，以及与农业生产直接相关的一二三产业融合发展项目、家庭休闲农业、观光农业等农村新业态。

2017 年 3 月，青岛市农业融资担保有限公司（以下简称"青岛农担公司"）成立，目前重点推进区（市）级分支机构组建和担保业务实质性开展，为新型农业经营主体提供方便快捷、费用低廉的信贷担保服务，解决农业融资难、融资贵问题。

（二）操作流程

申请担保的方式：

1. 农业部门推荐　有融资需求的经营主体，可向镇（街道）经管站提出申请。为提高办理效率，经营主体填写基本信息登记后，由经管站审核后直接推送至青岛农担公司相关办事处。

2. 经营主体直接申报　有融资需求的经营主体，可通过电话、上门、微信公众号"青岛农担"填报等方式，直接申请担保业务。

3. 合作银行推荐　有融资需求的经营主体，向青岛农担公司的合作银行提出贷款申请，由合作银行负责搜集相关资料后，推荐至青岛农担公司相关办事处。

三、现代农业产业引导基金政策（新旧动能转换引导基金）

（一）政策内容

2018 年，为加快实施全市新旧动能转换重大工程，全面提升发展质量和效益，市政府决定，设立青岛市新旧动能转换引导基金。支持改造提升传统支柱产业，优先投向商贸服务、食品饮料、纺织服装、机械设备、橡胶化工、现代农业等 6 个产业的项目。

新旧动能转换引导基金暂由青岛市市级创业投资引导基金管理中心作为受托管理机构，负责对外履行引导基金名义出资人职责。

（二）操作流程

受托管理机构统一发布招募公告，有意向的基金管理公司申报实施方案，方案评审通过后，进行尽职调查，签订协议，按协议拨付引导基金出资。

农业企业或农业项目可随时与市农业农村局对接，经审核后纳入引导基金项目库，推荐给基金管理公司。

四、生猪养殖屠宰企业流动资金贷款贴息

（一）政策内容

青岛农担公司要充分发挥政策性功能，积极为种猪场（含地方猪保种场）和年出栏 5 000 头以上的规模猪场提供信贷担保服务。鼓励将猪舍等地上附着物、生猪等作为反担保措施。对在担保贷款到期的养殖场户实施展期担保，并推动银行等金融机构实行无还本续贷；对单户养殖场提供的担保余额不得超过 1 000 万元；对于 200 万～1 000 万元（含）之间的担保项目，自 2019 年 5 月 28 日起至 2019 年 10 月 31 日，可纳入"双控"考核范围，并可按规定享受担保费用补助和业务奖补政策。

（二）贴息对象

具有种畜禽生产经营许可证的种猪场（含地方猪保种场）、年出栏 5 000 头以上的规模猪场、取得"三证"（排污许可证、动物防疫条件合格证、生猪定点屠宰证书）并合法公布的规模以上生猪屠宰加工企业（2018 年实际屠宰生猪 2 万头以上）。

（三）贴息范围

种猪场、规模猪场用于购买饲料和购买母猪、仔猪等方面的生产流动资金，生猪屠宰加工厂用于收购生猪的生产流动资金。对从事多种经营业务的企业，应严格区分贷款用途，确实无法划分的可按产值比例核定用于生猪养殖、收购的流动资金贷款规模，不得以同笔贷款多头申报财政贴息。

第四节　农村改革类

一、农村承包地确权登记颁证政策

(一) 政策内容

2013 年以来，市委市政府制定出台农村承包地确权登记政策，按照"确实权、颁铁证"的要求，采取确权确地、确权确股不确地、确权确利不确地等方式，深入开展农村承包地确权登记颁证工作。加快确权登记数据的收集、质检和汇交，加快推进农村土地承包经营权信息应用平台建设，加强确权登记颁证成果推广应用，为"三权分置"打下坚实基础。

(二) 操作流程

1. 调查摸底　对照第二次土地调查成果，清查整理各村二轮土地延包台账、承包合同、经营权证等土地承包相关原始档案资料，规范完善农村土地承包相关文件资料，摸清土地现状。

2. 勘察测绘　绘制农户承包地空间位置图，做到位置明确详细、群众认可。

3. 登记确认　核查农户土地承包信息，经公示无异议后，由农户签字确认。区（市）农业部门按照规定审核程序确认，编制土地承包经营权登记簿。

4. 权证发放　按照"申请、审核、登记、颁证"的程序，以土地承包经营权登记簿为依据，发放土地承包经营权证。

二、推进农村集体产权制度改革政策

(一) 政策内容

逐步增加政府对农村的公共服务支出，减少农村集体经济组织的相应负担。对列入省定贫困村、市定贫困村及经济薄弱村且开展农村集体产权制度改革的，由所在区（市）统筹安排扶贫资金给予扶持。对政府拨款、减免税费等形成的资产归农村集体经济组织所有，可以量化为集体成员持有的股份。农村集体经济组织成员按资产量化份额从集体获得的收益，不同于一般投资所得，视同集体经济组织的收益分配，要落实农村集体产权制度改革税费优惠政策。在改革过程中，免征因权利人名称变更登记、资产产权变更登记涉及的契税，免征签订产权转移书据涉及的印花税，免收确权变更中的土地、房屋等不动产登记费。完善土地政策，统筹安排农村集体经济组织发展所需用地，农村集体经济组织牵头组建的土地股份合作社、农民专业合作社等所需的农业生产和附属设施用地，按照设施农用地管理。

（二）操作流程

改革村成立领导机构和工作班子→宣传发动→制定实施方案→清产核资→成员身份确认→资产量化→股权设置与管理→建章立制→注册登记与颁证到户→归档备案→资产运营→收益分配→权能拓展→监督管理。

三、农村土地"三权分置"政策

（一）政策内容

综合运用财政、信贷、保险、用地、项目扶持等政策手段，在继续扶持普通农户生产的同时，加大对新型农业经营主体的扶持力度。加大政府对农田基础设施建设和基本农地保护的投入力度，充分发挥财政投入在土地整理、农业基础设施建设等方面的引导作用，带动金融和社会资金更多投向农业。优化财政扶持新型农业经营主体资金使用，优先支持各类示范主体，更好发挥财政资金的靶向作用。完善农业补贴政策，通过贷款贴息、担保费补助等财政政策，支持适度规模经营的家庭农场、合作社等新型农业经营主体健康发展。健全有利于规模经营发展的金融扶持政策，对信用等级高的经营主体，金融机构给予贷款优先、利率适当优惠、额度适当放宽等政策支持，并根据农业生产周期科学设定贷款周期。在坚持风险可控、商业可持续的前提下，创新面向规模经营主体的金融产品，继续开展农户承包土地的经营权、林权等抵押贷款业务。建立担保费用补助、担保业务奖补、绩效考核等机制，引导和发挥好农业融资担保机构的作用，为符合条件的新型农业经营主体提供贷款担保服务。建立适应新型农业经营主体需求的保险政策，探索开发适合经营主体生产特点的保险险种。完善现行农业设施用地政策，保障设施农业发展用地需求。健全新型职业农民培育制度，实施新型职业农民培训工程，打造高素质现代农业生产经营者队伍。按照规定，农村土地承包经营权可进行抵押贷款。

（二）操作流程

土地经营权抵押贷款：通过转包、出租、互换、转让、股份合作等形式流转或招标、拍卖和公开协商等合法方式取得农村土地承包经营权的农户和新型农业经营主体，可以在区市农业部门办理《土地经营权证书》，凭证书可以到当地银行进行抵押贷款。申请农村土地承包经营权抵押贷款额在 30 万元以上的，可由具有评估资质的评估机构和人员对拟作为抵押物的农村土地承包经营权进行评估，也可自行评估，确定抵押物评估价值；申请农村土地承包经营权抵押贷款额在 30 万元（含）以下的，可以参照当地市场价格自行评估，不得向借款人收取评估费。

第五节　新农村建设类

美丽乡村示范村奖补政策

（一）政策内容

从 2017 年开始，在全市按照生态美、生产美、生活美、服务美、人文美"五美"融合发展要求,每年创建 100 个美丽乡村示范村。美丽乡村示范村主要建设内容包括完善基础设施、改善人居环境、健全公共服务、发展特色产业、创新社会管理等五个方面,各创建村庄对照山东省《生态文明乡村(美丽乡村)建设规范》(DB37/T 2737),查漏补缺、系统建设,最终实现村美、业兴、民富、人和的创建目标。

(二)操作流程

1. 申报条件 申报创建示范村,村庄应当具备如下条件:一是村"两委"班子健全,工作基础好,群众威望高;二是村民对开展美丽乡村建设意愿强烈、积极性高;三是村庄资源禀赋和产业基础较好、集体经济收入较高;四是村庄规模较大,原则上户数不低于 200 户;五是建有农村新型社区服务中心的村庄、永久保留特色村优先安排;六是城市建成区内、列入五年内拆迁规划、村庄房屋闲置率超过 30% 的村庄,原则上不纳入申报范围。

2. 申报流程 采取"村庄自愿、镇(街道)申报、区(市)审核、市级备案"自下而上逐级申报方式进行。

3. 奖补标准 按照先建后补、以奖代补原则,以区(市)为单位,对创建成功的美丽乡村示范村且竣工决算审计值平均每村达到 800 万元的,市财政予以奖补和工作奖励。对平度市、莱西市,每村最高奖补 400 万元;对崂山区、城阳区、西海岸新区、即墨区和胶州市,每村最高奖励 200 万元。已通过美丽移民村、2016—2017 年度农村综合改革美丽乡村建设竞争立项试点及以后年度通过其他村级公益事业建设财政奖补政策予以扶持,奖补额度达到 200 万元及以上的,市财政不再重复奖补。

图书在版编目（CIP）数据

乡村振兴通用知识读本 / 青岛市新型职业农民教育中心主编 . —北京：中国农业出版社，2021.1（2021.12 重印）
ISBN 978 - 7 - 109 - 27646 - 8

Ⅰ.①乡…　Ⅱ.①青…　Ⅲ.①农村－社会主义建设－研究－青岛　Ⅳ.①F327.523

中国版本图书馆 CIP 数据核字（2020）第 253976 号

中国农业出版社出版
地址：北京市朝阳区麦子店街 18 号楼
邮编：100125
责任编辑：国　圆　孟令洋　文字编辑：刘　佳
版式设计：杜　然　责任校对：沙凯霖
印刷：北京中兴印刷有限公司
版次：2021 年 1 月第 1 版
印次：2021 年 12 月北京第 6 次印刷
发行：新华书店北京发行所
开本：880mm×1230mm　1/32
印张：10.75
字数：300 千字
定价：28.00 元